现代数学基础

62 非线性泛函分析

■ 袁荣

高等教育出版社·北京

内容简介

本书介绍非线性泛函分析的基本内容和基本方法。内容包括 Banach 空间微分学、隐函数定理、分歧定理、半序方法和上下解、Brouwer 度、Leray-Schauder 度、锥映射的拓扑度、重合度、不动点定理、极值原理、Ekeland 变分原理、形变引理、极小极大原理、环绕和指标等。本书简明扼要，深入浅出，选编了一定数量的习题，既重视理论，又联系应用。

本书可作为高等学校数学及其相关专业研究生的教材以及本科高年级学生的选修课教材，也可供从事非线性问题研究的研究人员参考。

图书在版编目（ＣＩＰ）数据

非线性泛函分析 / 袁荣编著 . -- 北京 ： 高等教育出版社，2017.9
（现代数学基础）
ISBN 978-7-04-047926-3

Ⅰ.①非… Ⅱ.①袁… Ⅲ.①非线性 - 泛函分析
Ⅳ.① O177.91

中国版本图书馆 CIP 数据核字（2017）第 140741 号

非线性泛函分析
FEIXIANXING FANHAN FENXI

策划编辑	李华英	责任编辑	李华英	封面设计	张 楠	版式设计	杜微言
责任校对	殷 然	责任印制	尤 静				

出版发行	高等教育出版社	网　址	http://www.hep.edu.cn
社　址	北京市西城区德外大街4号		http://www.hep.com.cn
邮政编码	100120	网上订购	http://www.hepmall.com.cn
印　刷	北京佳信达欣艺术印刷有限公司		http://www.hepmall.com
开　本	787mm×1092mm　1/16		http://www.hepmall.cn
印　张	13.5		
字　数	250 千字	版　次	2017年9月第1版
购书热线	010-58581118	印　次	2017年9月第1次印刷
咨询电话	400-810-0598	定　价	59.00 元

本书如有缺页、倒页、脱页等质量问题，请到所购图书销售部门联系调换
版权所有　侵权必究
物 料 号　47926-00

前言

　　许多实际问题都是非线性问题. 非线性问题的研究产生了当今非线性科学中的各种研究方法, 促进了非线性泛函分析理论的产生和发展. 如今, 非线性泛函分析已经成为研究非线性问题的现代分析基础.

　　国内外以非线性泛函分析或度理论或变分法为名的著作已有多本, 并且在动力系统和偏微分方程的许多著作中都要介绍非线性泛函分析的一些基本内容. 通常的本科泛函分析教材只包含线性泛函分析的主要内容, 现在的研究生泛函分析教材也包含了非线性泛函分析的一些基本内容, 这说明在研究生课程中讲授非线性泛函分析的基本理论是非常必要的.

　　基于这些考虑, 北京师范大学数学科学学院将非线性泛函分析作为研究生的基础课, 同时在本科高年级学生的选修课中开设同名课程. 本书是作者在多年讲授这门基础课的基础上编写而成的. 非线性泛函分析内容庞大, 与许多问题有密切的联系, 要想在每周 3 学时共 54 学时的时间内作一介绍, 就必须对内容进行取舍. 我们选择微分学、隐函数定理、度理论、分歧理论、锥和变分法作为基础课的教学内容. 这些内容是最基本的, 已经成为研究非线性问题需要具备的基本知识.

以非线性泛函分析为名的著作和教材可以从参考文献中得到部分了解, 这些著作或教材为本书的写作提供了许多素材和思考. 非线性泛函分析的学习和研究要与所研究的问题联系起来, 本书对此没有深入进行, 主要是时间和篇幅所限, 建议读者参考其他著作.

本书写作过程中得到了国家自然科学基金的资助, 得到了北京师范大学数学科学学院的大力支持, 得到了我的家人的许多帮助, 还得到了许多老师和学生的帮助, 齐良平博士帮助校正了书稿, 送审过程中得到了审查专家的许多有益建议, 在此表示感谢. 限于本人的学识, 不到之处敬请谅解.

袁荣

2016 年 10 月于北京师范大学数学科学学院

Email: ryuan@bnu.edu.cn

目录

第一章 Banach 空间上的非线性算子

本章首先回顾 Banach 空间以及线性算子. 无穷维空间上的非线性算子的研究是本书的重点内容. 本章将介绍非线性算子的可微性、隐函数定理、分歧问题、以及有序 Banach 空间.

§1.1 Banach 空间及线性算子

为了查阅方便, 本节回顾线性泛函分析的一些基本概念和内容, 更多的内容请参考其他书籍 [9, 10].

§1.1.1 Banach 空间和 Hilbert 空间

定义 1.1.1 设 X 是一个非空集. 如果存在双变量实值函数 $\rho: X \times X \to \mathbb{R}$, 对 $\forall x, y, z \in X$, 满足下列三个条件:

(1) $\rho(x, y) \geqslant 0$, 且 $\rho(x, y) = 0 \Longleftrightarrow x = y$;

(2) $\rho(x, y) = \rho(y, x)$;

(3) $\rho(x, z) \leqslant \rho(x, y) + \rho(y, z)$,

那么称 X 是**距离空间**, ρ 叫作 X 上的**距离**, 以 ρ 为距离的距离空间 X 记作 (X, ρ).

定义 1.1.2   距离空间 (X, ρ) 上的点列 $\{x_n\}$ 叫作**基本列**, 是指: 对任意 $\epsilon > 0$, 存在 $N = N(\epsilon)$, 使得当 $m, n \geqslant N$ 时, 有 $\rho(x_n, x_m) < \epsilon$.

如果空间中所有基本列都是收敛的, 则称该空间是**完备的**.

用 K 代表实数域 $\mathbb{R}$ 或复数域 $\mathbb{C}$.

定义 1.1.3   设 X 是 K 上的线性空间. 映射 $\| \cdot \| : X \to \mathbb{R}$ 叫作 X 上的**范数**, 如果它满足条件:

(1) $\|x\| \geqslant 0, \forall x \in X$, 且 $\|x\| = 0 \iff x = \theta$ (正定性);

(2) $\|x + y\| \leqslant \|x\| + \|y\|, \forall x, y \in X$ (三角不等式);

(3) $\|\alpha x\| = |\alpha| \|x\|, \forall \alpha \in K, \forall x \in X$ (齐次性).

X 中的距离定义为

$$d(x, y) = \|x - y\|, \quad x, y \in X.$$

定义 1.1.4   定义了范数的线性空间称为**线性赋范空间**. 完备的线性赋范空间称为 **Banach 空间**, 简称 **B 空间**.

定义 1.1.5   给定数域 K 上的线性空间 X. $X \times X \to K$ 的一个二元函数 $\langle \cdot, \cdot \rangle$ 如果满足以下四个条件

(1) $\langle \alpha x, y \rangle = \alpha \langle x, y \rangle$;

(2) $\langle x + y, z \rangle = \langle x, z \rangle + \langle y, z \rangle$;

(3) $\langle x, y \rangle = \overline{\langle y, x \rangle}$ (共轭对称性);

(4) $\langle x, x \rangle \geqslant 0$, 且 $\langle x, x \rangle = 0 \iff x = \theta$ (正定性),

就称为 X 上的**内积**.

有内积的线性空间称为**内积空间**. 当 $K = \mathbb{R}$ 时, 称内积空间是实的; 当 $K = \mathbb{C}$ 时, 称内积空间是复的.

定义 1.1.6   完备的内积空间称为 **Hilbert 空间**.

§1.1.2   Banach 空间的例子

例 1.1   空间 $C^k(\overline{\Omega})$. 设 $\Omega \subset \mathbb{R}^n$ 是有界区域, k 是非负整数, $\overline{\Omega}$ 上 k 次连续可微函数所构成的空间记为 $C^k(\overline{\Omega})$, 按通常的方法定义加法和数乘. 对 $u \in C^k(\overline{\Omega})$, 定义 u 的范数为

$$\|u\|_{C^k} = \max_{|\alpha| \leqslant k} \max_{x \in \overline{\Omega}} |\partial^\alpha u(x)|,$$

其中 $\alpha = (\alpha_1, \alpha_2, \cdots, \alpha_n)$ 是重指标, $|\alpha| = \alpha_1 + \cdots + \alpha_n$, 而

$$\partial^\alpha u(x) = \frac{\partial^{|\alpha|} u(x)}{\partial x_1^{\alpha_1} \cdots \partial x_n^{\alpha_n}}.$$

可以验证这是一个无穷维 Banach 空间.

$C_0^k(\Omega)$ 表示 $C^k(\overline{\Omega})$ 中所有支集包含在 Ω 内的 u 的全体, 其中 u 的支集定义为 $\overline{\{x \in \overline{\Omega} : u(x) \neq 0\}}$. $C_0^k(\Omega)$ 是 $C^k(\overline{\Omega})$ 的子空间.

例 1.2   空间 $L^p(\Omega)$. 设 $\Omega \subset \mathbb{R}^n$ 是 Lebesgue 可测集, $p \in [1, \infty)$, 定义

$$L^p(\Omega) = \left\{ u : u \text{ 可测}, \int_\Omega |u(x)|^p dx < \infty \right\},$$

按通常的加法与数乘规定运算, 并且把几乎处处相等的两个函数看成是同一个函数. 对 $u \in L^p(\Omega)$, 定义范数

$$\|u\| = \left(\int_\Omega |u(x)|^p dx \right)^{\frac{1}{p}}.$$

例 1.3 l^p 空间.

$$l^p = \left\{ x = (x_1, x_2, \cdots, x_k, \cdots) : x_k \in \mathbb{R}, \sum_{k=1}^\infty |x_k|^p < \infty \right\},$$

范数为

$$\|x\| = \left(\sum_{k=1}^\infty |x_k|^p \right)^{\frac{1}{p}}.$$

例 1.4　空间 $L^\infty(\Omega)$. 设 $\Omega \subset \mathbb{R}^n$ 是可测集. 如果 Ω 上可测函数 u 与 Ω 上的一个有界函数几乎处处相等, 则称 u 是 Ω 上的一个**本性有界函数**. Ω 上的一切本性有界可测函数的全体记作 $L^\infty(\Omega)$, 定义范数

$$\|u\|_\infty = \inf_{\mu(E)=0, E\subset\Omega} \left(\sup_{x\in\Omega\setminus E} |u(x)| \right).$$

例 1.5　Sobolev 空间 $W^{k,p}(\Omega)$. 设 u,v 是 Ω 上的 Lebesgue 可积函数, $\alpha = (\alpha_1, \cdots, \alpha_n)$ 是重指标. 如果对任何 $\phi \in C_0^{|\alpha|}(\Omega)$, 有

$$\int_\Omega v\phi dx = (-1)^{|\alpha|} \int_\Omega u\partial^\alpha\phi dx,$$

则称 v 是 u 的第 α 次**弱导数**, 记作 $v = \partial^\alpha u$. 如果对所有的重指标 α, $|\alpha| \leqslant k$, $\partial^\alpha u$ 存在, 则称 u 在 Ω 中是 k 次**弱可微的**. Ω 中所有 k 次弱可微函数的全体记为 $W^k(\Omega)$. 记

$$W^{k,p}(\Omega) = \{u \in W^k(\Omega) : \partial^\alpha u \in L^p(\Omega), |\alpha| \leqslant k\},$$

并定义范数

$$\|u\| = \left(\int_\Omega \sum_{|\alpha|\leqslant k} |\partial^\alpha u|^p dx \right)^{\frac{1}{p}}.$$

$C_0^k(\Omega)$ 在 $W^{k,p}(\Omega)$ 中的闭包, 记为 $W_0^{k,p}(\Omega)$, 是 $W^{k,p}(\Omega)$ 的子空间.

§1.1.3　有界线性算子

设 X,Y 是两个线性空间, $D \subset X$ 是一个子空间. $T: D \to Y$ 是一个映射, D 称为 T 的**定义域**, 记为 $D(T)$. 如果

$$T(\alpha x + \beta y) = \alpha T(x) + \beta T(y), \quad \forall x, y \in D, \quad \forall \alpha, \beta \in K,$$

那么称 T 是一个**线性算子**. $R(T) = \{T(x) : \forall x \in D\}$ 称为 T 的**值域**.

注　一个算子 T 是线性算子, 不仅要求 T 本身具有线性性, 而且还要求它的定义域是线性子空间. 因而, 我们不妨设 $D(T) = X$.

定义 1.1.7　设 X, Y 是 Banach 空间, T 为 $X \to Y$ 的线性算子. 如果有正常数 M, 使得 $\|Tx\|_Y \leqslant M\|x\|_X, \forall x \in X$, 那么称线性算子 T 是**有界的**.

定理 1.1　设 X, Y 是 Banach 空间, 那么线性算子 T 是有界的当且仅当 T 是连续的.

用 $L(X, Y)$ 表示 X 到 Y 的有界线性算子的全体. 对线性算子 $T: X \to Y$, 定义

$$\|T\| = \sup_{\|x\|_X \leqslant 1} \|Tx\|_Y,$$

称 $\|T\|$ 为算子 T 的**范数**. 对于有界线性算子, 有如下的重要定理.

定理 1.2 (Banach)　设 X, Y 是 Banach 空间. 若 $T \in L(X, Y)$, 它既是单射又是满射, 那么 $T^{-1} \in L(Y, X)$.

Banach 定理的更一般形式是下面的开映射定理.

定理 1.3 (开映射定理)　设 X, Y 是 Banach 空间. 若 $T \in L(X, Y)$ 是一个满射, 则 T 是开映射.

定理 1.4 (闭图像定理)　设 X, Y 是 Banach 空间. 若 $T: X \to Y$ 是闭线性算子, 且 $D(T)$ 是闭的, 则 T 是连续的.

定理 1.5 (共鸣定理或一致有界定理)　设 X, Y 是 Banach 空间. 如果

$$W \subset L(X, Y), \quad \text{使得} \sup_{T \in W} \|Tx\| < \infty, \quad \forall x \in X,$$

那么存在常数 M, 使得 $\|T\| \leqslant M \ (\forall T \in W)$.

设 X 是实 Banach 空间, 由 X 到 $\mathbb{R}$ 的线性映射称作是 X 上的**线性泛函**.

定理 1.6 (Hahn-Banach)　设 X 是 Banach 空间, X_0 是 X 的线性子空间, f_0 是定义在 X_0 上的有界线性泛函, 则在 X 上必有有界线性泛函 f 满足:

(1) $f(x) = f_0(x)$　$(\forall x \in X_0)$ (延拓条件);

(2) $\|f\| = \|f_0\|_{X_0}$ (保范条件).

用 X^* 表示 X 上的有界线性泛函全体, $f \in X^* \setminus \{0\}$, $r \in \mathbb{R}$, 称子集

$$H = \{x \in X : f(x) = r\}$$

为 X 的一个**超平面**; 而称集合

$$H^r(f) = \{x \in X : f(x) \geqslant r\}, \quad H_r(f) = \{x \in X : f(x) \leqslant r\}$$

为由超平面 H 所确定的**半空间**, 它们分别位于 H 的两侧.

设 A, B 是 X 中的两个集合, 如果有某个超平面 H, 使得 A 位于 H 的一侧, 而 B 位于 H 的另一侧, 则称 A, B 被超平面 H **所分离**. 进一步, 如果还有 $A \cap H = \varnothing, B \cap H = \varnothing$, 则称 A, B 被超平面 H **严格分离**.

设 A 是 X 的子集, H 是 X 的一个超平面, 如果 A 位于 H 的一侧, 且 $H \cap A \neq \varnothing$, 则称 H 是 A 的**支撑超平面**.

定理 1.7 (Mazur 关于凸集的隔离性定理)　设 X 是实 Banach 空间, $C \subset X$ 是凸集, 且 C 的内部 $\mathring{C} \neq \varnothing$, 则下面两个结论成立:

(1) 设 $M = x_0 + X_0$, 其中 $x_0 \in X$, X_0 是 X 的子空间. 若 $M \cap \mathring{C} = \varnothing$, 则存在 X 的超平面 H 使得 $M \subset H$, 且 $H \cap \mathring{C} = \varnothing$. 特别, 对每一个 $x_0 \in C \setminus \mathring{C}$, 存在 C 的支撑超平面 H 使得 $x_0 \in H$.

(2) 设 $C_1 \neq \varnothing$ 是 X 的另外一个凸子集, 且 $C_1 \cap \mathring{C} = \varnothing$, 则存在超平面 H 分离 C_1 与 C.

§1.1.4　共轭空间

定理 1.8　X 上的线性有界泛函全体 X^* 能成为 Banach 空间, 其中范数是算子范数:

$$\|f\| = \sup_{\|x\| \leqslant 1} |f(x)|, \qquad \forall f \in X^*.$$

X^* 称为 X 的对偶空间或**共轭空间**. 在 Banach 空间中有如下几种收敛性.

定义 1.1.8 设 X 是一个 Banach 空间, $\{x_n\} \subset X, x \in X$. 如果

$$\lim_{n \to \infty} f(x_n) = f(x), \qquad \forall f \in X^*,$$

那么称 $\{x_n\}$ **弱收敛**到 x, 记作 $x_n \rightharpoonup x$.

定义 1.1.9 设 $f_n, f \in X^*$, $n = 1, 2, \cdots$.

(1) 当 $\|f_n - f\| \to 0 \ (n \to \infty)$ 时, 称 f_n **一致收敛** (或依范数收敛)到 f;

(2) 如果对每一个 $x \in X$ 有 $\lim\limits_{n \to \infty} f_n(x) = f(x)$ 成立, 那么称 f_n 是 *** 弱收敛**到 f.

定理 1.9 (F. Riesz) 设 f 是 Hilbert 空间 X 上的一个连续线性泛函, 则必存在唯一的 $y_f \in X$, 使得

$$f(x) = \langle x, y_f \rangle, \qquad \forall x \in X.$$

定理 1.10 (Banach-Alaoglu) 设 X 是可分的 Banach 空间, 那么 X^* 上的任意有界序列 $\{f_n\}$ 必有 * 弱收敛的子列.

定理 1.11 (Eberlein-Schmulyan) 自反 Banach 空间 X 中的任意有界序列 $\{x_n\}$ 必有一个弱收敛子列.

$L^p(\Omega)$ 的共轭空间是 $L^q(\Omega)$, 其中 $\dfrac{1}{p} + \dfrac{1}{q} = 1 \ (p > 1)$, 或 $q = \infty \ (p = 1)$.

注 在空间 X^* 中既有弱收敛, 又有 * 弱收敛的概念. 所谓弱收敛 $x_n^* \rightharpoonup x^*$, 是指对于任意 $x^{**} \in X^{**}$ 都有 $\langle x^{**}, x_n^* - x^* \rangle \to 0$; 所谓 * 弱收敛, 是指对于任意 $x \in X$ 都有 $\langle x_n^* - x^*, x \rangle \to 0$. 因为有连续嵌入 $X \hookrightarrow X^{**}$, 所以弱收敛蕴含了 * 弱收敛.

§1.1.5　线性算子的谱

设 X 是复 Banach 空间, $T : D(T) \subset X \to X$ 是线性算子, $R(T) \subset X$ 是 T 的值域.

定义 1.1.10　如果存在 $x \in D(T) \setminus \{\theta\}$, 使

$$Tx = \lambda x,$$

就称 $\lambda \in \mathbb{C}$ 是 T 的**本征值** (或**特征值**), 并称 x 是对应于 λ 的**本征向量** (或**特征向量**).

当 T 是 $D(T) \to R(T)$ 上的一一对应时, 我们记它的逆映射为 T^{-1}, T^{-1} 是 $R(T) \to D(T)$ 的线性映射.

定义 1.1.11　设 $T : D(T) \subset X \to X$ 是线性算子. 如果 T^{-1} 存在, $R(T) = X$, 且 T^{-1} 是有界算子, 就称 T 是**正则算子**.

定义 1.1.12　设 $\lambda \in \mathbb{C}$ 是一个复数. 如果 $\lambda I - T$ 是正则算子, 那么称 λ 为 T 的**正则值**, T 的正则值的全体称为 T 的**预解集**, 记为 $\rho(T)$, 并称 $R_\lambda(T) = (\lambda I - T)^{-1}$ 是 T 的**预解算子**.

不是正则值的复数 λ 的集合称为 T 的**谱**, 记为 $\sigma(T)$.

如果 T 是闭线性算子, 从逻辑上分, $\sigma(T)$ 有如下几种情况:

(1) $(\lambda I - T)^{-1}$ 不存在, 这相当于 λ 是本征值, 它的全体记为 $\sigma_p(T)$, 称为 T 的**点谱**;

(2) $(\lambda I - T)^{-1}$ 存在, 值域 $R(\lambda I - T) \neq X$, 但闭包 $\overline{R(\lambda I - T)} = X$, 这部分 λ 的全体记为 $\sigma_c(T)$, 称为 T 的**连续谱**;

(3) $(\lambda I - T)^{-1}$ 存在, 且 $\overline{R(\lambda I - T)} \neq X$, 这部分 λ 的全体记为 $\sigma_r(T)$, 称为 T 的**剩余谱**.

因此, $\sigma(T) = \sigma_p(T) \bigcup \sigma_c(T) \bigcup \sigma_r(T)$.

线性算子的谱集除了分成点谱、连续谱、剩余谱外, 还可以分成离散谱点和本质谱点.

定义 1.1.13　设 $T:D(T)\subset X\to X$ 是线性算子. 如果 $\lambda_0\in\sigma(T)$ 同时满足下面两个条件:

(1) λ_0 是 $\sigma(T)$ 的孤立点, 即存在 λ_0 的某个邻域 U, 使得 $U\bigcap\sigma(T)=\{\lambda_0\}$;

(2) λ_0 是有限重次的特征根, 即 $\dim\ker(\lambda_0 I-T)<+\infty$,

那么称 λ_0 为 T 的**离散谱点**, 其全体记为 $\sigma_d(T)$.

定义 1.1.14　设 $T:D(T)\subset X\to X$ 是线性算子. 如果 $\lambda_0\in\sigma(T)$ 满足下列三个条件中的某一个:

(1) λ_0 是 $\sigma_p(T)$ 的极限点;

(2) λ_0 是无限重次的特征根, 即 $\dim\ker(\lambda_0 I-T)=+\infty$;

(3) $\lambda_0\in\sigma_c(T)$,

那么称 λ_0 为 T 的**本质谱点**, 其全体记为 $\sigma_{\mathrm{ess}}(T)$.

§1.1.6　紧算子和 Riesz-Schauder 理论

定义 1.1.15　设 X,Y 是 Banach 空间, $T:X\to Y$ 是线性算子. 如果对 X 的任意有界集 B, $\overline{T(B)}$ 是 Y 中的紧集, 那么称 T 是**紧算子**, 也称作**全连续算子**.

定理 1.12　设线性算子 $T:X\to X$ 是紧算子, 则有

(1) $0\in\sigma(T)$, 除非 $\dim X<\infty$;

(2) $\sigma(T)\setminus\{0\}=\sigma_p(T)\setminus\{0\}$;

(3) $\sigma_p(T)$ 至多以 0 为聚点.

定理 1.13　设线性算子 $T:X\to X$ 是紧算子, 则存在非负整数 p, 使得

$$X=N((I-T)^p)\oplus R((I-T)^p),$$

并且 $T_1:=T\big|_{R((I-T)^p)}$ 有线性有界逆算子, 其中

$$N((I-T)^p):=\{x:(I-T)^p x=0\},$$

而 $R((I-T)^p)$ 表示值域.

§1.1.7   Poincaré 不等式和 Sobolev 嵌入定理

定理 1.14 (Poincaré 不等式)   设 $\Omega \subset \mathbb{R}^n$ 是一个有界区域, $u \in W_0^{1,p}(\Omega)$, $1 \leqslant p < \infty$, 则存在 $C = C(p, \Omega)$ 使得

$$\int_\Omega |u|^2 dx \leqslant C \int_\Omega |\nabla u|^2 dx.$$

定理 1.15 (Sobolev 嵌入定理)   设 $\Omega \subset \mathbb{R}^n$ 是一个具有一致 C^m 边界的有界区域, $1 \leqslant q < \infty$, $m \geqslant 0$ 是整数, 则嵌入映射

$$W^{m,q}(\Omega) \hookrightarrow L^r(\Omega), \quad \frac{1}{r} \geqslant \frac{1}{q} - \frac{m}{n} \ (mq < n),$$

以及 $\forall j \in \mathbb{N}$,

$$W^{m+j,q}(\Omega) \hookrightarrow C^{j,\lambda}(\overline{\Omega}), \quad 0 < \lambda \leqslant m - \frac{n}{q} \ (mq > n)$$

都是连续的.

最常用的是 $m = 1$ 的情形, 记 $q^* = \dfrac{nq}{n-q}$, 则

$$W^{1,q}(\Omega) \hookrightarrow L^r(\Omega), \quad r \leqslant q^* \ (n > q),$$

以及

$$W^{1,q}(\Omega) \hookrightarrow C(\overline{\Omega}) \quad (q > n)$$

都是连续的.

定理 1.16 (Rellich-Kondrachov 紧嵌入定理)   设 $\Omega \subset \mathbb{R}^n$ 是一个具有一致 C^m 边界的有界区域, $1 \leqslant q < \infty$, $m \geqslant 0$ 是整数, 则嵌入映射

$$W^{m,q}(\Omega) \hookrightarrow L^r(\Omega), \quad 1 \leqslant r < \frac{nq}{n-mq} \ \left(m < \frac{n}{q}\right),$$

以及

$$W^{m,q}(\Omega) \hookrightarrow C(\overline{\Omega}) \ \left(m > \frac{n}{q}\right)$$

都是紧的.

§1.2　抽象函数的微积分

§1.2.1　抽象函数的积分

设 $f : I \to V$, 其中 $I \subset \mathbb{R}$ 是一个区间或是一个可测集, V 是 Banach 空间. 这样的函数称作**抽象函数**.

函数 $f : I \to V$ 称作**简单函数**, 如果存在 I 的可数个不相交的可测集 $E_j \subset I$, $j = 1, 2, \cdots$, Lebesgue 测度 $\mu(E_j) < \infty$, 及向量 $v_j \in V$, $j = 1, 2, \cdots$, 使得 $f(t) = v_j$ 如果 $t \in E_j$; $f(t) = 0$ 如果 $t \in I \setminus \left(\bigcup\limits_{j} E_j \right)$.

设 $I \subset \mathbb{R}$ 是可测集, $\mu(I) < \infty$. 简单函数 $f : I \to V$ 称作 **Bochner 可积的**, 如果 $\|f(t)\| : I \to \mathbb{R}$ 是 Lebesgue 可测的. 此时, Bochner 积分定义为

$$\int_I f(t)dt = \sum_{j=1}^{\infty} v_j \mu(E_j).$$

一般的抽象函数 $f : I \to V$ 称是 **Bochner 可积的**, 如果存在一列 Bochner 可积的简单函数 $\{f_n\} : I \to V$, 使得

(i) $\lim\limits_{n \to \infty} f_n(t) = f(t)$ 强收敛, 对 $a.e.\ t \in I$;

(ii) $\lim\limits_{n \to \infty} \int_I \|f_n(t) - f(t)\| dt = 0$, 这里的积分是 Lebesgue 积分.

此时, f 在 I 上的 Bochner 积分定义为

$$\int_I f(t)dt = \lim_{n \to \infty} \int_I f_n(t)dt,$$

即它是 f_n 的 Bochner 积分的极限.

定理 1.17　设 $f : I \to V$ 是 Bochner 可积的, 则下列性质成立:

(1) $\|\int_I f(t)dt\| \leqslant \int_I \|f(t)\| dt$;

(2) 设 $A : D(A) \subset V \to Y$ 是闭线性算子. 如果 f 是 V 中 Bochner 可积的, $f(t) \in D(A)$ 对所有 $t \in I$, 且 Af 是 Y 中 Bochner 可积的, 那

么 $\int_I f(t)dt \in D(A)$ 且

$$A\int_I f(t)dt = \int_I Af(t)dt;$$

(3) (控制收敛) 设 $\{f_n\}: I \to V$ 是 Bochner 可积的, $f: I \to V$, 且设

(a) $\lim\limits_{n\to\infty} f_n(t) = f(t)$ 强收敛, 对 $a.e.\ t \in I$;

(b) 存在 I 上的 Lebesgue 可积函数 $p(t)$ 使得

$$\|f_n(t)\| \leqslant p(t), \quad a.e.\ t \in I, \quad \forall n,$$

则 $f: I \to V$ 是 Bochner 可积的, 且

$$\lim_{n\to\infty} \int_I f_n(t)dt = \int_I f(t)dt;$$

(4) (Fubini 定理) 设 $I \subset \mathbb{R}$ 和 $J \subset \mathbb{R}$ 可测. 如果 $f(t,s): I \times J \to V$ 是 Bochner 可积函数, 那么

$$\int_{I\times J} f(t,s)dtds = \int_I \left(\int_J f(t,s)ds \right) dt = \int_J \left(\int_I f(t,s)dt \right) ds.$$

§1.2.2　抽象函数的微分

设 $f: I \to V$, 其中 $I \subset \mathbb{R}$ 是区间, V 是 Banach 空间. 函数 f 称作在点 $t_0 \in I$ 处**强可微**的, 如果存在向量 $v_0 \in V$ 使得

$$f(t_0 + h) - f(t_0) = hv_0 + E(v_0, h), \qquad t_0 + h \in I,$$

且

$$h^{-1}\|E(v_0, h)\| \to 0, \qquad |h| \to 0.$$

此时, 记 $v_0 = f'(t_0) = \partial_t f\big|_{t=t_0} = \partial_t f(t_0)$. 称 $\partial_t f$ 是 f 的 **(强) 导数**.

设函数 $f: I = [a, b] \to V$. 如果对任意 $\epsilon > 0$, 存在 $\delta(\epsilon) > 0$, 使得对 $[a,b]$ 中的任意有限多个不相交的区间 $\{(s_n, t_n)\}$, 只要 $\sum\limits_{n=1}^{N} |t_n - s_n| <$

$\delta(\epsilon)$, 就有

$$\sum_{n=1}^{N}\|f(t_n) - f(s_n)\|_V < \epsilon,$$

则称 f 在区间 $I = [a, b]$ 上**绝对连续**.

定理 1.18 (Newton-Leibniz 公式)　设 V 是 Banach 空间, 则对每一个绝对连续的函数 $f : [a, b] \to V$, 如果它的强导数 f' 在 $[a, b]$ 上 Bochner 可积, 即 $f' \in L^1([a, b]; V)$, 那么就有

$$f(t) = f(a) + \int_a^t f'(s)ds, \quad t \in [a, b].$$

§1.3　Fréchet 可微性

本节开始考虑 Banach 空间上的非线性算子. 设 X, Y 是两个 Banach 空间, 均用 $\|\cdot\|$ 表示范数, $f : D \to Y$ 是一个映射, $D \subset X$ 是 f 的定义域.

定义 1.3.1　设 $x_0 \in D$. 若对任意 $\epsilon > 0$, 存在 $\delta = \delta(x_0, \epsilon) > 0$, 使当 $x \in D$ 且 $\|x - x_0\| < \delta$ 时, 有 $\|f(x) - f(x_0)\| < \epsilon$, 则称 f 在 x_0 **连续**. 若 f 在 D 中每一点都连续, 则称 f 在 D **上连续**. 若 δ 只与 ϵ 有关而与 $x_0 \in D$ 无关, 则称 f 在 D **上一致连续**.

显然, f 在 $x_0 \in D$ 处连续 $\Longleftrightarrow$ 对 $\forall \{x_n\} \subset D$, 当 $x_n \to x_0$ 时, 有 $f(x_n) \to f(x_0)(n \to \infty)$.

定义 1.3.2　$D \subset X$. 称 $f : D \to Y$ 为**紧映射**, 如果 f 将 D 中任何有界集 S 映成 Y 中的相对紧集 $f(S)$, 即 $\overline{f(S)}$ 是 Y 中紧集. 进一步, 如果 f 还是连续的, 则称 f 为**紧连续映射**或**全连续映射**.

闭子集上的连续映射可以延拓到全空间中, 常称作 Tietze 扩张定理, 它有如下的推广形式.

定理 1.19 (J. Dugundji)　假设 A 是度量空间 X 中的闭集, Y 是线性赋范空间. 设 $f : A \to Y$ 连续, 则存在 f 的连续延拓 $\widetilde{f} : X \to$

$\overline{\text{conv}}\, f(A)$, 其中 $\overline{\text{conv}}\, f(A)$ 表示 $f(A)$ 的闭凸包, 即所有包含 $f(A)$ 的闭凸子集的交.

如果 f 是全连续的, 则它有全连续的延拓 $\tilde{f}$.

定义 1.3.3　设映射 $f : U \to Y$, $x_0 \in U$. 如果存在有界线性算子 $A \in L(X, Y)$, 使得当 $h \in X$, $x_0 + h \in U$ 时, 有

$$f(x_0 + h) - f(x_0) = Ah + w(x_0, h),$$

其中 $w(x_0, h) = o(\|h\|)$, 即

$$\lim_{\|h\| \to 0} \frac{\|w(x_0, h)\|}{\|h\|} = 0,$$

则称 f 在 x_0 处是 Fréchet 可微的, 简称 **F-可微的**, 或可微的. 这时, 称 A 为 f 在 x_0 处的 Fréchet 导算子, 简称为 **F-导算子**或 **F-导数**, 记为 $df(x_0)$, $\nabla f(x_0)$ 或 $f'(x_0)$.

显然, f 在 x_0 处 F-可微推出 f 在 x_0 连续, F-导算子是唯一的, 两个 F-可导映射的线性组合是 F-可导的. 如果 $A \in L(X, Y)$, $f(x) = Ax$, 则 $f'(x) = A$, $\forall x \in X$.

定理 1.20 (链锁法则)　设 X, Y, Z 均为 Banach 空间, $U \subset X$, $V \subset Y$ 是开集, $f : U \to V$ 在 x_0 处 Fréchet 可微, $g : V \to Z$ 在 $y_0 = f(x_0)$ 处 Fréchet 可微, 则 $g \circ f : U \to Z$ 在 x_0 处也是 Fréchet 可微的, 且

$$d(g \circ f)(x_0) = dg(y_0) \circ df(x_0).$$

证明　按定义, 对 $h \in X, k \in Y$, 有

$$f(x_0 + h) - f(x_0) - df(x_0)h = w(x_0, h) = o(\|h\|),$$

$$g(y_0 + k) - g(y_0) - dg(y_0)k = \theta(y_0, k) = o(\|k\|).$$

现在, 取 $k = df(x_0)h + w(x_0, h)$, 由于 $df(x_0)$ 线性有界, 当 $\|h\| \to 0$ 时,

$\|k\| \to 0$. 于是

$$g \circ f(x_0 + h) - g \circ f(x_0)$$
$$= g(f(x_0) + df(x_0)h + w(x_0, h)) - g \circ f(x_0)$$
$$= dg(y_0)(df(x_0)h + w(x_0, h)) + \theta(y_0, k)$$
$$= dg(y_0) \circ df(x_0)h + dg(y_0)w(x_0, h) + \theta(y_0, k).$$

由于 $dg(y_0)$ 线性有界, $\|dg(y_0)w(x_0, h)\| = o(\|h\|)$. 又由于

$$\frac{\|\theta(y_0, k)\|}{\|h\|} = \frac{\|\theta(y_0, k)\|}{\|k\|} \cdot \frac{\|df(x_0)h + w(x_0, h)\|}{\|h\|}$$
$$\leqslant \frac{\|\theta(y_0, k)\|}{\|k\|} \cdot \left(\|df(x_0)\| + \frac{\|w(x_0, h)\|}{\|h\|} \right)$$
$$\leqslant o(1)(\|df(x_0)\| + o(1)).$$

利用 $\|df(x_0)\|$ 有限可得

$$\|\theta(y_0, k)\| \leqslant o(\|h\|).$$

于是

$$g \circ f(x_0 + h) - g \circ f(x_0) - dg(y_0) \circ df(x_0)h = o(\|h\|).$$

所以, $g \circ f$ 在 x_0 处 Fréchet 可微, 且

$$d(g \circ f)(x_0) = dg(y_0) \circ df(x_0).$$

证毕.

§1.4 Gâteaux 微分

F-导数的计算有时较为困难, 常借助于 Gâteaux 导数或 G-导数.

定义 1.4.1   称映射 $f : U \subset X \to Y$ 在 $x_0 \in U$ 处沿 $h \in X$ 方向是 Gâteaux 可微的, 简称**沿 h 方向是 G-可微的**或**弱可微的**, 如果极限

$$\lim_{t \to 0} \frac{f(x_0 + th) - f(x_0)}{t} =: Df(x_0; h)$$

存在. 此时, 称 $Df(x_0; h)$ 为 f 在 x_0 处沿 h 方向的 Gâteaux 微分, 简称
沿 h 方向的 G-微分或**弱微分**. 若 f 在 x_0 处沿任何方向都是 Gâteaux
可微的, 则称 f 在 x_0 处 Gâteaux 可微, 简称 G-**可微**或**弱可微**.

定义 1.4.2　设 $f : U \subset X \to Y$ 在 $x_0 \in U$ 处 G-可微, 且
$Df(x_0; h)$ 关于 h 是线性有界的, 即它可以表示成

$$Df(x_0; h) = Df(x_0)h, \quad Df(x_0) \in L(X, Y),$$

其中 $L(X, Y)$ 表示从 X 到 Y 中的有界线性算子的全体构成的线性赋
范空间. 此时, 称 $Df(x_0)$ 为 f 在 x_0 处的 Gâteaux 导算子或 Gâteaux
导数, 简称为 G-**导算子**或 G-**导数**.

由定义可见, $Df(x_0; h)$ 关于 h 是齐次的, 即

$$Df(x_0; sh) = sDf(x_0; h), \quad \forall s \in \mathbb{R},$$

且 F-可微 $\Longrightarrow$ G-导数存在 $\Longrightarrow$ G-可微.

一般说来, $Df(x_0; h)$ 关于 h 不一定是线性的, 如

$$f(x) = \begin{cases} \dfrac{x_1^2 x_2}{x_1^2 + x_2^2}, & \text{当 } x = (x_1, x_2) \neq (0, 0), \\ 0, & \text{当 } x = (x_1, x_2) = (0, 0) \end{cases}$$

在 $x_0 := (0, 0)$ 处沿 $h = (h_1, h_2)$ 方向的 G-微分为

$$Df(x_0; h) = \frac{h_1^2 h_2}{h_1^2 + h_2^2}.$$

它关于 h 是齐次的, 但不是线性的.

G-导算子存在也不一定推得 F-可微, 如

$$f(x) = \begin{cases} x_1 + x_2 + \dfrac{x_1^3 x_2}{x_1^4 + x_2^2}, & \text{当 } x = (x_1, x_2) \neq (0, 0), \\ 0, & \text{当 } x = (x_1, x_2) = (0, 0) \end{cases}$$

在 $(0, 0)$ 处是 G-可微的, 且有 G-导数 (G-导算子), 但在 $(0, 0)$ 处不是
F-可微的.

G-可微是多元微积分中方向导数的推广.

例 1.6　设 f 是 $\mathbb{R}^n$ 上的实函数, e_j 表示 $\mathbb{R}^n$ 中第 j 个标准向量, 那么 f 在 x 处沿 e_j 方向的 G-微分为 $Df(x; e_j) = \dfrac{\partial f(x)}{\partial x_j}$.

当 f 在 U 上的每一点处具有 G-导算子时, Df 是从 U 到 $L(X,Y)$ 的非线性映射. 当 $Df(x_0)$ 存在时, 有

$$f(x_0 + th) - f(x_0) = Df(x_0)th + w(x_0, h, t),$$

其中当 x_0, h 固定时,

$$\lim_{t \to 0} \frac{w(x_0, h, t)}{t} = 0.$$

一般情况下, 这个极限关于 $\|h\| = 1$ 不是一致的. 但我们有下面的结论.

定理 1.21　若 f 在 x_0 处存在 G-导算子, 且极限

$$\lim_{t \to 0} \frac{1}{t}[f(x_0 + th) - f(x_0)] = Df(x_0)h$$

关于 $\|h\| = 1$ 一致地成立, 那么, f 在 x_0 处 F-可微.

证明　任给 $\epsilon > 0$, 按假设存在与 $\|h\| = 1$ 无关的 $\delta > 0$, 使当 $|t| < \delta$ 时,

$$\left\| \frac{1}{t}[f(x_0 + th) - f(x_0)] - Df(x_0)h \right\| < \epsilon.$$

对 $\forall h_1$, 记 $h_1 = th$, $t = \|h_1\|$, $\|h\| = 1$. 只要 $\|h_1\| < \delta$, 就有

$$\|f(x_0 + h_1) - f(x_0) - Df(x_0)h_1\| < \epsilon \|h_1\|.$$

按定义, $df(x_0)$ 存在且等于 $Df(x_0)$. 证毕.

推论 1.1　设 Gâteaux 导映射 Df 在 x_0 点连续, 则 f 在 x_0 处 Fréchet 可微.

证明　任给 $\epsilon > 0$, 由 Df 在 x_0 点连续知, 存在 $\delta > 0$, 使得当 $x \in U$, $\|x - x_0\| < \delta$ 时,

$$\sup_{\|h\|=1} \|Df(x)h - Df(x_0)h\| < \epsilon.$$

利用下面的中值公式, 当 $|t| < \delta$ 时, 对任何 $\|h\| = 1$, 有

$$
\begin{aligned}
&\|f(x_0 + th) - f(x_0) - Df(x_0)th\| \\
&= \left\| \int_0^1 Df(x_0 + sth)th ds - \int_0^1 Df(x_0)th ds \right\| \\
&\leqslant |t| \int_0^1 \|Df(x_0 + sth)h - Df(x_0)h\| ds \\
&< |t|\epsilon,
\end{aligned}
$$

由定理 1.21 可得, f 在 x_0 处 Fréchet 可微. 证毕.

G-导数的计算可转化为单变量映射的导数, 可以用 Taylor 公式求得, 推论 1.1 提供了从 G-导数求 F-导数的方法. 下面的定理对 G-微分 $Df(x_0; h)$ 成立, 因而也对 G-导数和 F-导数成立.

定理 1.22 Gâteaux 微分具有下面的性质:

(1) 设 f 在 $x_0 \in U$ 处沿着 h 方向 G-可微, 则对任何 $y^* \in Y^*$, 函数 $\phi(t) = y^*(f(x_0 + th))$ 在 $t = 0$ 处可微, 且 $\phi'(0) = y^*(Df(x_0; h))$. 又若 f 在线段 $L = \{x_0 + th : t \in [0,1]\}$ 的每一点处沿着 h 方向 G-可微, 则 $\phi(t)$ 在 $[0,1]$ 上可微, 且

$$
\phi'(t) = y^*(Df(x_0 + th; h));
$$

(2) 设 f 在线段 L 上 G-可微, 则存在 $\tau \in [0,1]$, 使得

$$
\|f(x_0 + h) - f(x_0)\| \leqslant \|Df(x_0 + \tau h; h)\|;
$$

(3) (中值定理) 设 Y 是 Banach 空间, $\psi(t) = Df(x_0 + th; h)$ 在 $[0,1]$ 上连续, 则

$$
f(x_0 + h) - f(x_0) = \int_0^1 \psi(t)dt,
$$

其中 $\int_0^1 \psi(t)dt$ 是连续的抽象函数 $\psi(t)$ 的 Riemann 积分.

证明 易知,

$$\frac{\phi(t) - \phi(0)}{t} = y^* \left(\frac{f(x_0 + th) - f(x_0)}{t} \right).$$

(1) 由定义直接可得.

(2) 由 Hahn-Banach 定理, 存在 $y^* \in Y^*$, $\|y^*\| = 1$, 使得

$$y^*(f(x_0 + h) - f(x_0)) = \|f(x_0 + h) - f(x_0)\|.$$

由 (1) 和中值公式,

$$\|f(x_0 + h) - f(x_0)\| = \phi(1) - \phi(0) = \phi'(\tau)$$
$$= y^*(Df(x_0 + \tau h; h))$$
$$\leqslant \|Df(x_0 + \tau h; h)\|.$$

(3) 任取 $y^* \in Y^*$, 根据假定, $\phi(t) = y^*(f(x_0 + th))$ 在 $[0,1]$ 上可微, 且 $\phi'(t) = y^*(\psi(t))$ 在 $[0,1]$ 上连续. 由微积分基本定理,

$$y^*(f(x_0 + h) - f(x_0)) = \phi(1) - \phi(0) = \int_0^1 \phi'(t)dt$$
$$= \int_0^1 y^*(Df(x_0 + th; h))dt$$
$$= y^* \left(\int_0^1 Df(x_0 + th; h)dt \right).$$

再由 y^* 的任意性知

$$f(x_0 + h) - f(x_0) = \int_0^1 Df(x_0 + th; h)dt.$$

证毕.

例 1.7 $f : U \subset \mathbb{R}^n \to \mathbb{R}^m$ 可以写成 $y = f(x)$, 其中 $x = (x_1, \cdots, x_n)$, $y = (y_1, \cdots, y_m)$, $y_i = f_i(x_1, \cdots, x_n)$, $1 \leqslant i \leqslant m$. 设每个 f_i 在点 $x^{(0)} = (x_1^{(0)}, \cdots, x_n^{(0)})$ 的邻域内具有连续的一阶偏导数, 则 f 在 $x^{(0)}$ 是 F-可微的, 且 $f'(x^{(0)}) = \left(\dfrac{\partial f_i}{\partial x_j}(x^{(0)}) \right)_{m \times n}$.

§1.5   几个例子

设 $G \subset \mathbb{R}^n$ 是 Lebesgue 可测集, 且 $0 < \operatorname{mes} G < +\infty$, $f(x, u):$ $G \times \mathbb{R} \to \mathbb{R}$. 如果 $u(x)$ 是定义在 G 上的函数, 则 $f(x, u(x))$ 也是定义在 G 上的函数. 称映射

$$\mathbf{f}: u(x) \to f(x, u(x))$$

为 Nemytskii 算子.

§1.5.1   Nemytskii 算子的连续性

定义 1.5.1   若 $f(x, u)$ $(x \in G, \, -\infty < u < +\infty)$ 满足

(i) 对 $a.e.\ x \in G$, $f(x, u)$ 是 u 的连续函数;

(ii) 对 $\forall u$, $f(x, u)$ 是 x 的可测函数,

则称 f 满足 Caratheodory 条件.

引理 1.1   设 $f : G \times \mathbb{R} \to \mathbb{R}$ 满足 Caratheodory 条件, $u(x)$ 是 G 上的 Lebesgue 可测函数, 则 $f(x, u(x))$ 也是 G 上的 Lebesgue 可测函数.

证明   因为 $u(x)$ 是 G 上的 Lebesgue 可测函数, 故存在简单函数序列 $\{u_n(x)\}$ 几乎处处收敛于 $u(x)$. 利用条件 (ii) 知, $f(x, u_n(x))$ 关于 x 是 Lebesgue 可测的. 再由条件 (i), $f(x, u_n(x)) \to f(x, u(x))$ 几乎处处成立, 从而 $f(x, u(x))$ 关于 x 是 Lebesgue 可测的. 证毕.

引理 1.2   设 $f : G \times \mathbb{R} \to \mathbb{R}$ 满足 Caratheodory 条件, 则当 $u_n(x)$ 依测度收敛于 $u(x)$ 时, $f(x, u_n(x))$ 也依测度收敛于 $f(x, u(x))$.

证明   由 Riesz 定理知道, 可测函数列 $\{g_n\}$ 在 G 上依测度收敛于 g 的充要条件是: 对 $\{g_n\}$ 的任一子列 $\{g_{n_k}\}$ 都可以从中再抽出子列 $\{g_{n_{k_\nu}}\}$ 在 G 上几乎处处收敛于 g.

利用这个事实, 对任一子列 $\{f(x, u_{n_k}(x))\}$, 由于 $u_n(x)$ 依测度收敛于 $u(x)$, 故存在子列 $\{u_{n_{k_\nu}}(x)\}$ 几乎处处收敛于 $u(x)$, 利用 (i) 可得,

$\{f(x, u_{n_{k_\nu}}(x))\}$ 几乎处处收敛于 $f(x, u(x))$. 证毕.

定理 1.23 设 $f : G \times \mathbb{R} \to \mathbb{R}$ 满足 Caratheodory 条件, 且

$$|f(x,u)| \leqslant a|u|^{p_1/p_2} + b(x), \quad x \in G, \ u \in \mathbb{R}, \tag{1.1}$$

其中 $a > 0$, $p_1, p_2 \geqslant 1$ 是常数, $b \in L^{p_2}(G)$, 那么 Nemytskii 算子 $\mathbf{f}$ 映 $L^{p_1}(G)$ 入 $L^{p_2}(G)$, 并且是连续的.

证 利用 (1.1) 知, 当 $u \in L^{p_1}(G)$ 时, 得

$$\int_G |f(x, u(x))|^{p_2} dx \leqslant 2^{p_2} \int_G [a^{p_2}|u(x)|^{p_1} + |b(x)|^{p_2}]dx < +\infty.$$

于是, $f(x, u(x)) \in L^{p_2}(G)$. 所以, $\mathbf{f}$ 映 $L^{p_1}(G)$ 入 $L^{p_2}(G)$.

下证连续性. 设 $\{u_n\}$ 在 $L^{p_1}(G)$ 中收敛于 u, 则 u_n 依测度收敛于 u. 利用引理 1.2, $f(x, u_n(x))$ 依测度收敛于 $f(x, u(x))$. 由 (1.1) 可知

$$|f(x, u_n(x)) - f(x, u(x))|^{p_2} \leqslant 2^{p_2}(|f(x, u_n(x))|^{p_2} + |f(x, u(x))|^{p_2})$$

$$\leqslant 4^{p_2}(a^{p_2}|u_n(x)|^{p_1} + a^{p_2}|u(x)|^{p_1} + 2|b(x)|^{p_2}).$$

所以积分 $\displaystyle\int_G |f(x, u_n(x)) - f(x, u(x))|^{p_2} dx$ 具有等度的绝对连续性. 由 Vitali 定理, $f(x, u_n(x))$ 在 $L^{p_2}(G)$ 中收敛于 $f(x, u(x))$. 证毕.

[1] 中说明定理 1.23 中的条件和结论是充分必要的.

§1.5.2 Nemytskii 算子的可微性

例 1.8 设 $\Omega \subset \mathbb{R}^n$ 是有界开区域. $C(\overline{\Omega})$ 表示 $\overline{\Omega}$ 上连续函数全体所成的 Banach 空间, 范数为 $\|u\| = \sup\limits_{x \in \overline{\Omega}} |u(x)|$. 设

$$f : \overline{\Omega} \times \mathbb{R} \to \mathbb{R}$$

是 C^1 函数. 定义映射 $F : C(\overline{\Omega}) \to C(\overline{\Omega})$ 为

$$u(x) \to f(x, u(x)).$$

证明: F 是 F-可微的, 且 $\forall u_0 \in C(\overline{\Omega})$,

$$(F'(u_0) \cdot v)(x) = f_u(x, u_0(x)) \cdot v(x), \quad \forall v \in C(\overline{\Omega}).$$

证明　对任意的 $h \in C(\overline{\Omega})$, $\|h\| = 1$, 有

$$\frac{1}{t}[F(u_0 + th) - F(u_0)](x) = f_u(x, u_0(x) + t\theta(x)h(x))h(x),$$

其中 $\theta(x) \in (0, 1)$. 对 $\forall \epsilon > 0$, $\forall M > 0$, 存在 $\delta = \delta(M, \epsilon) > 0$, 使得当 $|\xi|, |\xi'| \leqslant M$ 及 $|\xi - \xi'| \leqslant \delta$ 时, 有

$$|f_u(x, \xi) - f_u(x, \xi')| < \epsilon, \quad \forall x \in \overline{\Omega}.$$

取 $M = \|u_0\| + \|h\|$, 则对 $|t| < \delta < 1$, 有

$$|f_u(x, u_0(x) + t\theta(x)h(x)) - f_u(x, u_0(x))| < \epsilon.$$

所以,

$$DF(u_0, h)(x) = f_u(x, u_0(x))h(x).$$

注意到乘积算子 $h \to A(u)h = f_u(x, u(x))h(x)$ 是线性连续的. 映射 $u \to A(u)$ 从 $C(\overline{\Omega})$ 到 $L(C(\overline{\Omega}), C(\overline{\Omega}))$ 连续. 所以, F 是 F-可微的, 且

$$(F'(u_0)v)(x) = f_u(x, u_0(x)) \cdot v(x), \quad v \in C(\overline{\Omega}).$$

例 1.9　设 $X = L^2([0, 1])$. 定义 $F : X \to X$ 为

$$F(g)(t) := \sin g(t).$$

证明: F 是 Lipschitz 的, 但不是可微的.

证明　因为

$$\|F(g_1) - F(g_2)\|^2 = \int_0^1 |\sin g_1(t) - \sin g_2(t)|^2 dt$$

$$\leqslant \int_0^1 |g_1(t) - g_2(t)|^2 dt = \|g_1 - g_2\|^2,$$

所以 F 是 Lipschitz 的.

取定 $g_0 \in X$, $\forall h \in X$. 首先说明 F 的 G-导算子存在. 因为

$$F(g_0 + sh)(t) - F(g_0)(t) = \sin(g_0(t) + sh(t)) - \sin g_0(t)$$

$$= \cos(g_0(t) + s\theta(t)h(t))sh(t), \quad 0 \leqslant \theta(t) \leqslant 1,$$

我们往证: $DF(g_0)h(t) = (\cos g_0(t))h(t)$, 即要证明

$$\int_0^1 \left| \frac{\sin(g_0(t) + sh(t)) - \sin g_0(t)}{s} - (\cos g_0(t))h(t) \right|^2 dt \to 0 \quad (s \to 0),$$

亦即需要证明

$$\int_0^1 \left| \frac{1}{s} \int_0^s \cos(g_0(t) + \tau h(t))d\tau - \cos g_0(t) \right|^2 h^2(t)dt \to 0 \quad (s \to 0).$$

因为连续函数空间 $C[0,1]$ 在 $L^2[0,1]$ 中稠密, 我们可以假设 h 是连续平方可积函数. 若记

$$\psi_s(t) = \left| \frac{1}{s} \int_0^s \cos(g_0(t) + \tau h(t))d\tau - \cos g_0(t) \right|^2 h^2(t), \quad s > 0,$$

则有 $\psi_s(t) \leqslant 4|h(t)|^2$. 因为 $t \mapsto 4|h(t)|^2$ 可积, 所以 $t \mapsto \psi_s(t)$ 由一个可积函数控制. 对每一固定的 t, 转化成只需证明

$$\lim_{s \to 0} \psi_s(t) = 0.$$

事实上, 注意 $|h(t)| < \infty$. 若记 $\psi_s(t) = \phi_s^2(t)h^2(t)$, 其中

$$\begin{aligned}
\phi_s(t) &= \left| \frac{1}{s} \int_0^s \cos(g_0(t) + \tau h(t))d\tau - \cos g_0(t) \right| \\
&= \left| \frac{1}{s} \int_0^s [\cos(g_0(t) + \tau h(t)) - \cos g_0(t)]d\tau \right| \\
&= \left| \frac{1}{s} \int_0^s -2\sin\left(g_0(t) + \frac{\tau h(t)}{2}\right)\sin\frac{\tau h(t)}{2}d\tau \right| \\
&\leqslant \frac{2}{s} \int_0^s \sin\frac{\tau h(t)}{2}d\tau \quad (s \ll 1),
\end{aligned}$$

则有 $\phi_s(t) \to 0 \ (s \to 0)$.

下面说明: F 不是 F-可微的. 反证, 若 F 是 F-可微的, 则有

$$\lim_{\|h\| \to 0} \frac{\|F(g_0 + h) - F(g_0) - DF(g_0)h\|}{\|h\|} = 0,$$

即有

$$\frac{\left(\int_0^1 [\sin(g_0(t) + h(t)) - \sin g_0(t) - (\cos g_0(t))h(t)]^2 dt \right)^{\frac{1}{2}}}{\left(\int_0^1 [h(t)]^2 dt \right)^{\frac{1}{2}}} \to 0,$$

当 $\left(\displaystyle\int_0^1 [h(t)]^2 dt\right)^{\frac{1}{2}} \to 0$ 时. 不妨取 $g_0 \in C[0,1]$.

当 $g_0(0) \neq \dfrac{\pi}{2} + 2l\pi,\ l \in \mathbb{N}$ 时, 考虑函数列 $\{h_n\}_{n=1}^{\infty} \subset L^2([0,1])$, 其中

$$
h_n(t) = \begin{cases} 2\pi, & \text{当 } 0 \leqslant t < \dfrac{1}{n}, \\[2mm] 0, & \text{当 } \dfrac{1}{n} < t. \end{cases}
$$

容易求得

$$
\|h_n(t)\| = \left(\int_0^1 [h_n(t)]^2 dt\right)^{\frac{1}{2}} = \left(\int_0^{\frac{1}{n}} (2\pi)^2 dt\right)^{\frac{1}{2}} = \frac{2\pi}{\sqrt{n}} \to 0 \quad (n \to \infty)
$$

和

$$
\begin{aligned}
&\|F(g_0 + h_n) - F(g_0) - DF(g_0)h_n\| \\
&= \left(\int_0^1 [\sin(g_0(t) + h_n(t)) - \sin g_0(t) - (\cos g_0(t))h_n(t)]^2 dt\right)^{\frac{1}{2}} \\
&= \left(\int_0^{\frac{1}{n}} [2\pi \cos g_0(t)]^2 dt\right)^{\frac{1}{2}}.
\end{aligned}
$$

从而, 得到

$$
\begin{aligned}
&\frac{\|F(g_0 + h_n) - F(g_0) - DF(g_0)h_n\|}{\|h_n\|} \\
&= \left(\frac{\displaystyle\int_0^{\frac{1}{n}} [2\pi \cos g_0(t)]^2 dt}{\dfrac{(2\pi)^2}{n}}\right)^{\frac{1}{2}} \to |\cos g_0(0)|,
\end{aligned}
$$

当 $n \to \infty$. 此时 $\cos g_0(0) \neq 0$, 矛盾.

当 $g_0(0) = \dfrac{\pi}{2} + 2l\pi$ 时, 考虑函数列 $\{\widetilde{h}_n\}_{n=1}^{\infty} \subset L^2([0,1])$, 其中

$$
\widetilde{h}_n(t) = \begin{cases} \pi, & 0 \leqslant t < \dfrac{1}{n}, \\[2mm] 0, & \dfrac{1}{n} < t. \end{cases}
$$

容易求得

$$\|\widetilde{h}_n(t)\| = \left(\int_0^1 [\widetilde{h}_n(t)]^2 dt\right)^{\frac{1}{2}} = \left(\int_0^{\frac{1}{n}} \pi^2 dt\right)^{\frac{1}{2}} = \frac{\pi}{\sqrt{n}} \to 0 \quad (n \to \infty)$$

和

$$\|F(g_0 + \widetilde{h}_n) - F(g_0) - DF(g_0)\widetilde{h}_n\|$$
$$= \left(\int_0^1 [\sin(g_0(t) + \widetilde{h}_n(t)) - \sin g_0(t) - (\cos g_0(t))\widetilde{h}_n(t)]^2 dt\right)^{\frac{1}{2}}$$
$$= \left(\int_0^{\frac{1}{n}} [-2\sin g_0(t) - \pi \cos g_0(t)]^2 dt\right)^{\frac{1}{2}}.$$

从而, 得到

$$\frac{\|F(g_0 + \widetilde{h}_n) - F(g_0) - DF(g_0)\widetilde{h}_n\|}{\|\widetilde{h}_n\|} \to \frac{|2\sin g_0(0) + \pi \cos g_0(0)|^{\frac{1}{2}}}{\pi} = \frac{\sqrt{2}}{\pi},$$

当 $n \to \infty$, 矛盾.

§1.5.3　一个变分泛函

记

$$C_T^\infty = \{h : \mathbb{R} \to \mathbb{R}^n : h(t) \text{ 无穷次连续可微且是 } T\text{-周期的}\}.$$

引理 1.3　设 $u, v \in L^1([0, T], \mathbb{R}^n)$ 满足

$$\int_0^T \langle u(t), h'(t)\rangle dt = -\int_0^T \langle v(t), h(t)\rangle dt, \quad \forall h \in C_T^\infty, \qquad (1.2)$$

则

$$\int_0^T v(t)dt = 0, \qquad (1.3)$$

且存在常向量 $c \in \mathbb{R}^n$ 使得在 $[0, T]$ 上几乎处处有

$$u(t) = \int_0^t v(s)ds + c. \qquad (1.4)$$

证明　用 $\{e_j\}$ 表示 $\mathbb{R}^n$ 中的标准基. 选 $h = e_j$, 则由 (1.2) 得

$$\int_0^T \langle v(t), e_j \rangle dt = 0, \quad j = 1, 2, \cdots, n.$$

所以, (1.3) 成立.

记

$$w(t) = \int_0^t v(s)ds,$$

则 $w \in C([0,T], \mathbb{R}^n)$ 连续, 且

$$
\begin{aligned}
\int_0^T \langle w(t), h'(t) \rangle dt &= \int_0^T \left[\int_0^t \langle v(s), h'(t) \rangle ds \right] dt \\
&= \int_0^T \left[\int_s^T \langle v(s), h'(t) \rangle dt \right] ds \\
&= \int_0^T \langle v(s), h(T) - h(s) \rangle ds \\
&= -\int_0^T \langle v(s), h(s) \rangle ds.
\end{aligned}
$$

结合 (1.2) 可得

$$\int_0^T \langle u(t) - w(t), h'(t) \rangle dt = 0, \quad \forall h \in C_T^\infty.$$

选择 $h(t) = \sin \dfrac{2\pi kt}{T} e_j$, 及 $h(t) = \cos \dfrac{2\pi kt}{T} e_j$, $1 \leqslant j \leqslant n$, $k \in \mathbb{N} \setminus \{0\}$. 由 Fourier 级数理论可知, 存在常数 $c \in \mathbb{R}^n$ 使

$$u(t) - w(t) = c, \quad a.e.\ t \in [0, T].$$

证毕.

定义 1.5.2　若 $u, v \in L^1([0,T], \mathbb{R}^n)$ 满足 (1.2), 则称 v 是 u 的**弱导数**, 记为 $\dot{u}$.

注　根据上面的引理及 Fourier 级数理论, 若 u 的弱导数存在, 则一定唯一, 且 u 与连续函数 $w(t) = \int_0^t \dot{u}(s)ds + c$ 在 $[0,T]$ 上几乎处处相等. 因此, 通常把 $u(t)$ 本身视为连续函数, 从而 $u(0) = u(T)$. 显然, 若 $\dot{u}$ 在 $[0,T]$ 上连续, 则 $\dot{u}$ 是 u 在通常意义下的导数.

设 $1 < p < \infty$, 记 Sobolev 空间

$$W_T^{1,p} = \{u \in L^p([0,T], \mathbb{R}^n) : \dot{u} \in L^p([0,T], \mathbb{R}^n)\},$$

范数为

$$\|u\| = \left(\int_0^T |u(t)|^p dt + \int_0^T |\dot{u}(t)|^p dt\right)^{1/p}.$$

易证 $W_T^{1,p}$ 是自反的 Banach 空间, 且 $C_T^\infty \subset W_T^{1,p}$.

按上面的约定, 若 $u \in W_T^{1,p}$, 则 $u(t) = \int_0^t \dot{u}(s)ds + c$, 且 $u(0) = u(T)$.

引理 1.4 存在常数 $C > 0$ 使得对任何 $u \in W_T^{1,p}$, 有

$$\|u\|_\infty \leqslant C\|u\|_{W_T^{1,p}}. \tag{1.5}$$

进一步, 假设 $\int_0^T u(t)dt = 0$, 则

$$\|u\|_\infty \leqslant C\|\dot{u}\|_{L^p}, \tag{1.6}$$

这里, $\|u\|_\infty$ 表示 u 在 L^∞ 中的范数.

证明 通过取分量, 不妨设 $n = 1$. 若 $u \in W_T^{1,p}$, 利用平均值定理, 存在 $\tau \in (0,T)$, 使

$$\frac{1}{T}\int_0^T u(t)dt = u(\tau).$$

利用 Hölder 不等式, 当 $t \in [0,T]$ 时,

$$\begin{aligned}
|u(t)| &= \left|u(\tau) + \int_\tau^t \dot{u}(s)ds\right| \\
&\leqslant |u(\tau)| + \int_0^T |\dot{u}(s)|ds \\
&\leqslant \frac{1}{T}\left|\int_0^T u(s)ds\right| + T^{\frac{1}{q}}\left(\int_0^T |\dot{u}(s)|^p ds\right)^{\frac{1}{p}} \\
&= \frac{1}{T}\left|\int_0^T u(s)ds\right| + T^{\frac{1}{q}}\|\dot{u}\|_{L^p},
\end{aligned}$$

其中 $\dfrac{1}{p} + \dfrac{1}{q} = 1$. 若 $\displaystyle\int_0^T u(s)ds = 0$, 则 (1.6) 成立.

对一般情形, 有

$$
\begin{aligned}
|u(t)| &\leqslant \frac{1}{T}\left|\int_0^T u(s)ds\right| + T^{\frac{1}{q}}\|\dot{u}\|_{L^p} \\
&\leqslant T^{-\frac{1}{p}}\|u\|_{L^p} + T^{\frac{1}{q}}\|\dot{u}\|_{L^p} \\
&\leqslant (T^{-\frac{1}{p}} + T^{\frac{1}{q}})\|\dot{u}\|_{W_T^{1,p}}.
\end{aligned}
$$

证毕.

例 1.10　设 $L:[0,T]\times\mathbb{R}^n\times\mathbb{R}^n\to\mathbb{R}$, $(t,x,y)\to L(t,x,y)$ 满足:

(1) 对几乎所有的 t, $L(t,x,y)$ 关于 (x,y) 连续可微;

(2) 对每一个 (x,y), $L(t,x,y)$ 关于 t 是 Lebesgue 可测.

假设存在 $a\in C(\mathbb{R}^+,\mathbb{R}^+)$, $b\in L([0,T],\mathbb{R}^+)$ 以及 $c\in L^q([0,T],\mathbb{R}^+)$, $1<q<+\infty$, 使得对几乎所有的 $t\in[0,T]$ 以及每一个 $(x,y)\in\mathbb{R}^n\times\mathbb{R}^n$, 有

$$
\begin{aligned}
|L(t,x,y)| &\leqslant a(|x|)(b(t) + |y|^p), \\
|L_x(t,x,y)| &\leqslant a(|x|)(b(t) + |y|^p), \\
|L_y(t,x,y)| &\leqslant a(|x|)(c(t) + |y|^{p-1}),
\end{aligned}
\tag{1.7}
$$

其中 $\dfrac{1}{p} + \dfrac{1}{q} = 1$, 那么泛函

$$
f(u) = \int_0^T L(t,u(t),\dot{u}(t))dt
$$

在 $W_T^{1,p}$ 上连续可微, 并且

$$
f'(u)h = \int_0^T \{\langle L_x(t,u(t),\dot{u}(t)),h(t)\rangle + \langle L_y(t,u(t),\dot{u}(t)),\dot{h}(t)\rangle\}dt. \tag{1.8}
$$

进一步, 如果 $u\in W_T^{1,p}$ 使得 $f'(u)=0$, 则 u 是下面的 Euler-Lagrange 方程带周期边值条件的弱解

$$
\begin{cases}
\dot{L}_y(t,u(t),\dot{u}(t)) = L_x(t,u(t),\dot{u}(t)), & a.e.\ [0,T], \\
u(0) - u(T) = L_y(0,u(0),\dot{u}(0)) - L_y(T,u(T),\dot{u}(T)) = 0.
\end{cases}
$$

特别, 当 $L_y(t, x, y) \equiv y$ 时, 其周期边界条件变成

$$u(0) - u(T) = \dot{u}(0) - \dot{u}(T) = 0.$$

证明 设 $u, h \in W_T^{1,p}$, $\lambda \in [-1, 1]$, $\lambda \neq 0$, 有

$$\frac{f(u + \lambda h) - f(u)}{\lambda}$$

$$= \int_0^T \frac{L(t, u(t) + \lambda h(t), \dot{u}(t) + \lambda \dot{h}(t)) - L(t, u(t), \dot{u}(t))}{\lambda} dt$$

$$=: \int_0^T \phi(t, \lambda) dt.$$

由假设条件, 对 a.e. $t \in [0, T]$, 有

$$|\phi(t, \lambda)| = \left| \int_0^1 \langle L_x(t, u(t) + s\lambda h(t), \dot{u}(t) + \lambda \dot{h}(t)), h(t) \rangle ds \right.$$

$$\left. + \int_0^1 \langle L_y(t, u(t), \dot{u}(t) + s\lambda \dot{h}(t)), \dot{h}(t) \rangle ds \right|$$

$$\leqslant \int_0^1 a(|u(t) + s\lambda h(t)|)(b(t) + |\dot{u}(t) + \lambda \dot{h}(t)|^p)|h(t)| ds$$

$$+ \int_0^1 a(|u(t)|)(c(t) + |\dot{u}(t) + s\lambda \dot{h}(t)|^{p-1})|\dot{h}(t)| ds$$

$$\leqslant a_0[(b(t) + (|\dot{u}(t)| + |\dot{h}(t)|)^p)|h(t)|$$

$$+ (c(t) + (|\dot{u}(t)| + |\dot{h}(t)|)^{p-1})|\dot{h}(t)|],$$

其中 $a_0 = \max\limits_{(\lambda, t) \in [-1,1] \times [0,T]} a(|u(t) + \lambda h(t)|)$. 由于 $b \in L^1, (|\dot{u}| + |\dot{h}|)^p \in$ $L^1, c \in L^q, |\dot{h}| \in L^p$ 及 h 在 $[0, T]$ 上连续, 有

$$|\phi(t, \lambda)| \leqslant \psi(t) \in L^1([0, T], \mathbb{R}^+).$$

由 Lebesgue 控制收敛定理得

$$\lim_{\lambda \to 0} \frac{f(u + \lambda h) - f(u)}{\lambda}$$

$$= \int_0^T \lim_{\lambda \to 0} \phi(t, \lambda) dt$$

$$= \int_0^T [\langle L_x(t, u(t), \dot{u}(t)), h(t) \rangle + \langle L_y(t, u(t), \dot{u}(t)), \dot{h}(t) \rangle] dt.$$

再由于

$$|L_x(t, u(t), \dot{u}(t))| \leqslant a(|u(t)|)(b(t) + |\dot{u}(t)|^p) \in L^1,$$

$$|L_y(t, u(t), \dot{u}(t))| \leqslant a(|u(t)|)(c(t) + |\dot{u}(t)|^{p-1}) \in L^q,$$

根据引理 1.4 可得

$$\left| \int_0^T [\langle L_x(t, u(t), \dot{u}(t)), h(t)\rangle + \langle L_y(t, u(t), \dot{u}(t)), \dot{h}(t)\rangle] dt \right|$$

$$\leqslant C_1 \|h\|_\infty + C_2 \|\dot{h}\|_{L^p}$$

$$\leqslant C_3 \|h\|_{W_T^{1,p}}.$$

这样, 就证明了 f 在 u 点的 G-导算子 $f'(u) \in (W_T^{1,p})^*$ 存在, 并由 (1.8) 给出. 再由 (1.7) 和定理 1.23, 映射 $u \mapsto (L_x(\cdot, u, \dot{u}), L_y(\cdot, u, \dot{u}))$ 是从 $W_T^{1,p}$ 到 $L^1 \times L^q$ 的连续映射. 因此, $f' : W_T^{1,p} \to (W_T^{1,p})^*$ 连续. 事实上, 在 $W_T^{1,p}$ 中设 $u_n \to u$, 当 $h \in W_T^{1,p}$ 且 $\|h\|_{W_T^{1,p}} \leqslant 1$ 时, 有

$$\left| \int_0^T \{\langle L_x(t, u_n(t), \dot{u}_n(t)) - L_x(t, u(t), \dot{u}(t)), h(t)\rangle \right.$$

$$\left. + \langle L_y(t, u_n(t), \dot{u}_n(t)) - L_y(t, u(t), \dot{u}(t)), \dot{h}(t)\rangle\} dt \right|$$

$$\leqslant \int_0^T |L_x(t, u_n(t), \dot{u}_n(t)) - L_x(t, u(t), \dot{u}(t))| dt \cdot \|h\|_\infty$$

$$+ \left[\int_0^T |L_y(t, u_n(t), \dot{u}_n(t)) - L_y(t, u(t), \dot{u}(t))|^q dt \right]^{\frac{1}{q}} \cdot \|\dot{h}\|_{L^p}$$

$$\leqslant \left\{ C \int_0^T |L_x(t, u_n(t), \dot{u}_n(t)) - L_x(t, u(t), \dot{u}(t))| dt \right.$$

$$\left. + \left[\int_0^T |L_y(t, u_n(t), \dot{u}_n(t)) - L_y(t, u(t), \dot{u}(t))|^q dt \right]^{\frac{1}{q}} \right\} \|h\|_{W_T^{1,p}}$$

$$\to 0.$$

由此得到

$$\sup_{\|h\|_{W_T^{1,p}} \leqslant 1} |f'(u_n)h - f'(u)h| \to 0,$$

即 $\|f'(u_n) - f'(u)\| \to 0$. 所以, f 是 F-可微的.

最后, 若 $u \in W_T^{1,p}$ 使 $f'(u) = 0$, 则对任何 $h \in W_T^{1,p}$,

$$\int_0^T \langle L_x(t, u(t), \dot{u}(t)), h(t)\rangle dt = -\int_0^T \langle L_y(t, u(t), \dot{u}(t)), \dot{h}(t)\rangle dt.$$

由引理 1.3, 知 $L_y(\cdot, u, \dot{u})$ 存在弱导数, 且满足

$$\begin{cases} \dot{L}_y(t, u(t), \dot{u}(t)) = L_x(t, u(t), \dot{u}(t)), & a.e.\ [0, T], \\ u(0) - u(T) = L_y(0, u(0), \dot{u}(0)) - L_y(T, u(T), \dot{u}(T)) = 0. \end{cases}$$

证毕.

此例说明, 可以通过研究泛函的临界点 $f'(u) = 0$ 来研究微分方程 $\ddot{u} = \nabla_u F(t, u, \dot{u})$ 的周期解的存在性问题, 其中 $L(t, u, y) = \frac{1}{2}y^2 + F(t, u, y)$.

§1.6　高阶导数与 Taylor 公式

设 $f : U \to Y$ 是 F-可微的, 则对每一个 $x \in U$, $f'(x) \in L(X, Y)$. 所以, 导算子 f' 是从 U 到 $L(X, Y)$ 的非线性映射. 如果 f' 也是 F-可微的, 则 $f''(x) \in L(X, L(X, Y))$. 如此下去, 一般地, k 阶导算子 $f^{(k)}$ 将是从 U 到

$$\underbrace{L(X, L(X, \cdots, L(X, Y))\cdots)}_{k \text{ 次}}$$

中的算子.

为刻画这样的空间, 引入多重线性算子的概念.

定义 1.6.1　算子 $A : X \times X \times \cdots \times X \to Y$ 称为 n **重线性有界算子**, 如果

(i) $A(x_1, x_2, \cdots, x_n)$ 对每一个变元 $x_i (i = 1, \cdots, n)$ 都是线性的;

(ii) 存在常数 M, 使

$$\|A(x_1, x_2, \cdots, x_n)\| \leqslant M\|x_1\| \cdots \|x_n\|,$$

$\forall x_i \in X \ (i = 1, \cdots, n).$

容易证明每一个 n 重线性有界算子都是连续的.

用 $L(\underbrace{X \times \cdots \times X}_{n \text{ 个}}, Y)$ 表示从 X 到 Y 的 n 重线性有界算子的全

体. 按加法和数乘运算, 并定义范数

$$\|A\| = \sup_{\|x_i\|=1, 1 \leqslant i \leqslant n} \|A(x_1, x_2, \cdots, x_n)\|,$$

则 $L(X \times \cdots \times X, Y)$ 构成一个 Banach 空间.

引理 1.5　$L(\underbrace{X \times \cdots \times X}_{n \text{ 个}}, Y)$ 等距同构于 $L(\underbrace{X, L(X, \cdots, L(X,}_{n \text{ 次}}$

$Y)) \cdots).$

证明　用归纳法. $n = 1$ 时命题成立. 设 $n = k$ 时命题成立. 考虑
$n = k + 1$ 时.

任取 $A \in L(\underbrace{X \times \cdots \times X}_{k+1 \text{ 个}}, Y)$, 定义 $B \in L(X, L(\underbrace{X \times \cdots \times X}_{k \text{ 个}}, Y))$

为

$$B(x_1)(x_2, \cdots, x_{k+1}) = A(x_1, \cdots, x_{k+1}).$$

这样的对应建立了 $L(\underbrace{X \times \cdots \times X}_{k+1 \text{ 个}}, Y)$ 与 $L(X, L(\underbrace{X \times \cdots \times X}_{k \text{ 个}}, Y))$ 之

间的等距同构.

由归纳法, $L(\underbrace{X \times \cdots \times X}_{k \text{ 个}}, Y)$ 与 $L(\underbrace{X, L(X, \cdots, L(X, Y))}_{k \text{ 次}} \cdots)$ 是

等距同构的. 因此, $L(\underbrace{X \times \cdots \times X}_{k+1 \text{ 个}}, Y)$ 与 $L(\underbrace{X, L(X, \cdots, L(X, Y))}_{k+1 \text{ 次}} \cdots)$

是等距同构的. 证毕.

所以, k 阶导算子 $f^{(k)} : U \to L(\underbrace{X \times \cdots \times X}_{k \text{ 个}}, Y)$. 如果 $f^{(k)}$ 在 U

上还是连续的, 则称 f 在 U 上 k **阶连续可微**, 记为 $f \in C^k(U, Y).$

引理 1.6 设 $f \in C^k(U, Y)$, $x_0 \in U$, 则

$$\left.\frac{\partial^k}{\partial t_1 \cdots \partial t_k} f\left(x_0 + \sum_{i=1}^{k} t_i h_i\right)\right|_{t_1 = \cdots = t_k = 0}$$
$$= f^{(k)}(x_0)(h_1, \cdots, h_k), \quad \forall h_1, \cdots, h_k \in X.$$

证明 用归纳法. 显然 $k = 1$ 时命题成立. 设 $k = n$ 时命题成立, 对 $k = n + 1$, 有

$$\left.\frac{\partial^{n+1}}{\partial t_1 \cdots \partial t_n \partial t_{n+1}} f\left(x_0 + \sum_{i=1}^{n+1} t_i h_i\right)\right|_{t_1 = \cdots = t_n = t_{n+1} = 0}$$
$$= \left.\frac{\partial}{\partial t_{n+1}} \left(\left.\frac{\partial^n}{\partial t_1 \cdots \partial t_n} f\left(x_0 + \sum_{i=1}^{n+1} t_i h_i\right)\right|_{t_1 = \cdots = t_n = 0}\right)\right|_{t_{n+1} = 0}$$
$$= \left.\frac{\partial}{\partial t_{n+1}} \left(f^{(n)}(x_0 + t_{n+1} h_{n+1})(h_1, \cdots, h_n)\right)\right|_{t_{n+1} = 0}$$
$$= f^{(n+1)}(x_0)(h_1, \cdots, h_n, h_{n+1}).$$

证毕.

定义 1.6.2 称算子 $A \in L(X \times \cdots \times X, Y)$ 是 n-**对称的**, 如果对 $(1, 2, \cdots, n)$ 的任意一个置换 $\sigma = (\sigma_1, \cdots, \sigma_n)$, 都有

$$A(x_1, \cdots, x_n) = A(x_{\sigma_1}, \cdots, x_{\sigma_n}).$$

n-对称算子的全体记为 $L_s^{(n)}(X, Y)$.

定理 1.24 设 $f \in C^k(U, Y)$, 则 $f^{(k)}(x) \in L_s^{(k)}(X, Y)$.

证明 任取 $y^* \in Y^*$, 以及 $(1, 2, \cdots, k)$ 的一个置换 $\sigma = (\sigma_1, \cdots, \sigma_k)$, 利用引理 1.6, 知

$$y^*(f^{(k)}(x_0)(h_1, \cdots, h_k))$$
$$= y^*\left(\left.\frac{\partial^k}{\partial t_1 \cdots \partial t_k} f\left(x_0 + \sum_{i=1}^{k} t_i h_i\right)\right|_{t_1 = \cdots = t_k = 0}\right)$$
$$= \left.\frac{\partial^k}{\partial t_1 \cdots \partial t_k} y^*\left(f\left(x_0 + \sum_{i=1}^{k} t_i h_i\right)\right)\right|_{t_1 = \cdots = t_k = 0}$$

$$= \frac{\partial^k}{\partial t_{\sigma_1} \cdots \partial t_{\sigma_k}} y^* \left(f\left(x_0 + \sum_{i=1}^{k} t_{\sigma_i} h_{\sigma_i} \right) \right) \Bigg|_{t_1 = \cdots = t_k = 0}$$

$$= y^* \left(\frac{\partial^k}{\partial t_{\sigma_1} \cdots \partial t_{\sigma_k}} f\left(x_0 + \sum_{i=1}^{k} t_{\sigma_i} h_{\sigma_i} \right) \Bigg|_{t_1 = \cdots = t_k = 0} \right)$$

$$= y^* (f^{(k)}(x_0)(h_{\sigma_1}, \cdots, h_{\sigma_k})).$$

再由 y^* 的任意性, 得

$$f^{(k)}(x_0)(h_1, \cdots, h_k) = f^{(k)}(x_0)(h_{\sigma_1}, \cdots, h_{\sigma_k}).$$

证毕.

定理 1.25 (Taylor 公式)　设 $f \in C^n(U, Y)$, 又设线段 $L = \{x_0 + th \big| 0 \leqslant t \leqslant 1\} \subset U$, 则

$$f(x_0 + h) = \sum_{k=0}^{n-1} \frac{1}{k!} f^{(k)}(x_0) h^{(k)} + R_n(x_0, h),$$

其中 $h^{(k)} = (\underbrace{h, \cdots, h}_{k \text{ 个}})$,

$$R_n(x_0, h) = \int_0^1 \frac{(1-t)^{n-1}}{(n-1)!} f^{(n)}(x_0 + th) h^{(n)} dt = \frac{1}{n!} f^{(n)}(x_0) h^{(n)} + o(\|h\|^n).$$

证明　任取 $y \in Y^*$, 记 $\varphi(t) = y^*(f(x_0 + th))$, 则 $\varphi^{(k)}(t) = y^*(f^{(k)}(x_0 + th) h^{(k)})$, $k = 1, \cdots, n$, 且 $\varphi^{(n)}(t)$ 在 $[0, 1]$ 上连续. 由数学分析中的 Taylor 定理, 得

$$\varphi(1) = \sum_{k=0}^{n-1} \frac{1}{k!} \varphi^{(k)}(0) + \int_0^1 \frac{(1-t)^n}{(n-1)!} \varphi^{(n)}(t) dt,$$

即

$$y^*(f(x_0 + h)) = y^* \left(\sum_{k=0}^{n-1} \frac{1}{k!} f^{(k)}(x_0) h^{(k)} + R_n(x_0, h) \right).$$

再由 y^* 的任意性即可得公式. 证毕.

例 1.11 设 $X = \mathbb{R}^n, Y = \mathbb{R}$. 若 $f : X \to Y$ 是二次连续可微的, 则

$$f''(x) = \left(\frac{\partial^2 f}{\partial x_i \partial x_j}\right).$$

例 1.12 考虑积分算子 (Urysohn 算子)

$$K(u)(x) = \int_\Omega k(x, y, u(y)) dy,$$

其中 $\Omega \subset \mathbb{R}^n$ 是有界闭集, $k(x, y, u), k_u(x, y, u), k_{uu}(x, y, u)$ 都是 $\Omega \times \Omega \times \mathbb{R}$ 上的连续函数, 则 $K : C(\Omega) \to C(\Omega)$ 具有二阶连续的 Fréchet 导数, 且

$$K''(u)h_1 h_2(x) = \int_\Omega k_{uu}(x, y, u(y)) h_1(y) h_2(y) dy.$$

证明 对

$$K(u + th)(x) = \int_\Omega k(x, y, u(y) + th(y)) dy$$

关于 t 求导并令 $t = 0$, 得

$$\left.\frac{d}{dt} K(u + th)(x)\right|_{t=0} = \int_\Omega k_u(x, y, u(y)) h(y) dy.$$

于是, 形式上得

$$K'(u)h(x) := \int_\Omega k_u(x, y, u(y)) h(y) dy.$$

易见 $K'(u) : C(\Omega) \to C(\Omega)$ 是有界线性算子.

为了说明 K 是一阶 Fréchet 可微的, 只需说明 $K'(\cdot) : C(\Omega) \to L(C(\Omega), C(\Omega))$ 是连续的.

若 $M := \|u\|_C := \sup\limits_{x \in \Omega} |u(x)|$, 由 $k_u(x, y, u)$ 和 $k_{uu}(x, y, u)$ 在 $\Omega \times \Omega \times [-M - 1, M + 1]$ 上的一致连续性知, 对任意 $\epsilon > 0$, 存在 $0 < \delta < 1$, 当 $|u_1 - u_2| \leqslant \delta$ 且 $u_1, u_2 \in [-M - 1, M + 1]$ 时, 对一切 $(x, y) \in \Omega \times \Omega$, 均有

$$|k_u(x, y, u_1) - k_u(x, y, u_2)| \leqslant \frac{\epsilon}{\text{mes } \Omega},$$
$$|k_{uu}(x, y, u_1) - k_{uu}(x, y, u_2)| \leqslant \frac{\epsilon}{\text{mes } \Omega}.$$

所以, 若 $\widetilde{u} \in C(\Omega)$, 且 $\|\widetilde{u} - u\|_C < \delta$, 则有

$$\|K'(\widetilde{u}) - K'(u)\| = \sup_{\|h\|_C \leqslant 1} \|K'(\widetilde{u})h - K'(u)h\|_C$$

$$\leqslant \sup_{x \in \Omega} \int_\Omega |k_u(x, y, \widetilde{u}(y)) - k_u(x, y, u(y))| dy \leqslant \epsilon.$$

于是, $K'(\cdot)$ 连续. 所以, K 是 Fréchet 可微的, 且

$$K'(u)h(x) = \int_\Omega k_u(x, y, u(y))h(y)dy.$$

下面证明 K 具有二阶 Fréchet 导数. 记

$$Qh_1 h_2(x) := \int_\Omega k_{uu}(x, y, u(y))h_1(y)h_2(y)dy.$$

显然, $Q \in L(C(\Omega) \times C(\Omega), C(\Omega))$. 当 $\|h_1\|_C < \delta$ 时,

$$|K'(u + h_1)h_2(x) - K'(u)h_2(x) - Qh_1 h_2(x)|$$
$$= \left| \int_\Omega \left\{ \int_0^1 [k_{uu}(x, y, u(y) + th_1(y)) - k_{uu}(x, y, u(y))]dt \right\} h_1(y)h_2(y)dy \right|$$
$$\leqslant \epsilon \|h_1\|_C \|h_2\|_C.$$

由定义, $K''(u)$ 存在, 且 $K''(u) = Q$. 证毕.

§1.7　隐函数定理

§1.7.1　隐函数定理

设 X, Y, Λ 是实 Banach 空间, 开集 $U \subset X \times \Lambda$. 设 $f : U \to Y$ 连续, 且存在 $(x_0, \lambda_0) \in U$ 使得

$$f(x_0, \lambda_0) = 0. \tag{1.9}$$

考虑非线性方程

$$f(x, \lambda) = 0 \tag{1.10}$$

在参数 λ_0 附近的可解性, 以及解对参数 λ 的连续依赖性.

定理 1.26 设 f 关于变元 x 是 F-可微的且导映射 f'_x 在 (x_0, λ_0) 处连续. 如果 $f'_x(x_0, \lambda_0) : X \to Y$ 是正则算子, 那么存在 $r, \delta > 0$, 使得当 $\|\lambda - \lambda_0\| < \delta$ 时, 方程 (1.10) 在 $\|x - x_0\| < r$ 内存在唯一的连续解 $x(\lambda)$.

证明 方程 (1.10) 的解 $x(\lambda)$ 的存在性问题等价于映射

$$\Phi(x, \lambda) = x - [f'_x(x_0, \lambda_0)]^{-1} f(x, \lambda)$$

的不动点 $x(\lambda)$ 的存在性问题. 为此目的, 我们往证: 存在 $\delta > 0, r > 0$, 使得当 $\|\lambda - \lambda_0\| < \delta$ 时, 映射 $\Phi(\cdot, \lambda)$ 是映 $B(x_0, r) = \{x \in X : \|x - x_0\| \leqslant r\}$ 到自身的一个压缩映射.

由假设, $[f'_x(x_0, \lambda_0)]^{-1}$ 有界, 故存在 $M > 0$, 使得

$$\|[f'_x(x_0, \lambda_0)]^{-1}\| \leqslant M.$$

再由 $f'_x(x, \lambda), f(x_0, \lambda)$ 分别在 (x_0, λ_0) 和 λ_0 处的连续性可知, 存在 $r, \delta > 0$, 当 $\|x - x_0\| \leqslant r, \|\lambda - \lambda_0\| < \delta$ 时, 有

$$\|f'_x(x, \lambda) - f'_x(x_0, \lambda_0)\| < \frac{1}{2M}, \tag{1.11}$$

且

$$\|f(x_0, \lambda)\| < \frac{r}{2M}.$$

当 $\|\lambda - \lambda_0\| < \delta$ 时, 对任意的 $x \in B(x_0, r)$, 有

$$\|\Phi'_x(x, \lambda)\| \leqslant \|[f'_x(x_0, \lambda_0)]^{-1}\| \cdot \|f'_x(x, \lambda) - f'_x(x_0, \lambda_0)\| < \frac{1}{2}.$$

于是,

$$\|\Phi(x, \lambda) - \Phi(x_0, \lambda)\| \leqslant \sup_{\|x - x_0\| \leqslant r} \|\Phi'_x(x, \lambda)\| \cdot \|x - x_0\| < \frac{1}{2}\|x - x_0\| \leqslant \frac{1}{2}r,$$

和

$$\|\Phi(x, \lambda) - x_0\| \leqslant \|\Phi(x, \lambda) - \Phi(x_0, \lambda)\| + \|\Phi(x_0, \lambda) - x_0\| < r.$$

所以, $\Phi(\cdot, \lambda)$ 是从 $B(x_0, r)$ 到自身的压缩映射. 由压缩映射原理, 当 $\|\lambda - \lambda_0\| < \delta$ 时, $\Phi(\cdot, \lambda)$ 在 $B(x_0, r)$ 内存在唯一的不动点 $x(\lambda) \in B(x_0, r)$, 且 $x(\lambda_0) = x_0$.

最后证明: $x = x(\lambda)$ 在 $\|\lambda - \lambda_0\| < \delta$ 内连续. 任取 $\lambda_1, \lambda_2 \in \Lambda$, 使 $\|\lambda_i - \lambda_0\| < \delta, i = 1, 2$, 则

$$\|x(\lambda_1) - x(\lambda_2)\| = \|\Phi(x(\lambda_1), \lambda_1) - \Phi(x(\lambda_2), \lambda_2)\|$$

$$\leqslant \|\Phi(x(\lambda_1), \lambda_1) - \Phi(x(\lambda_2), \lambda_1)\| + \|\Phi(x(\lambda_2), \lambda_1) - \Phi(x(\lambda_2), \lambda_2)\|$$

$$\leqslant \frac{1}{2}\|x(\lambda_1) - x(\lambda_2)\| + \|\Phi(x(\lambda_2), \lambda_1) - \Phi(x(\lambda_2), \lambda_2)\|.$$

于是,

$$\|x(\lambda_1) - x(\lambda_2)\| \leqslant 2\|\Phi(x(\lambda_2), \lambda_1) - \Phi(x(\lambda_2), \lambda_2)\|. \tag{1.12}$$

由于 $\Phi(x, \lambda)$ 连续, 故当 $\lambda_1 \to \lambda_2$ 时, (1.12) 右边趋于 0. 所以, $x(\lambda)$ 在 $\|\lambda - \lambda_0\| < \delta$ 内连续. 证毕.

定理 1.27 (可微性)　设 $f \in C^m(U, Y)$, $m \geqslant 1$, 且导算子 $f_x'(x_0, \lambda_0) : X \to Y$ 是正则算子, 则存在 $r, \delta > 0$, 使得当 $\|\lambda - \lambda_0\| < \delta$ 时, 方程 (1.10) 在 $\|x - x_0\| < r$ 内存在唯一的连续解 $x(\lambda)$, $x(\lambda)$ 在 $\|\lambda - \lambda_0\| < \delta$ 内具有 m 阶连续导映射, 且

$$x'(\lambda) = -[f_x'(x(\lambda), \lambda)]^{-1} f_\lambda'(x(\lambda), \lambda).$$

证明　定理 1.26 已证明了 $x = x(\lambda)$ 的存在唯一性及连续性. 下面只需证明可微性.

假设定理 1.26 证明中选定的 r, δ 还满足: 当 $\|\lambda - \lambda_0\| \leqslant \delta, \|x - x_0\| \leqslant r$ 时, 有

$$\|f_\lambda'(x, \lambda)\| \leqslant M_1, \quad \|[f_x'(x, \lambda)]^{-1}\| \leqslant M_2,$$

其中 M_1, M_2 是正常数. 事实上, 这是因为

$$f_x'(x, \lambda) = f_x'(x_0, \lambda_0) + (f_x'(x, \lambda) - f_x'(x_0, \lambda_0))$$

$$= f_x'(x_0, \lambda_0)\{I + [f_x'(x_0, \lambda_0)]^{-1}(f_x'(x, \lambda) - f_x'(x_0, \lambda_0))\}.$$

利用 (1.11) 可得, $f_x'(x, \lambda)$ 在 $\|x - x_0\| < r, \|\lambda - \lambda_0\| < \delta$ 内具有一致有界的逆算子. 于是, 当 $\lambda_i \in \Lambda, \|\lambda_i - \lambda_0\| < \delta, i = 1, 2$ 时,

$$\|x(\lambda_1) - x(\lambda_2) + [f_x'(x(\lambda_2), \lambda_2)]^{-1} f_\lambda'(x(\lambda_2), \lambda_2)(\lambda_1 - \lambda_2)\|$$

$$\leqslant \|[f_x'(x(\lambda_2), \lambda_2)]^{-1}\| \cdot \|f_x'(x(\lambda_2), \lambda_2)(x(\lambda_1) - x(\lambda_2))$$

$$+ f_\lambda'(x(\lambda_2), \lambda_2)(\lambda_1 - \lambda_2)\|$$

$$\leqslant M_2 \|f_x'(x(\lambda_2), \lambda_2)(x(\lambda_1) - x(\lambda_2)) + f_\lambda'(x(\lambda_2), \lambda_2)(\lambda_1 - \lambda_2)\|. \quad (1.13)$$

由于 $f(x(\lambda_2), \lambda_2) = f(x(\lambda_1), \lambda_1) = 0$, 因此, 上式的最后是 $\|x(\lambda_1) - x(\lambda_2)\| + \|\lambda_1 - \lambda_2\|$ 的高阶无穷小量, 而利用 (1.12) 可得

$$\|x(\lambda_1) - x(\lambda_2)\|$$

$$\leqslant 2M_2 \cdot \sup_{\|\lambda - \lambda_0\| < \delta, \|x - x_0\| < r} \|f_\lambda'(x, \lambda)\| \cdot \|\lambda_1 - \lambda_2\|$$

$$\leqslant 2M_2 M_1 \|\lambda_1 - \lambda_2\|.$$

于是, (1.13) 的最右端是 $o(\|\lambda_1 - \lambda_2\|)$. 由定义, $x(\lambda)$ 在 λ_2 处是 Fréchet 可微的, 且

$$x'(\lambda_2) = -[f_x'(x(\lambda_2), \lambda_2)]^{-1} f_\lambda(x(\lambda_2), \lambda_2).$$

利用求逆运算的解析性及链锁法则可归纳地证明 $x'(\lambda)$ 具有 $m - 1$ 阶连续导映射. 证毕.

推论 1.2　设 $U \subset X$ 是开集, $x_0 \in U$, $f \in C^m(U, Y)$, $m \geqslant 1$. 若 $f'(x_0) : X \to Y$ 是正则算子, 则存在 x_0 的邻域 V 与 $y_0 = f(x_0)$ 的邻域 W, 使得映射 $f : V \to W$ 是 C^m 微分同胚, 即 $f : V \to W$ 是同胚, 且 f, f^{-1} 都具有 m 阶连续导映射.

§1.7.2　常微分方程解的存在性

设 $D \subset \mathbb{R} \times \mathbb{R}^n$ 和 $\Lambda \subset \mathbb{R}^m$ 是开区域. 假设 $f : D \times \Lambda \to \mathbb{R}^n$ 连续, 且 $D_x f(t, x, \lambda)$ 对 $(t, x, \lambda) \in D \times \Lambda$ 连续. 考虑初值问题

$$\begin{cases} \dot{x} = f(t, x, \lambda), \\ x(\sigma) = \xi, \end{cases} \quad (1.14)$$

其中 $(\sigma, \xi) \in D$.

定理 1.28　在上述条件之下, 初值问题 (1.14) 的解是存在唯一的, 记为 $x(\sigma, \xi, \lambda)(t)$, 且在定义域中关于 $(\sigma, \xi, \lambda, t)$ 是连续的. 如果 $f \in C^k(D \times \Lambda, \mathbb{R}^n)$, 则 $x(\sigma, \xi, \lambda)(t)$ 在定义域中关于 $(\sigma, \xi, \lambda, t)$ 有 k 阶导数.

证明　如果 x 是 (1.14) 的解, 定义区间为 $[\sigma - \alpha, \sigma + \alpha]$, 记

$$t - \sigma =: \alpha\tau, \quad x(\alpha\tau + \sigma) - \xi =: z(\tau),$$

则 z 满足

$$\begin{cases} \dfrac{dz(\tau)}{d\tau} - \alpha f(\alpha\tau + \sigma, \xi + z, \lambda) = 0, & -1 \leqslant \tau \leqslant 1, \\ z(0) = 0, & \end{cases} \tag{1.15}$$

反之亦成立.

记 $X = \{\varphi \in C^1([-1,1], \mathbb{R}^n) : \varphi(0) = 0\}$, $Y = C([-1,1], \mathbb{R}^n)$, $F : \mathbb{R} \times \mathbb{R} \times \mathbb{R}^n \times \Lambda \times X \to Y$, 其中

$$F(\alpha, \sigma, \xi, \lambda, \varphi)(\tau) = \frac{d\varphi(\tau)}{d\tau} - \alpha f(\alpha\tau + \sigma, \xi + \varphi(\tau), \lambda), \quad -1 \leqslant \tau \leqslant 1.$$

于是,

$$F(0, \sigma_0, \xi_0, \lambda_0, 0) = 0, \quad D_\varphi F(0, \sigma_0, \xi_0, \lambda_0, 0)\psi = \frac{d\psi}{d\tau}, \quad \forall (\sigma_0, \xi_0, \lambda_0).$$

若 $\psi \in X$, $\dfrac{d\psi}{d\tau} = y \in Y$, 则 $\psi(\tau) = \displaystyle\int_0^\tau y(s)ds$, 且 ψ 关于 y 是连续线性的. 由隐函数定理, $F(\alpha, \sigma, \xi, \lambda, z) = 0$ 在 $(0, \sigma_0, \xi_0, \lambda_0, 0)$ 的邻域中有唯一的解 $z^*(\alpha, \sigma, \xi, \lambda)(\tau)$ 存在, 且这个解函数与 f 有相同的光滑性. 证毕.

§1.8 全局隐函数定理

§1.8.1 全局隐函数定理

定义 1.8.1 设 X, Y 是拓扑空间, $\phi : X \to Y$ 连续, 称 ϕ 是**局部同胚的**, 如果对每一个 $x \in X$, 存在 x 的邻域 U 和 $y = \phi(x)$ 的邻域 V, 使得 ϕ 是从 U 到 V 的同胚.

定义 1.8.2 设 X, Y 是拓扑空间, 称映射 $\phi : X \to Y$ 是**固有的** (proper), 如果每一个紧集的逆像是紧的.

引理 1.7 设 X, Y 是 Banach 空间, $\phi : X \to Y$ 是固有的且局部同胚的, $\phi(x_0) = y_0$, $Q = \{(s, t) : 0 \leqslant s, t \leqslant 1\}$. 若 $F : Q \to Y$ 是连续的, $F(0, 0) = y_0$, 则存在唯一的连续函数 $G : Q \to X$ 使得 $G(0, 0) = x_0$, $\phi(G(s, t)) = F(s, t)$, $(s, t) \in Q$.

此引理的证明可以参见 [16].

定理 1.29 (全局隐函数定理) 设 X, Y 是 Banach 空间, $\phi : X \to Y$ 是固有的且局部同胚的, 则 ϕ 是全局同胚.

证明 先证 ϕ 是满射, 即证明: 对任意 $y \in Y$, $\phi(x) - y = 0$ 有解 $x \in X$.

取一点 $x_0 \in X$, 记 $y_0 = \phi(x_0)$. 设

$$F(t, x) = \phi(x) - y_0 - t(y - y_0) = 0, \quad 0 \leqslant t \leqslant 1$$

和

$$S = \{t \in [0, 1] : F(t, x) = 0 \text{ 有解 } x \in X\}.$$

显然, $F(0, x) = \phi(x) - y_0$, $F(1, x) = \phi(x) - y$, S 非空. 为此只需要证明 S 是开的且也是闭的.

若 $t_1 \in S$, 即存在 $x_1 \in X$ 使得 $F(t_1, x_1) = 0$, 则有 $\phi(x_1) = y_0 + t_1(y - y_0)$. 因为 ϕ 是局部同胚的, 所以存在 $\delta_1 > 0$, 使得 $(t_1 - \delta_1, t_1 + \delta_1) \bigcap [0, 1] \subset S$. 说明了 S 是开的.

若 $t_n \in S$ 且 $t_n \to t^*$, 则存在 $x_n \in X$ 使得 $F(t_n, x_n) = 0$, 即 $\phi(x_n) = y_0 + t_n(y - y_0)$. 因为 ϕ 是固有的, 推得 $x_n \to x^*$(如必要, 就取子列). 于是, $\phi(x^*) = y_0 + t^*(y - y_0)$. 所以, $t^* \in S$.

由此证明了 S 是既开又闭的. 于是, $S = [0,1]$, 即 $\phi(x) - y = 0$ 有解 $x \in X$. 所以, ϕ 是满射.

下证 ϕ 是单射. 用反证法. 假设存在 $x_0, x_1 \in X, x_0 \neq x_1$, 使得 $\phi(x_0) = \phi(x_1) =: y$. 选取不同于 x_0, x_1 的 $\overline{x} \in X$, 再作连接 $\overline{x}, x_0$ 的曲线 $x_0(t)$ 和连接 $\overline{x}, x_1$ 的曲线 $x_1(t)$ $(0 \leqslant t \leqslant 1)$, 则这两条曲线的像曲线都连接 $\overline{y} = \phi(\overline{x})$ 和 y. 记 $y_0(t) := \phi(x_0(t))$, $y_1(t) := \phi(x_1(t))$. 因为 Y 是单连通的, 存在连续函数 $F : Q \to Y$ 使得 $F(0,t) = y_0(t), F(1,t) = y_1(t), F(s,0) = \overline{y}, F(s,1) = y, 0 \leqslant s, t \leqslant 1$, 其中 $Q = \{(s,t) : 0 \leqslant s, t \leqslant 1\}$. 由引理 1.7, 存在连续的 $G : Q \to X$ 使得 $\phi \circ G = F, G(0,t) = x_0(t), G(1,t) = x_1(t)$. 但是, $\phi(G(s,1)) = y, 0 \leqslant s \leqslant 1$. 这与 ϕ 是局部同胚的相矛盾. 证毕.

§1.8.2　常微分方程的边值问题

考虑边值问题

$$\begin{cases} x''(t) + \psi(x(t)) = f(t), & 0 < t < \pi, \\ x(0) = x(\pi) = 0, \end{cases} \tag{1.16}$$

其中 $f \in C([0,\pi], \mathbb{R}), \psi \in C^1(\mathbb{R}, \mathbb{R})$. 假设

$$\psi(0) = 0, \quad m^2 < h \leqslant \psi'(s) \leqslant k < (m+1)^2, \quad s \in \mathbb{R}, \tag{1.17}$$

其中 $m \geqslant 0$ 是一整数, h, k 是常数. 条件 (1.17) 称作**非共振条件**.

定理 1.30　设 ψ 满足条件 (1.17), 则问题 (1.16) 有唯一解.

证明　设 $X = \{x \in C^2([0,\pi], \mathbb{R}) : x(0) = x(\pi) = 0\}$, $Z = C([0,\pi], \mathbb{R})$. 下面往证映射

$$T : X \to Z, \quad Tx(t) = x''(t) + \psi(x(t))$$

是固有的且局部同胚.

首先证明: 如果 $Tx_n = f_n, \{f_n\} \subset Z$ 是有界的, 那么 $\{x_n\}$ 在 Z 中是有界的. 用反证法. 设 $\{x_n\}$ 是无界的. 不失一般性, 可以假设 $|x_n|_Z \to \infty \ (n \to \infty)$. 记

$$\omega(s) = \frac{\psi(s)}{s} \ (s \neq 0), \quad \omega(0) = \psi'(0),$$

则 $h \leqslant \omega(s) \leqslant k$. 再记 $g_n = \dfrac{f_n}{|x_n|_Z}$, $z_n = \dfrac{x_n}{|x_n|_Z}$, 则 z_n 满足

$$z_n'' + \omega(x_n)z_n = g_n. \tag{1.18}$$

因为 $-\omega(x_n)z_n + g_n$ 在 Z 中有界, 得序列 $\{z_n''\}$ 在 Z 中有界, 且不妨设 $\{z_n\}$ 在 $\{z \in C^1([0,\pi], \mathbb{R}) : z(0) = z(\pi) = 0\}$ 中收敛到 z^* (如有必要, 将考虑子列).

对任意的 $w \in C_0^\infty([0,\pi], \mathbb{R})$, 由方程 (1.18), 得

$$-\int_0^\pi z_n' w' dt + \int_0^\pi \omega(x_n)z_n w dt = \int_0^\pi g_n w dt. \tag{1.19}$$

因为 $\{\omega(x_n)\}$ 有界, 它在 $L^1([0,\pi], \mathbb{R})$ 的 $*$ 弱拓扑下是列紧的. 于是, 存在 $\omega^* \in L^1([0,\pi], \mathbb{R})$, $h \leqslant \omega^* \leqslant k$, 和一子列 (仍用原记号), 使得在 $*$ 弱拓扑下有 $\omega(x_n) \to \omega^*$. 在 (1.19) 中取极限, 得

$$-\int_0^\pi z^{*\prime} w' dt + \int_0^\pi \omega^* z^* w dt = 0$$

对所有的 $w \in C_0^\infty([0,\pi], \mathbb{R})$. 于是, z^* 是方程

$$\begin{cases} y'' + \mu\omega^* y = 0, & 0 < t < \pi, \\ y(0) = y(\pi) = 0 \end{cases} \tag{1.20}$$

当 $\mu = 1$ 时的 (广义) 非零解. 因为 $m^2 < h \leqslant \omega^* \leqslant k < (m+1)^2$, 由 Sturm 定理知, 问题 (1.20) 的特征值 $\{\mu_n\}$ 满足

$$\mu_n h < n^2 < (n+1)^2 < \mu_{n+1} k.$$

因而, $\mu_n = 1$ 不可能对某个 n 成立, 矛盾. 所以, $\{x_n\}$ 在 Z 中是有界的.

因为 $\{x_n\}$ 在 Z 中有界, 推得 $\{x_n''\}$ 在 Z 中有界. 于是, $\{x_n\}$ 有一子列在 $C_0^1([0,\pi],\mathbb{R})$ 中收敛. 对此序列, x_n'' 在 Z 中收敛. 所以, T 是固有的.

为了证明 T 是局部一一的, 只需要证明对每一 $x \in X$, $DT(x)$ 是可逆的. 这又等价于证明问题

$$\begin{cases} y''(t) + \psi'(x(t))y(t) = 0, & 0 < t < \pi, \\ y(0) = y(\pi) = 0 \end{cases}$$

仅有零解 $y = 0$. 这与 (1.20) 的讨论相同. 证毕.

§1.9　分歧问题

许多问题可以转化成研究下面的方程

$$F(x,\lambda) = 0, \tag{1.21}$$

其中 $(x,\lambda) \in X \times \Lambda$, 而 X, Y, Λ 是 Banach 空间, $F : X \times \Lambda \to Y$ 连续. 通常, Λ 称作**参数空间**. 对每一个 $\lambda \in \Lambda$, 记

$$S_\lambda = \{x \in X : F(x,\lambda) = 0\}$$

是方程 (1.21) 的**解集合**.

定义 1.9.1　假设 $F(0,\lambda) = 0, \forall \lambda \in \Lambda$, 即设 $0 \in S_\lambda, \forall \lambda \in \Lambda$. 称 $(0,\lambda_0)$ 是方程 (1.21) 的**歧点** (bifurcation point), 如果对 $(0,\lambda_0)$ 的任意邻域 U, 存在 $(x,\lambda) \in U$ 使得 $x \in S_\lambda \setminus \{0\}$.

例如, $(0,0)$ 是代数方程

$$x^3 - \lambda x = 0, \quad \lambda \in \mathbb{R}$$

的歧点. 因为方程总有解 $x = 0$, $\forall \lambda \in \mathbb{R}$; 当 $\lambda \leqslant 0$ 时, 方程只有唯一解 $x = 0$; 而当 $\lambda > 0$ 时, 方程还有另两个解 $x = \pm\sqrt{\lambda}$.

一般地, 设 $(x(\lambda),\lambda)$ 满足方程 (1.21), 即设 $F(x(\lambda),\lambda) = 0$ 对 λ_0 的某一邻域中的任意 $\lambda \in \Lambda$ 成立. 假设 $x_0 = x(\lambda_0)$, 称 (x_0,λ_0) 是方程 (1.21) 的**歧点**, 如果存在 $(x_n,\lambda_n) \to (x_0,\lambda_0)$, 使得 $x_n \neq x(\lambda_n)$, 且 $F(x_n,\lambda_n) = 0$. 由隐函数定理立即推得下面定理.

定理 1.31 设 $F : U \times \Lambda \to Y$ 连续, 且导映射 $F'_x(x,\lambda)$ 连续. 如果 (x_0,λ_0) 是方程 (1.21) 的歧点, 则 $F'_x(x_0,\lambda_0) : X \to Y$ 不是正则算子, 即没有有界逆算子.

此定理只是歧点存在的必要条件, 有反例说明它不是歧点存在的充分条件. 为了讨论的方便, 我们总假设 $F(0,\lambda) = 0, \forall \lambda \in \Lambda$.

§1.9.1 Lyapunov-Schmidt 过程

设 X, Y 是 Banach 空间. 称线性算子 $A : X \to Y$ 为 **Fredholm 算子**, 如果 A 的值域 $\operatorname{Im} A$ 是闭的, 并且 A 的核 $\operatorname{Ker} A$ 和余核 $\operatorname{Coker} A = Y/\operatorname{Im} A$ 都是有限维空间. 称

$$\operatorname{ind} A = \dim \operatorname{Ker} A - \dim \operatorname{Coker} A$$

为 A 的 **Fredholm 指标**.

如果 $A : X \to Y$ 是全连续线性算子, 那么对任何非零实数 λ, $\lambda I - A$ 是零指标的 Fredholm 算子.

设 $A : X \to Y$ 是 Fredholm 算子, 记

$$X_1 = \operatorname{Ker} A, \; Y_1 = \operatorname{Im} A,$$

则有直和分解

$$X = X_1 \oplus X_2, \quad Y = Y_1 \oplus Y_2,$$

和投影算子 $P : Y \to Y_1$.

设 $F : U \times \Lambda \to Y$ 连续, 其中 $U \subset X$ 是 0 的一个邻域. 假设 $F'_x(0,\lambda_0)$ 是 Fredholm 算子. 记 $A = F'_x(0,\lambda_0)$, 则 X, Y 有上面的空间直和分解和投影算子 $P : Y \to Y_1$. 对任意的 $x \in X$, 存在唯一的分解

$$x = x_1 + x_2, \quad x_i \in X_i, \; i = 1, 2.$$

于是,

$$F(x, \lambda) = 0 \iff \begin{cases} PF(x_1 + x_2, \lambda) = 0, \\ (I - P)F(x_1 + x_2, \lambda) = 0. \end{cases}$$

现在, $PF'_x(0, \lambda_0) : X_2 \to Y_1$ 是满射且也是单射, 由 Banach 定理, 它有有界逆算子. 因为 $F(0, \lambda_0) = 0$, 由隐函数定理, 存在唯一的函数

$$u : V_1 \times V \to V_2$$

满足

$$PF(x_1 + u(x_1, \lambda), \lambda) = 0, \tag{1.22}$$

其中 V_i 是 0 在 $U \cap X_i$ 中的邻域, 而 V 是 λ_0 的邻域. 因而, 方程 (1.21) 的求解等价于

$$(I - P)F(x_1 + u(x_1, \lambda), \lambda) = 0 \tag{1.23}$$

的求解.

上面的过程称作 **Lyapunov-Schmidt 约化过程**, 它将无穷维问题转化为有限维问题. (1.23) 也称作**分歧方程**.

引理 1.8　在上面的假设和记号下, 设 $F \in C^p(U \times \Lambda, Y)$, $p \geqslant 1$, 则有

$$u(0, \lambda) = 0, \quad u'_{x_1}(0, \lambda_0) = 0.$$

证明　由隐函数定理, 方程 (1.22) 的解 $u(x_1, \lambda)$ 是唯一的. 因为 $F(0, \lambda) = 0$, 所以 $u(0, \lambda) = 0$. 再由隐函数定理, (1.22) 两边对 x_1 在 $(0, \lambda_0)$ 点求导数, 得

$$PF'_x(0, \lambda_0)(u'_{x_1}(0, \lambda_0)x_1 + x_1) = 0, \quad \forall x_1 \in X_1 = \operatorname{Ker} A.$$

因为 $PF'_x(0, \lambda_0) : X_2 \to Y_1$ 是正则算子, 所以

$$u'_{x_1}(0, \lambda_0)x_1 = 0, \quad \forall x_1 \in X_1.$$

得到 $u'_{x_1}(0, \lambda_0) = 0$. 证毕.

§1.9.2 分歧定理

定理 1.32 (Crandall-Rabinowitz) 设 $F \in C^2(U \times \mathbb{R}, Y)$, $F(0, \lambda) = 0$. 如果 $A := F_x'(0, \lambda_0)$ 是 Fredholm 算子, $\dim \operatorname{Ker} A = \dim \operatorname{Coker} A = 1$, 以及

$$F_{x\lambda}''(0, \lambda_0)u_0 \notin \operatorname{Im} F_x'(0, \lambda_0), \tag{1.24}$$

对 $\forall u_0 \in \operatorname{Ker} F_x'(0, \lambda_0) \setminus \{0\}$, 则 $(0, \lambda_0)$ 是歧点, 且存在唯一的 C^1 曲线 $(\lambda, \psi) : (-\delta, \delta) \to \mathbb{R} \times Z$, 使得

$$\begin{cases} F(su_0 + \psi(s), \lambda(s)) = 0, \\ \lambda(0) = \lambda_0, \ \psi(0) = \psi'(0) = 0, \end{cases}$$

其中 $\delta > 0$, 而 Z 是 $\operatorname{span} \{u_0\}$ 在 X 中的补空间. 进而, 存在 $(0, \lambda_0)$ 的一个邻域, 满足

$$F^{-1}(0) = \{(0, \lambda) : \lambda \in \mathbb{R}\} \cup \{(su_0 + \psi(s), \lambda(s)) : |s| < \delta\}.$$

证明 首先按 Lyapunov-Schmidt 约化过程写出分歧方程. 由假设

$$\operatorname{Ker} F_x'(0, \lambda_0) = \operatorname{span} \{u_0\},$$

且由 Hahn-Banach 定理, 存在 $\phi^* \in Y^* \setminus \{0\}$, 使得 $\operatorname{Ker} \phi^* = \operatorname{Im} F_x'(0, \lambda_0)$. 于是, 分歧方程能写成

$$g(s, \lambda) = \langle \phi^*, F(su_0 + u(su_0, \lambda), \lambda) \rangle = 0. \tag{1.25}$$

显然, $s = 0$ 是方程 (1.25) 的平凡解, 我们想找它的非平凡解. 注意到

$$g_s'(0, \lambda_0) = \langle \phi^*, F_x'(0, \lambda_0)(u_0 + u_{x_1}'(0, \lambda_0)u_0) \rangle,$$

及 $u_0 \in \operatorname{Ker} F_x'(0, \lambda_0)$, 利用引理 1.8, 得 $g_s'(0, \lambda_0) = 0$. 因此不可能从隐函数定理直接证明解 $s = s(\lambda)$ 的存在.

我们考虑 λ 作为 s 的函数. 注意到 $g(0,\lambda)=0$, 考虑函数

$$h(s,\lambda) = \begin{cases} \dfrac{1}{s}g(s,\lambda), & \text{当 } s \neq 0, \\[2mm] g_s'(0,\lambda), & \text{当 } s = 0. \end{cases}$$

当 $s \neq 0$ 时, $h(s,\lambda)=0$ 的解就是方程 (1.25) 的解. 我们先假设 $h \in C^1$ (最后证明). 此时, 我们能看到

$$h(0,\lambda_0) = g_s'(0,\lambda_0) = 0,$$

和

$$h_\lambda'(0,\lambda_0) = g_{s\lambda}''(0,\lambda_0)$$
$$= \langle \phi^*, F_{x\lambda}''(0,\lambda_0)(u_0 + u_{x_1}'(0,\lambda_0)u_0) + F_x'(0,\lambda_0)u_{x_1\lambda}''(0,\lambda_0)u_0 \rangle$$
$$= \langle \phi^*, F_{x\lambda}''(0,\lambda_0)u_0 \rangle \neq 0.$$

由隐函数定理, 存在 C^1 曲线 $\lambda = \lambda(s)$, $|s| < \delta$, 使得

$$h(s,\lambda(s)) = 0, \quad \lambda(0) = \lambda_0,$$

记

$$\psi(s) = u(su_0, \lambda(s)),$$

得到

$$\psi(0) = u(0,\lambda_0) = 0, \quad \psi'(0) = \nabla u(0,\lambda_0)(u_0,\lambda'(0)) = 0,$$

和

$$g(s,\lambda(s)) = \langle \phi^*, F(su_0 + u(su_0,\lambda(s)), \lambda(s)) \rangle = 0,$$

即得定理结论

$$F(su_0 + \psi(s), \lambda(s)) = 0.$$

最后, 证明 $h \in C^1(B_\eta)$, 其中 $B_\eta = \{(s,\lambda) \in \mathbb{R}^2 : |s|^2 + |\lambda - \lambda_0|^2 < \eta^2\}$ 对某个 $\eta > 0$. 为此, 我们只需证明 h 在 $s = 0$ 点是 C^1 的.

由定义, 有

$$\lim_{s\to 0}\frac{1}{s}g(s,\lambda)=g_s'(0,\lambda),$$

推得 h 是连续的. 进而,

$$\begin{aligned}
h_s'(0,\lambda)&=\lim_{s\to 0}\frac{1}{s}[h(s,\lambda)-h(0,\lambda)]\\
&=\lim_{s\to 0}\frac{1}{s^2}[g(s,\lambda)-g(0,\lambda)-g_s'(0,\lambda)s]\\
&=\frac{1}{2}g_{ss}''(0,\lambda).
\end{aligned}$$

于是,

$$h_s'(s,\lambda)-h_s'(0,\lambda)=\frac{1}{s^2}[g_s'(s,\lambda)s-g(s,\lambda)-\frac{1}{2}g_{ss}''(0,\lambda)s^2]=o(1)\quad(|s|\to 0).$$

因为 $h_\lambda'(0,\lambda)=g_{s\lambda}''(0,\lambda)$, 所以

$$h_\lambda'(s,\lambda)-h_\lambda'(0,\lambda)=\frac{1}{s}g_\lambda'(s,\lambda)-g_{s\lambda}''(0,\lambda)\to 0,\quad(s\to 0).$$

证毕.

定理 1.33 设 Λ, X 和 Y 是 Banach 空间. 设 $F\in C^2(X\times\Lambda,Y)$ 有形式

$$F(x,\lambda)=L(\lambda)x+P(x,\lambda),$$

其中 $L(\lambda)\in L(X,Y), \forall\lambda\in\Lambda$, 及

$$P(0,\lambda)=0,\ P_x'(0,\lambda)=0,\ P_{x\lambda}''(0,\lambda_0)=0,\quad 对某个\ \lambda_0\in\Lambda.$$

如果存在 $u_0\in\operatorname{Ker}L(\lambda_0)\setminus\{0\}$ 和一个闭的线性子空间 $Z\subset X$ 使得

$$(z,\lambda)\mapsto L(\lambda_0)z+\lambda L'(\lambda_0)u_0:Z\times\Lambda\to Y$$

是线性同胚, 则存在 $(0,\lambda_0)$ 的邻域 $U\subset(\operatorname{span}\{u_0\}\times Z)\times\Lambda, \delta>0$, 和一个 C^1 映射: $s\mapsto(\phi(s),\lambda(s)):(-\delta,\delta)\to Z\times\Lambda$, 使得

$$F^{-1}(0)\cap U\setminus\{(0,\lambda):\lambda\in\Lambda\}=\{(s(u_0+\phi(s)),\lambda(s)):|s|<\delta\},$$

$$(\phi(0),\lambda(0))=(0,\lambda_0).$$

证明　定义

$$\Phi(s,z,\lambda) = \begin{cases} \dfrac{1}{s}F(s(u_0+z),\lambda), & \text{当 } s \neq 0, \\ F_x'(0,\lambda)(u_0+z), & \text{当 } s = 0. \end{cases}$$

首先证明 $\Phi \in C^1((\mathbb{R} \times Z) \times \Lambda, Y)$. 为此, 只需证明它在 $s = 0$ 处是连续可微的.

因为

$$\Phi(s,z,\lambda) - \Phi(0,z,\lambda)$$
$$= s^{-1}[F(s(u_0+z),\lambda) - F(0,\lambda) - F_x'(0,\lambda)(s(u_0+z))]$$
$$= s \int_0^1 \int_0^1 F_{xx}''(rts(u_0+z),\lambda)t \, dt \, dr \cdot (u_0+z)^2,$$

所以

$$\Phi_s'(0,z,\lambda) = \frac{1}{2}F_{xx}''(0,\lambda)(u_0+z)^2.$$

于是, 当 $s \to 0$ 时, 有

$$\Phi_s'(s,z,\lambda) - \Phi_s'(0,z,\lambda)$$
$$= -s^{-2}\left[F(s(u_0+z),\lambda) - sF_x'(0,\lambda)(u_0+z) + \frac{s^2}{2}F_{xx}''(0,\lambda)(u_0+z)^2\right]$$
$$+ s^{-1}[F_x'(s(u_0+z),\lambda) - F_x'(0,\lambda)](u_0+z) = o(1),$$

和

$$\Phi_\lambda'(s,z,\lambda) - \Phi_\lambda'(0,z,\lambda)$$
$$= s^{-1}[F_\lambda'(s(u_0+z),\lambda) - F_\lambda'(0,\lambda) - F_{x\lambda}''(0,\lambda)s(u_0+z)] = o(1).$$

所以, $\Phi \in C^1$.

容易知道

$$\Phi(0,z,\lambda) = L(\lambda)(u_0+z) + P_x'(0,\lambda)(u_0+z),$$
$$\Phi(0,0,\lambda_0) = L(\lambda_0)u_0 + P_x'(0,\lambda_0)u_0 = 0,$$

和

$$\Phi'_{(z,\lambda)}(0, 0, \lambda_0)(\overline{z}, \overline{\lambda})$$

$$= L(\lambda_0)\overline{z} + L'(\lambda_0)u_0 \cdot \overline{\lambda} + P''_{\lambda x}(0, \lambda_0)u_0\overline{\lambda} + P'_x(0, \lambda_0)\overline{z}$$

$$= L(\lambda_0)\overline{z} + \overline{\lambda}L'(\lambda_0)u_0,$$

$\forall (\overline{z}, \overline{\lambda}) \in Z \times \Lambda$. 由假设, 最后的线性算子是同胚. 于是, 由隐函数定理推得, 存在 $(0, \lambda_0)$ 的邻域 U, 和唯一的 C^1 曲线 $s \mapsto (\phi(s), \lambda(s)) \in Z \times \Lambda$, $\forall |s| < \epsilon$, 使得

$$(\phi(0), \lambda(0)) = (0, \lambda_0), \quad \Phi(s, \phi(s), \lambda(s)) = 0,$$

即

$$F(s(u_0 + \phi(s)), \lambda(s)) = 0.$$

证毕.

§1.9.3 Hopf 分歧定理

考虑非线性自治常微分方程

$$\frac{dx}{dt} = f(x, \lambda), \tag{1.26}$$

其中 $f : \mathbb{R}^N \times \mathbb{R} \to \mathbb{R}^N$ 是光滑映射, f 中不显含 t. 设 $f(0, \lambda) = 0$, $x = 0$ 是 (1.26) 的定常解. 记 $A(\lambda) := \left.\dfrac{\partial f(x, \lambda)}{\partial x}\right|_{x=0}$. 假设

(H1) $A(\lambda)$ 有一对复特征值 $\alpha(\lambda) \pm i\beta(\lambda)$ 满足 $\alpha(0) = 0, \beta(0) = \beta_0 > 0$, $A(0)$ 不存在落在虚轴上的其他特征值;

(H2) $\alpha'(0) \neq 0$.

定理 1.34 (Hopf 分歧定理) 假设 (H1) 和 (H2) 成立, 则方程 (1.26) 在 $\lambda = 0$ 附近存在周期在 $\dfrac{2\pi}{\beta_0}$ 附近的小振幅周期解.

证明 由假设 (H1), 方程 (1.26) 可以写成

$$\frac{dx}{dt} = A(\lambda)x + P(x, \lambda), \tag{1.27}$$

其中

$$P(0,\lambda) = P'_x(0,0) = P''_{x\lambda}(0,0) = 0.$$

经过坐标变换, 方程 (1.27) 可以变成

$$\frac{dx}{dt} = \widetilde{A}(\lambda)x + \widetilde{P}(x,\lambda), \tag{1.28}$$

其中

$$\widetilde{A}(\lambda) = \begin{pmatrix} \widetilde{B}(\lambda) & 0 \\ 0 & \widetilde{C}(\lambda) \end{pmatrix}, \qquad \widetilde{B}(\lambda) = \begin{pmatrix} \alpha(\lambda) & \beta(\lambda) \\ -\beta(\lambda) & \alpha(\lambda) \end{pmatrix},$$

及 $e^{\frac{2\pi}{\beta_0}\widetilde{C}(\lambda)} - I$ 是可逆矩阵. 由假设 (H2), 矩阵 $\widetilde{B}(\lambda)$ 可以写成

$$B(\mu) = \begin{pmatrix} \mu & \widetilde{\beta}(\mu) \\ -\widetilde{\beta}(\mu) & \mu \end{pmatrix}.$$

经改变时间尺度, 可以假设 $\widetilde{\beta}(0) = 1$.

因而, 我们可以直接考虑下面的方程

$$\frac{dx}{dt} = A(\mu)x + P(x,\mu), \tag{1.29}$$

其中

$$A(\mu) = \begin{pmatrix} B(\mu) & 0 \\ 0 & C(\mu) \end{pmatrix}, \qquad B(\mu) = \begin{pmatrix} \mu & \beta(\mu) \\ -\beta(\mu) & \mu \end{pmatrix},$$

及 $e^{2\pi C(\mu)} - I$ 是可逆矩阵, 且

$$\beta(0) = 1, \quad P(0,\mu) = P'_x(0,0) = P''_{x\mu}(0,0) = 0.$$

(1.29) 可以看成是 (1.27) 通过变换而得到的. 令 $t = \omega\tau$, 方程 (1.29) 可以变成

$$\frac{dx}{d\tau} = \omega A(\mu)x + \omega P(x,\mu). \tag{1.30}$$

下面我们找 (1.30) 的 2π-周期解. 记

$$\Lambda = \mathbb{R}^2, \ \rho = (\omega, \mu) \in \Lambda,$$
$$X = C^1_{2\pi}(\mathbb{R}^n) = \{u \in C^1(\mathbb{R}, \mathbb{R}^n) : u \text{ 是 } 2\pi\text{-周期的}\},$$
$$Y = C_{2\pi}(\mathbb{R}^n) = \{u \in C(\mathbb{R}, \mathbb{R}^n) : u \text{ 是 } 2\pi\text{-周期的}\}$$

及

$$L(\rho)x = \frac{dx}{d\tau} - \omega A(\mu)x,$$
$$\mathbf{P}(x, \rho) = \omega P(x, \mu),$$
$$\rho_0 = (1, 0).$$

令

$$u_0 = \begin{pmatrix} \sin\tau \\ \cos\tau \\ 0 \\ \vdots \\ 0 \end{pmatrix}, \quad u_1 = \begin{pmatrix} \cos\tau \\ -\sin\tau \\ 0 \\ \vdots \\ 0 \end{pmatrix},$$

则有

$$\operatorname{Ker} L(\rho_0) = \operatorname{span}\{u_0, u_1\}.$$

定义

$$Z = \left\{z \in X : \int_0^{2\pi} z(t)u_j(t)dt = 0, \ j = 0, 1\right\}.$$

余下证明下列条件: 对任意 $y \in Y$, 线性方程

$$L(\rho_0)z + \rho L'(\rho_0)u_0$$
$$= \frac{dz}{d\tau} - A(0)z - \omega A(0)u_0 - \mu A'(0)u_0 = y$$

有唯一解 $(\omega, \mu, z) \in \mathbb{R}^2 \times Z$. 由 Fredholm 定理, 它等价于证明: 对任意 $y \in Y$, 存在唯一 $(\omega, \mu) \in \mathbb{R}^2$ 使得

$$y + \omega A(0)u_0 + \mu A'(0)u_0 \in \operatorname{Ker} L^*(\rho_0)^\perp.$$

因为 $\operatorname{Ker} L^*(\rho_0) = \operatorname{Ker} L(\rho_0)$, 这等价于证明

$$
\det \begin{pmatrix} \int_0^{2\pi} (A(0)u_0(t))^{\mathrm{T}} u_0(t)dt & \int_0^{2\pi} (A'(0)u_0(t))^{\mathrm{T}} u_0(t)dt \\ \int_0^{2\pi} (A(0)u_0(t))^{\mathrm{T}} u_1(t)dt & \int_0^{2\pi} (A'(0)u_0(t))^{\mathrm{T}} u_1(t)dt \end{pmatrix} \neq 0.
$$

直接计算知道, 这个行列式等于 $-4\pi^2$. 于是, 定理 1.33 的所有假设均满足. 证毕.

§1.10 半序 Banach 空间

§1.10.1 锥与半序

定义 1.10.1 设 X 为实 Banach 空间, K 是 X 中的闭凸子集, 称 K 是 X 中的**闭锥**, 如它满足

(1) 若 $x \in K$, $\lambda \geqslant 0$, 则 $\lambda x \in K$;

(2) 若 $x \in K, -x \in K$, 则 $x = 0$.

设 K 是 X 中的闭锥, 在 X 的元素之间定义关系如下:

$$
x \leqslant y \Longleftrightarrow y - x \in K,
$$
$$
x < y \Longleftrightarrow x \leqslant y \text{ 且 } x \neq y,
$$
$$
x \ll y \Longleftrightarrow x \leqslant y \text{ 且 } y - x \in \mathring{K},
$$

其中 $\mathring{K}$ 表示 K 的内部.

定理 1.35 设 K 是 X 中的闭锥, 则由锥 K 定义的关系 $\leqslant$ 满足

(1) $\leqslant$ 是 X 上的半序, 即

$$
x \leqslant x,
$$
$$
x \leqslant y, y \leqslant z \Longrightarrow x \leqslant z,
$$
$$
x \leqslant y, y \leqslant x \Longrightarrow x = y;
$$

(2) $\leqslant$ 与线性结构相容, 即

$$x \leqslant u, y \leqslant v \Longrightarrow x + y \leqslant u + v,$$

$$x \leqslant y, \lambda \geqslant 0 \Longrightarrow \lambda x \leqslant \lambda y;$$

(3) $\leqslant$ 与赋范结构相容, 即

$$x_n \leqslant y_n, x_n \to x, y_n \to y \Longrightarrow x \leqslant y.$$

定义 1.10.2 设 X 是 Banach 空间, $\leqslant$ 是 X 中的半序, 如果它与 X 的线性结构和赋范结构相容, 则称 $(X, \leqslant)$ 为**半序 Banach 空间**.

由定理 1.35, 由 X 中的闭锥 K 诱导出来的半序与 X 的线性结构和赋范结构相容, 所以, X 成为半序 Banach 空间.

反之, 设 $(X, \leqslant)$ 是半序 Banach 空间, 记

$$K = \{x \in X : 0 \leqslant x\},$$

则 K 是 X 中的闭锥.

所以, 闭锥和半序是互相对应的. 有时用闭锥, 有时用半序.

对 n 维欧氏空间 $\mathbb{R}^n$, 常见的锥定义为

$$K = \{x \in \mathbb{R}^n : x_i \geqslant 0, 1 \leqslant i \leqslant n\}.$$

设 $m = (m_1, m_2, \cdots, m_n)$, 其中 $m_i \in \{0, 1\}$, 定义

$$K_m = \{x \in \mathbb{R}^n : (-1)^{m_i} x_i \geqslant 0, \ 1 \leqslant i \leqslant n\},$$

则 K_m 也是 $\mathbb{R}^n$ 中的闭锥. 由此闭锥诱导的半序记为 $\leqslant_m$.

设 $C([a,b], \mathbb{R}^n)$ 为 $[a,b]$ 到 $\mathbb{R}^n$ 的连续函数全体所成的 Banach 空间, 记

$$K = \{x \in C([a,b], \mathbb{R}^n) : x(t) \geqslant 0, \forall t \in [a,b]\},$$

则 K 是 $C([a,b], \mathbb{R}^n)$ 中的闭锥.

定义 1.10.3 设 $(X, \leqslant)$ 是半序 Banach 空间, $u, v \in X$, $u \leqslant v$, 称子集 $\{x \in X : u \leqslant x \leqslant v\}$ 为 X 的一个**序区间**, 记为 $\langle u, v \rangle$.

如果 X 的子集 A 包含在某个序区间之中, 则称 A 为**序有界**.

序有界和依范数有界是两个不同的概念. 例如, 考虑 $[0, 1]$ 上连续可微函数的全体所成的 Banach 空间 $X = C^1[0, 1]$, 其范数为

$$\|x\| = \max_{t \in [0,1]} |x(t)| + \max_{t \in [0,1]} |x'(t)|.$$

它有闭锥

$$K = \{x \in C^1[0, 1] : x(t) \geqslant 0\}.$$

这时, 函数列 $x_n(t) = t^n$ 是序有界的, 因为 $0 \leqslant x_n(t) \leqslant 1$; 但 $\|x_n\| = 1 + n \to \infty$, 故 $\{x_n\}$ 依范数无界. 如果我们考虑 Banach 空间

$$l^2 = \left\{ \{x_i\} : \sum_{i=1}^{\infty} |x_i|^2 < \infty \right\}$$

及其闭锥

$$K = \{\{x_i\} \in l^2 : x_i \geqslant 0\},$$

则 l^2 中的标准基 $\{e_n\}$ 依范数有界而不是序有界的.

定义 1.10.4 设 $K \subset X$ 是闭锥, 称 K 是**正规的**, 是指 X 中的任何序区间均依范数有界; 称 K 是**正则的**, 是指 X 中任何序单调且序有界的点列均依范数收敛; 称 K 是**完全正则的**, 是指对 X 中的任何序单调且依范数有界的点列都依范数收敛.

定理 1.36 设 $K \subset X$ 是闭锥, 则下面的条件互相等价:

(1) K 是正规的;

(2) 存在 $\delta > 0$, 对任何 $x, y \in K$, $\|x\| = \|y\| = 1$, 都有 $\|x + y\| \geqslant \delta$;

(3) 存在常数 $M > 0$, 当 $0 \leqslant x \leqslant y$ 时, $\|x\| \leqslant M\|y\|$;

(4) 设 $x_n \leqslant y_n \leqslant z_n$, 且 $x_n \to x^*, z_n \to x^*$, 则 $y_n \to x^*$.

证明 (1) $\Longrightarrow$ (2). 反证法, 若结论不真, 取 $\delta = \dfrac{1}{n^3}$, 则有 $x_n, y_n \in$

$K, \|x_n\| = \|y_n\| = 1$, 但 $\|x_n + y_n\| \leqslant \dfrac{1}{n^3}$. 根据空间的完备性知, 级数 $\sum\limits_{n=1}^{\infty} n(x_n + y_n)$ 在 X 中收敛到 u_0. 再由 K 的正齐次性和闭凸性知, $u_0 \in K$. 记

$$u_0 = \sum_{k=1}^{n-1} k(x_k + y_k) + n(x_n + y_n) + \sum_{k=n+1}^{\infty} k(x_k + y_k).$$

由于 $\sum\limits_{k=1}^{n-1} k(x_k + y_k) + \sum\limits_{k=n+1}^{\infty} k(x_k + y_k) \in K$, 故 $u_0 \geqslant n(x_n + y_n) \geqslant nx_n \geqslant 0$. 这表明 $\{nx_n\}$ 是序有界集, 但 $\|nx_n\| = n \to \infty$, 故 $\{nx_n\}$ 依范数无界, 与 (1) 相矛盾.

(2) $\Longrightarrow$ (3). 反证法, 若结论不成立, 则存在 $x_n, y_n \in K$, $0 \leqslant x_n \leqslant y_n$, 但 $\|x_n\| > n\|y_n\|$, 即 $\dfrac{\|y_n\|}{\|x_n\|} \leqslant \dfrac{1}{n} \to 0$. 记 $z_n = \dfrac{y_n - x_n}{\|x_n\|}$, 则 $z_n \in K$, 且 $\|z_n\| \to 1$. 由条件, 有

$$\delta \leqslant \left\| \frac{x_n}{\|x_n\|} + \frac{z_n}{\|z_n\|} \right\| \leqslant \left\| \frac{x_n}{\|x_n\|} + z_n \right\| + \left\| \frac{z_n}{\|z_n\|} - z_n \right\|$$
$$= \frac{\|y_n\|}{\|x_n\|} + \left\| \frac{z_n}{\|z_n\|} - z_n \right\| \to 0.$$

矛盾.

(3) $\Longrightarrow$ (4). 当 (3) 成立时, 易知, 若 $0 \leqslant u_n \leqslant v_n$, $v_n \to 0$, 则 $u_n \to 0$. 由此容易知道 (4) 成立.

(4) $\Longrightarrow$ (1). 反证法, 假设有某个序区间 $\langle u, v \rangle$ 依范数无界, 记 $w = v - u$, 则序区间 $\langle 0, w \rangle$ 也无界, 故存在 $x_n \in K$, $0 \leqslant x_n \leqslant w$, 使得 $\|x_n\| \to \infty$. 从而, $0 \leqslant \dfrac{x_n}{\|x_n\|} \leqslant \dfrac{w}{\|x_n\|}$, 且 $\left\| \dfrac{w}{\|x_n\|} \right\| \to 0$. 利用 (4) 可知 $\dfrac{x_n}{\|x_n\|} \to 0$. 矛盾.

定理 1.37 设 K 是 Banach 空间 X 中的闭锥.

(1) 如果 K 是正则的, 则 K 是正规的;

(2) 如果 K 是完全正则的, 则 K 是正则的.

证明　(1) 反证法, 如果 K 不是正规的, 由定理 1.36 的 (2), 对 $\delta = \dfrac{1}{n^2}$, 有 $x_n, y_n \in K$, $\|x_n\| = \|y_n\| = 1$, 使得 $\|x_n + y_n\| \leqslant \dfrac{1}{n^2}$. 于是, $\displaystyle\sum_{n=1}^{\infty}(x_n + y_n)$ 在 X 中绝对收敛于 $u \in K$. 记 $z_n = x_1 + x_2 + \cdots + x_n$, 则 $z_n \leqslant z_{n+1}$, $n = 1, 2, \cdots$, 且 $z_n \leqslant (x_1 + \cdots + x_n) + (y_1 + \cdots + y_n) \leqslant u$. 因此, 点列 $\{z_n\}$ 是单调序有界的. 由 K 的正则性假设, $\{z_n\}$ 收敛. 但是 $\|z_{n+1} - z_n\| = \|x_n\| = 1$, 矛盾.

(2) 为证 K 是正则锥, 只要证明 K 是正规锥, 因为对正规锥, 从序有界可推得依范数有界.

反证法, 如果 K 不正规, 由定理 1.36 的 (2), 对 $\delta = \dfrac{1}{2^n}$, 有 $x_n, y_n \in K$, $\|x_n\| = \|y_n\| = 1$, 使得 $\|x_n + y_n\| \leqslant \dfrac{1}{2^n}$. 于是, $\displaystyle\sum_{n=1}^{\infty}(x_n + y_n)$ 收敛到 $u \in K$. 令

$$
v_n = \begin{cases} (x_1 + y_1) + \cdots + (x_k + y_k), & \text{当 } n = 2k, \\ (x_1 + y_1) + \cdots + (x_k + y_k) + x_{k+1}, & \text{当 } n = 2k+1, \end{cases}
$$

则 $v_n \leqslant v_{n+1}, n = 1, 2, \cdots$, 且

$$
\|v_n\| \leqslant 1 + \sum_{i=1}^{k}\|x_i + y_i\| < 1 + \sum_{i=1}^{\infty}\frac{1}{2^i} = 2.
$$

因此, $\{v_n\}$ 是单调依范数有界点列. 由于 K 是完全正则锥, 故 $\{v_n\}$ 收敛. 但 $\|v_{n+1} - v_n\| = 1$, 矛盾. 证毕.

例 1.13　设 $\overline{\Omega} \subset \mathbb{R}^n$ 是有界闭区域, $C(\overline{\Omega})$ 是 $\overline{\Omega}$ 上连续函数全体. 记

$$
K = \{u \in C(\overline{\Omega}) : u(x) \geqslant 0, \ \forall x \in \overline{\Omega}\},
$$

则 K 是正规的, 但 K 不是正则的.

证明　显然, K 是正规的.

下面说明 K 不是正则的. 事实上, 取 $x_0 \in \Omega$ 使得

$$
\mathrm{dist}\,(x_0, \partial\Omega) = \sup_{x \in \Omega}\mathrm{dist}\,(x, \partial\Omega).
$$

令

$$f(x) = \frac{\text{dist}\,(x, \partial\Omega)}{\text{dist}\,(x_0, \partial\Omega)}, \quad \forall x \in \Omega,$$

则 $f(x_0) = 1$, 且 $0 \leqslant f(x) \leqslant 1$, $\forall x \in \Omega$. 所以, $\{f^n\}$ 是 $C(\overline{\Omega})$ 上的单调序列, 且序有界. 但 f^n 在 $C(\overline{\Omega})$ 中不收敛.

例 1.14　设 $X = (c_0)$, 即

$$X = \{x = (x_1, x_2, \cdots, x_k, \cdots) : x_k \in \mathbb{R}, x_k \to 0 (k \to \infty)\}$$

且有范数

$$\|x\| = \sup_{k \geqslant 0} |x_k|.$$

定义锥

$$K = \{x \in X : x_k \geqslant 0, \forall k\},$$

则锥 K 是正则的, 但不是完全正则的.

事实上, 设 $x^n = (x_1^n, x_2^n, \cdots) \in X, n \geqslant 1$ 满足: x^n 是序有界的且单增的, 即存在 $y \in X$ 使得 $x^n \leqslant y$ 且 $x^n \leqslant x^{n+1}$, $\forall n$, 则

$$x^n \to \left(\sup_n x_1^n, \sup_n x_2^n, \cdots \right) \quad (n \to \infty).$$

说明了 K 是正则的. 但是, 若取 $x^n = \sum_{i=1}^{n} e_i$, 其中 $e_i = (0, \cdots, 0, 1, 0, \cdots)$, 即第 i 个位置为 1 其余为 0, 则此时的 x^n 是单增的且范数有界, 但没有收敛子列, 说明了 K 不是完全正则的.

再介绍闭锥中两个有用的概念.

定义 1.10.5　设 $K \subset X$ 是闭锥. 如果 K 的内部 $\overset{\circ}{K} \neq \varnothing$, 则称 K 为**体锥**. 如果 $K - K = X$, 即 $\forall x \in X$, 存在 $y, z \in K$, 使 $x = y - z$, 则称 K 为**再生锥**.

定理 1.38　如果 K 是体锥, 则 K 是再生锥.

证明　设 u_0 是 K 的内点, 则存在 $\rho > 0$, 使闭球 $\overline{B}(u_0, \rho) = \{x : \|x - u_0\| \leqslant \rho\} \subset K$. 对任意 $x \in X$, 则 $u_0 \pm \rho \dfrac{x}{\|x\|} \in \overline{B}(u_0, \rho) \subset K$. 从而, $x = y - z$, 其中 $y = \dfrac{\|x\|}{2\rho}\left(u_0 + \rho\dfrac{x}{\|x\|}\right) \in K$, $z = \dfrac{\|x\|}{2\rho}\left(u_0 - \rho\dfrac{x}{\|x\|}\right) \in K$. 证毕.

例 1.15　设 $X = L^p(\Omega), p \geqslant 1, 0 < \mathrm{mes}\,\Omega < +\infty$, 及

$$K = \{\phi : \phi \in L^p(\Omega), \phi(x) \geqslant 0\},$$

则 K 是再生锥, 但不是体锥.

事实上, 任何 $\phi \in L^p(\Omega)$ 可以表示为 $\phi = \phi_1 - \phi_2$, 其中

$$\phi_1(x) = \begin{cases} \phi(x), & \text{当 } \phi(x) \geqslant 0, \\ 0, & \text{当 } \phi(x) < 0, \end{cases}$$

$$\phi_2(x) = \begin{cases} 0, & \text{当 } \phi(x) \geqslant 0, \\ -\phi(x), & \text{当 } \phi(x) < 0, \end{cases}$$

$\phi_1(x), \phi_2(x) \in L^p(\Omega)$. 但 K 无内点.

§1.10.2　正泛函与共轭锥

定义 1.10.6　设 $K \subset X$ 是闭锥, X 上的有界线性泛函 f 称为**正泛函**, 如果对任意 $x \in K$, 都有 $f(x) \geqslant 0$.

X 上正泛函的全体 K^* 称为 K 的**共轭锥**.

显然, K^* 是 X 的共轭空间 X^* 中的闭凸子集, 且对任何非负实数 λ, 及任何 $f \in K^*$, 有 $\lambda f \in K^*$, 但 K^* 未必是 X^* 中的闭锥.

例 1.16　记 $X = \mathbb{R}^2$, $K = \{(x, y) : x \geqslant 0, y = 0\}$, 则 $K^* = \{(u, v) : u \geqslant 0, v \in \mathbb{R}\}$ 不是 $\mathbb{R}^2 = X^*$ 中的闭锥.

定理 1.39　如果 K 是 Banach 空间 X 中的再生锥, 则 K^* 是 X^* 中的闭锥.

证明 只要证明 K^* 满足闭锥的性质 (2), 即证明如 $f \in K^*, -f \in K^*$, 则 $f = 0$.

对任意 $x \in X$, 由于 K 是再生的, 故存在 $y, z \in K$, 使 $x = y - z$. 因为 $f, -f \in K^*$, 所以,

$$f(x) = f(y) + (-f)(z) \geqslant 0,$$
$$-f(x) = f(-x) = f(z) + (-f)(y) \geqslant 0.$$

从而 $f(x) = 0$. 由 x 的任意性知 $f = 0$. 证毕.

定理 1.40 设 X 是 Banach 空间, K 是 X 中的闭锥, K^* 是 K 的共轭锥, 则

(i) $K^* \neq \{0\}$;

(ii) $x \in K \Longleftrightarrow f(x) \geqslant 0, \quad \forall f \in K^*$;

(iii) 对任意 $x \in K \setminus \{0\}$, 存在 $f \in K^*$, 使得 $f(x) > 0$.

证明 (i) 取 $x_0 \in X \setminus K$, 则存在 x_0 的 ϵ-邻域 $B_\epsilon(x_0)$ 使得 $B_\epsilon(x_0) \cap K = \varnothing$. 利用定理 1.7 知, 存在非零的有界线性泛函 f, 以及常数 r, 使得

$$f(x) < r, \quad \forall x \in B_\epsilon(x_0),$$
$$f(x) \geqslant r, \quad \forall x \in K.$$

由于 $\lambda K \subset K, \lambda \geqslant 0$, 故当 $x \in K, \lambda \geqslant 0$ 时

$$f(\lambda x) = \lambda f(x) \geqslant r.$$

取 λ 充分大和充分小可分别推得 $f(x) \geqslant 0$ 及 $r \leqslant 0$. 所以, $f \in K^*$, 且 $f \neq 0$.

(ii) 由定义可以直接推得, 若 $x \in K$, 则对任意 $f \in K^*$, 有 $f(x) \geqslant 0$. 反过来, 若 $x \notin K$, 则由 (i) 的证明知, 存在 $f \in K^*$, 使得 $f(x) < r \leqslant 0$.

(iii) 若 $x \in K \setminus \{0\}$, 则 $-x \notin K$. 同样由 (i) 的证明知, 存在 $f \in K^*$ 使得 $f(-x) < r \leqslant 0$. 所以, $f(x) > 0$. 证毕.

定理 1.41 设 X 是自反的 Banach 空间, K 是 X 中的闭锥. 如果 K 是正规的, 则 K 是完全正则的.

证明 设 $\{x_n\}$ 是 X 中一列序单调且依范数有界的点列. 不妨设 $\{x_n\}$ 是单增的, 即

$$x_1 \leqslant x_2 \leqslant \cdots \leqslant x_n \leqslant x_{n+1} \leqslant \cdots.$$

由于自反 Banach 空间中的有界点列有弱收敛子列, 故 $\{x_n\}$ 有子列 $\{x_{n_k}\}$ 弱收敛到某个点 x. 利用 Mazur 关于凸集的隔离性定理可知, x 属于 $\{x_{n_k}\}$ 的凸闭包, 故存在 $\{x_{n_k}\}$ 的凸组合点列 $\{y_j\}$, 它依范数收敛到 x, 其中

$$y_j = \sum_{i=1}^{k_j} \alpha_i^{(j)} x_{n_i}, \quad \alpha_i^{(j)} \geqslant 0, \quad \sum_{i=1}^{k_j} \alpha_i^{(j)} = 1, \quad j = 1, 2, \cdots.$$

根据半序与线性结构的相容性可得

$$y_j \leqslant x_{n_{k_j}}, \quad j = 1, 2, \cdots. \tag{1.31}$$

另一方面, 对任何 $f \in K^*$, 由于 $\{f(x_{n_k})\}$ 单调地收敛到 $f(x)$, $f(x) - f(x_{n_k}) = f(x - x_{n_k}) \geqslant 0$, 利用定理 1.40 知, $x \geqslant x_{n_k}$. 所以, $x \geqslant x_n$, $\forall n$. 再由 (1.31) 得

$$0 \leqslant x - x_{n_{k_j}} \leqslant x - y_j.$$

由于 $\|x - y_j\| \to 0$ 及 K 是正规的得, $\|x - x_{n_{k_j}}\| \to 0$. 再由 $\{x_n\}$ 的单调性和正规性可得, $\|x_n - x\| \to 0$. 证毕.

由此定理容易得到下面事实: 设 $\Omega \subset \mathbb{R}^n$ 是有界可测集, 则 $L^p(\Omega)$ $(p > 1)$ 中非负函数的全体构成的锥 K 是完全正则的.

§1.11　上下解方法

设 X 是 Banach 空间, K 是 X 中的闭锥, $\leqslant$ 是由 K 诱导的半序. $D \subset X$ 是一子集, $F : D \to X$ 是一映射. 我们考虑方程

$$x - F(x) = 0. \tag{1.32}$$

定义 1.11.1 设 $x_0 \in D$. 如果 $F(x_0) \leqslant x_0$, 则称 x_0 为 (1.32) 的**上解**. 如果 $F(x_0) \geqslant x_0$, 则称 x_0 为 (1.32) 的**下解**.

定义 1.11.2 如果对任意的 $x_1, x_2 \in D$ 且 $x_1 \leqslant x_2$ 时, 有 $F(x_1) \leqslant F(x_2)$, 则称 F 为**单增的**. 如果对任意的 $x_1, x_2 \in D$ 且 $x_1 \leqslant x_2$ 时, 有 $F(x_1) \geqslant F(x_2)$, 则称 F 为**单减的**.

定理 1.42 设 D 是半序 Banach 空间 X 的子集, $F : D \to X$ 是单增的. 如果存在 $x_0, y_0 \in D$ 使得 $x_0 \leqslant y_0$, $\langle x_0, y_0 \rangle \subset D$, 且 x_0, y_0 分别是方程 (1.32) 的下解和上解, 则当下面的条件之一成立时, 方程 (1.32) 在序区间 $\langle x_0, y_0 \rangle$ 上有极小解 x^* 和极大解 y^*, 使得 $x^* \leqslant y^*$.

(i) K 正规且 F 紧连续;

(ii) K 正则且 F 连续;

(iii) X 自反, K 正规且 F 连续或者弱连续.

证明 记 $x_n = F(x_{n-1}) = F^n(x_0)$, $y_n = F(y_{n-1}) = F^n(y_0)$, $n = 1, 2, \cdots$. 由于 F 单增, 且 x_0, y_0 分别是方程 (1.32) 的下解和上解, 故

$$x_0 \leqslant \cdots \leqslant x_n \leqslant x_{n+1} \leqslant \cdots \leqslant y_{n+1} \leqslant y_n \leqslant \cdots \leqslant y_0.$$

(i) 当 K 正规时, $\{x_n\}, \{y_n\}$ 都是依范数有界序列, 而由 F 的紧连续性可得, $\{x_n\}, \{y_n\}$ 均有收敛的子列 $\{x_{n_k}\}, \{y_{n_k}\}$. 记 $x_{n_k} \to x^*, y_{n_k} \to y^*$. 利用定理 1.40 的结论 (ii) 以及序结构和范数的相容性可得

$$x_0 \leqslant x_n \leqslant x^* \leqslant y^* \leqslant y_n \leqslant y_0, \quad n = 1, 2, \cdots. \tag{1.33}$$

再利用 K 的正规性可得, $\{x_n\}, \{y_n\}$ 本身分别收敛到 x^* 和 y^*, 再由 F 的连续性可得, x^*, y^* 均是 (1.32) 的解.

(ii) 当 K 正则时, 由于 $\{x_n\}, \{y_n\}$ 单调序有界, 故 $\{x_n\}, \{y_n\}$ 收敛. 设 $x_n \to x^*, y_n \to y^*$, 则 (1.33) 成立. 同样, 由 F 的连续性可得, x^*, y^* 都是方程 (1.32) 的解.

(iii) 当 X 自反, K 正规时, 由定理 1.41 得, K 是完全正则的. 因为 $\{x_n\}, \{y_n\}$ 单调依范数有界, 由定义知, 存在 x^*, y^*, 使得 $x_n \to$

x^*, $y_n \to y^*$. 利用定理 1.40 的结论 (ii) 及序结构和范数的相容性可得

$$x_0 \leqslant x_n \leqslant x^* \leqslant y^* \leqslant y_n \leqslant y_0.$$

再根据 F 的连续性或弱连续性的假设可知, x^*, y^* 都是方程 (1.32) 的解.

最后, 设 $\overline{x}$ 是方程 (1.32) 在 $\langle x_0, y_0 \rangle$ 上的任一解, 即 $x_0 \leqslant \overline{x} \leqslant y_0$, $F(\overline{x}) = \overline{x}$, 由 F 的单调性得

$$x_1 = F(x_0) \leqslant F(\overline{x}) = \overline{x} \leqslant F(y_0) = y_1.$$

重复上述过程

$$x_n = F^n(x_0) \leqslant \overline{x} \leqslant F^n(y_0) = y_n.$$

根据序结构和范数的相容性可得

$$x^* \leqslant \overline{x} \leqslant y^*.$$

所以, x^*, y^* 分别是方程 (1.32) 在 $\langle x_0, y_0 \rangle$ 上的极小和极大解. 证毕.

下面的定理提供了找上下解的一种方法.

定理 1.43　设 K 是 X 的体锥, $F : X \to X$.

(i) 设 x_0 是方程 (1.32) 的解 (通常是平凡解, 如 $F(0) = 0$), F 在 x_0 处 Fréchet 可微, 且 $F'(x_0)$ 有一个特征值 $\lambda > 0$, 对应的特征向量 $v \in \overset{\circ}{K}$, 则存在 $\epsilon > 0$, 使当 $t \in (0, \epsilon)$, $\lambda < 1$ 时, 有

$$F(x_0 + tv) \ll x_0 + tv, \quad F(x_0 - tv) \gg x_0 - tv,$$

而当 $\lambda > 1$ 时, 有

$$F(x_0 + tv) \gg x_0 + tv, \quad F(x_0 - tv) \ll x_0 - tv;$$

(ii) 如果 F 在无穷远处是渐近线性的, 即存在有界线性算子 $A : X \to X$, 使

$$\lim_{\|x\| \to \infty} \frac{F(x) - Ax}{\|x\|} = 0,$$

此线性算子也记作 $A = F'(\infty)$, 且 A 有一个特征值 $\lambda \in (0,1)$, 其对应的特征向量 $v \in \mathring{K}$, 则存在 $M > 0$, 使得当 $t \geqslant M$ 时, 有

$$F(tv) \ll tv.$$

证明　可以假设特征向量 v 满足 $\|v\| = 1$.

(i) 我们仅考虑 $\lambda < 1$ 的情形.

由于 $\lambda < 1$, $v \in \mathring{K}$, 知 $(1-\lambda)v \in \mathring{K}$. 因此存在 $\epsilon_0 > 0$, 使得对任何 $u \in B_{\epsilon_0}(0)$, 都有 $(1-\lambda)v + u \in \mathring{K}$. 根据 Fréchet 导数的定义, 存在 $\epsilon > 0$, 使当 $t \in (0, \epsilon)$ 时, 恒有

$$\|F(x_0 \pm tv) - x_0 \mp \lambda tv\| < t\epsilon_0.$$

于是,

$$F(x_0 + tv) - x_0 - \lambda tv \ll (1-\lambda)tv, \quad F(x_0 - tv) - x_0 + \lambda tv \gg (\lambda - 1)tv.$$

从而,

$$F(x_0 + tv) \ll x_0 + tv, \quad F(x_0 - tv) \gg x_0 - tv.$$

(ii) 因为 $(1-\lambda)v \in \mathring{K}$, 所以存在 $\epsilon_0 > 0$, 使得对任何 $u \in X$, $\|u\| \leqslant \epsilon_0$, 都有

$$(1-\lambda)v + u \in \mathring{K}.$$

又因为 $\lim\limits_{t \to \infty} \left\| \dfrac{F(tv)}{t} - \lambda v \right\| = 0$, 故存在 $M > 0$, 使当 $t \geqslant M$ 时, $\left\| \dfrac{F(tv)}{t} - \lambda v \right\| < \epsilon_0$. 因此, 当 $t \geqslant M$ 时, 有

$$\frac{F(tv)}{t} \ll \lambda v + (1-\lambda)v = v.$$

从而, $F(tv) \ll tv$. 证毕.

下面我们介绍 Krein-Rutman 定理. 它可以看成是 Perron-Frobenius 定理的推广, 说明了何时算子有正的特征值和特征向量. Krein-Rutman 定理的证明可以参见其他书籍 [12, 17], 我们略去它的证明.

定义 1.11.3   设 K 是 Banach 空间 X 中的闭锥, $T : X \to X$ 是有界线性算子. 如果 $TK \subset K$, 则称 T 是**正的**. 如果 $T(K \setminus \{0\}) \subset \overset{\circ}{K}$, 则称 T 是**强正的**.

定理 1.44 (Krein-Rutman)   设 K 是 Banach 空间 X 中的再生锥, T 是 X 上正的全连续线性算子且谱半径 $r(T) > 0$, 则 T 有一个正的特征向量, 对应的特征值是 $r(T)$.

定理 1.45 (Krein-Rutman)   设 K 是 Banach 空间 X 中的体锥, 即 $\overset{\circ}{K} \neq \varnothing$. 又设 $T : X \to X$ 是强正的全连续线性算子, 则有

(i) $r(T) > 0$, $r(T)$ 是 T 的单重 (按代数重数计算) 特征值, 对应的特征向量 $v \in \overset{\circ}{K}$;

(ii) 当 λ 是 T 的特征值且 $|\lambda| < r(T)$ 时, 对应的特征向量 v 是非正的, 即 $v \notin K$;

(iii) 对任何 $y > 0$, 方程 $(\lambda I - T)x = y$ 当 $\lambda > r(T)$ 时有唯一的解 $x \gg 0$, 而当 $\lambda \leqslant r(T)$ 时, 在 K 中没有解; 方程 $r(T)x - Tx = -y$ 在 K 中没有解;

(iv) 若 $S : X \to X$ 是有界线性算子, 则当 $Sx \geqslant Tx$ 对任意 $x \in K$ 成立时, $r(S) \geqslant r(T)$; 而当 $Sx \gg Tx$ 对任意 $x \in K \setminus \{0\}$ 成立时, $r(S) > r(T)$.

从上面的定理, 容易得到下面的定理.

定理 1.46   设 K 是 Banach 空间 X 中的正规体锥.

(i) 如果 $F : \langle x_0, y_0 \rangle \to \langle x_0, y_0 \rangle$ 是单增的紧连续映射, $x_0 = F(x_0) \ll y_0$, F 在 x_0 处 Fréchet 可微, $F'(x_0)$ 强正并且 $r(F'(x_0)) > 1$, 则方程 (1.32) 在 $\langle x_0, y_0 \rangle$ 内有一个极大解 $z \gg x_0$ 且 $z = \lim\limits_{n \to \infty} F^n(y_0)$;

(ii) $F : X \to X$ 是单增的紧连续映射, $F(0) = 0$, F 在 0 点的 Fréchet 导数 $F'(0)$ 存在, $F'(0)$ 强正, 且 $r(F'(0)) > 1$; 再设 F 在无穷远点是渐近线性的且 $r(F'(\infty)) < 1$, 则方程 (1.32) 在 K 中有解.

§1.12 混合单调算子

定义 1.12.1 设 X 是实 Banach 空间, $K \subset X$ 是闭锥. 算子 $A : K \times K \to X$ 称作**混合单调的**, 如果 $A(x, y)$ 关于 x 是单增的而关于 y 是单减的.

定理 1.47 设 $K \subset X$ 是正规的体锥. 如果 $A = B + D$, 且满足

(1) $B : \mathring{K} \times \mathring{K} \to \mathring{K}$ 是混合单调算子, 且存在函数 $\varphi : (0,1) \times \mathring{K} \times \mathring{K} \to (0, \infty)$ 使得

(i) $B(tx, t^{-1}y) \geqslant \varphi(t, x, y) B(x, y), \ \varphi(t, x, y) > t, \ \forall x, y \in \mathring{K}, t \in (0, 1)$;

(ii) $\varphi(t, x, y)$ 关于 x 是单增的而关于 y 是单减的.

(2) 存在 $u_0, v_0 \in \mathring{K}$ 使得 $u_0 \leqslant v_0, u_0 \leqslant A(u_0, v_0)$ 和 $A(v_0, u_0) \leqslant v_0$.

(3) $D : X \to X$ 是正的线性算子, 且满足 $D(\mathring{K}) \subset \mathring{K} \cup \{0\}$.

则 A 有唯一的不动点 $x^* \in \langle u_0, v_0 \rangle$, 即 $x^* = A(x^*, x^*)$. 进而, 对任何的点 $x_0 \in \langle u_0, v_0 \rangle$, 有 $\|x_n - x^*\| \to 0(n \to \infty)$, 其中 $x_n = A(x_{n-1}, x_{n-1})$, $n = 1, 2, \cdots$.

证明 容易知道 A 是混合单调的. 因 K 是正规体锥, 存在 $r > 0$ 使得

$$A(x, y) \leqslant A(v_0, u_0) \leqslant rB(u_0, v_0) \leqslant rB(x, y), \quad \forall x, y \in \langle u_0, v_0 \rangle.$$

记 $r_0 = \dfrac{1}{r}, \eta(t, x, y) = \dfrac{\varphi(t, x, y)}{t} - 1, \forall t \in (0, 1), \ \forall x, y \in \langle u_0, v_0 \rangle$, 将有

$$
\begin{aligned}
A(tx, t^{-1}y) &= B(tx, t^{-1}y) + D(tx) \\
&\geqslant t \left[1 + \left(\frac{\varphi(t, x, y)}{t} - 1 \right) \right] B(x, y) + tD(x) \\
&\geqslant tA(x, y) + t\eta(t, x, y) r_0 A(x, y) \\
&\geqslant t[1 + r_0 \eta(t, x, y)] A(x, y).
\end{aligned}
$$

令

$$u_n = A(u_{n-1}, v_{n-1}), \; v_n = A(v_{n-1}, u_{n-1}), \quad n = 1, 2, \cdots,$$

$$t_n = \sup\{t > 0 : u_n \geqslant t v_n\}, \quad n = 0, 1, \cdots.$$

容易得到

$$u_0 \leqslant u_1 \leqslant \cdots \leqslant u_n \leqslant \cdots \leqslant v_n \leqslant \cdots \leqslant v_1 \leqslant v_0, \tag{1.34}$$

$$u_n \geqslant t_n v_n, \quad n = 0, 1, \cdots.$$

容易看出

$$u_{n+1} \geqslant u_n \geqslant t_n v_n \geqslant t_n v_{n+1}, \quad n = 0, 1, \cdots.$$

于是, 存在 $\epsilon > 0$ 使得

$$0 < \epsilon \leqslant t_1 \leqslant t_2 \leqslant \cdots \leqslant t_n \leqslant \cdots \leqslant 1.$$

记 $t^* = \lim\limits_{n \to \infty} t_n$. 断言: $t^* = 1$.

否则, 设 $t^* \in [\epsilon, 1)$, 我们有 $\eta(t^*, u_0, v_0) > 0$. 分两种情形来考虑:
(a) 存在 N 使得 $t_N = t^*$; (b) $t_n < t^*, \forall n = 1, 2, \cdots$.

在情形 (a), 得到 $t_n = t^*, u_n \geqslant t^* v_n, \forall n > N$, 及

$$u_{n+1} = A(u_n, v_n) \geqslant A(t^* v_n, t^{*-1} u_n)$$

$$\geqslant t^*[1 + r_0 \eta(t^*, v_n, u_n)] v_{n+1}, \quad \forall n > N.$$

于是

$$t_{n+1} \geqslant t^*[1 + r_0 \eta(t^*, v_n, u_n)] \geqslant t^*[1 + r_0 \eta(t^*, u_0, v_0)] > t^*, \quad \forall n > N.$$

令 $n \to \infty$, 得到

$$t^* \geqslant t^*[1 + r_0 \eta(t^*, u_0, v_0)] > t^*,$$

矛盾.

在情形 (b), 将有

$$u_{n+1} = A(u_n, v_n) \geqslant A(t_n v_n, t_n^{-1} u_n) = A\left(\frac{t_n}{t^*} t^* v_n, \frac{t^*}{t_n} \frac{1}{t^*} u_n\right)$$

$$\geqslant \frac{t_n}{t^*} \left[1 + r_0 \eta\left(\frac{t_n}{t^*}, t^* v_n, t^{*-1} u_n\right)\right] A(t^* v_n, t^{*-1} u_n)$$

$$\geqslant \frac{t_n}{t^*} t^* [1 + r_0 \eta(t^*, v_n, u_n)] A(v_n, u_n)$$

$$\geqslant t_n [1 + r_0 \eta(t^*, u_0, v_0)] v_{n+1}.$$

于是,

$$t_{n+1} \geqslant t_n [1 + r_0 \eta(t^*, u_0, v_0)] \geqslant t_n.$$

由此得到

$$t^* \geqslant t^* [1 + r_0 \eta(t^*, u_0, v_0)] > t^*,$$

矛盾. 所以, $t^* = 1$.

由 (1.34) 得, 对任意自然数 k, 有

$$0 \leqslant u_{n+k} - u_n, \quad v_n - v_{n+k} \leqslant v_n - u_n \leqslant (1 - t_n) v_1, \quad n = 1, 2, \cdots.$$

因为 K 是正规锥, 所以, 存在 $u^*, v^* \in \langle u_0, v_0 \rangle$ 使得

$$\|u_n - u^*\| \to 0, \quad \|v_n - v^*\| \to 0 \quad (n \to \infty),$$

$$0 \leqslant v^* - u^* \leqslant v_n - u_n \leqslant (1 - t_n) v_1, \quad n = 1, 2, \cdots.$$

于是, $v^* = u^* \in \langle u_0, v_0 \rangle$.

如果算子 A 有不动点 $y^* \in \langle u_0, v_0 \rangle$, 则

$$u_0 \leqslant A(y^*, y^*) = y^* \leqslant v_0.$$

重复使用上面的迭代过程, 有

$$u_n \leqslant y^* \leqslant v_n,$$

$$0 \leqslant v^* - y^* \leqslant v_n - y^* \leqslant v_n - u_n \leqslant (1 - t_n) v_1.$$

由 K 是正规的知, $v^* = y^*$. 对 $x_0 \in \langle u_0, v_0 \rangle$, 考虑序列

$$x_n = A(x_{n-1}, x_{n-1}), \quad n = 1, 2, \cdots.$$

继续使用迭代过程, 得到

$$u_n \leqslant x_n \leqslant v_n.$$

所以, $\|v^* - x_n\| \to 0 \ (n \to \infty)$. 证毕.

习题

1. 试证: 对于空间 l^2 上的有界点列, 坐标收敛 $\Longleftrightarrow$ 弱收敛.

2. 给定一族函数

$$u_\epsilon = \frac{\arctan \dfrac{x}{\epsilon}}{\arctan \dfrac{1}{\epsilon}}, \quad \forall \epsilon > 0.$$

问: 它们在空间 $L^2(-1, 1)$ 上是否模收敛或弱收敛? 在空间 $H^1(-1, 1)$ 上是否模收敛或弱收敛?

3. 若 $G \subset \mathbb{R}^n$ 是有界闭集, $f(x, u)$ 在 $G \times (-\infty, \infty)$ 上连续, 则 Nemytskii 算子 $\mathbf{f} : C(G) \to C(G)$ 是连续有界的.

4. 设

$$f(x) = \begin{cases} x_1 + x_2 + \dfrac{x_1^3 x_2}{x_1^4 + x_2^2}, & \text{当 } x = (x_1, x_2) \neq (0, 0), \\ 0, & \text{当 } x = (x_1, x_2) = (0, 0). \end{cases}$$

则 f 在 $(0, 0)$ 连续, 在 $(0, 0)$ 是 G-可微的, 且有 G-导数 (G-导算子), 但在 $(0, 0)$ 处不是 F-可微的.

5. 设 X 是 Hilbert 空间, 内积为 $\langle \cdot, \cdot \rangle$. 求范数 $f(x) = \|x\|$, $x \neq 0$ 的导数.

6. 考虑泛函 $\phi : C[a, b] \to \mathbb{R}$, 它定义为

$$\phi(x) = \int_a^b \int_0^{x(\tau)} f(\tau, s) ds d\tau,$$

其中 $f:[a,b]\times\mathbb{R}\to\mathbb{R}$ 连续. 证明 ϕ 是连续可微的并计算 $\phi'(x)$.

7. 设 $GL(\mathbb{R}^n)$ 为 $\mathbb{R}^n$ 的可逆线性变换全体. 设 $f:GL(\mathbb{R}^n)\to GL(\mathbb{R}^n)$ 定义为 $f(A)=A^{-1}$. 证明 f 连续可微, 并计算导数.

8. 计算下列算子的导数:

(1) $F(h)=\int_0^1\left(\int_0^t h^2(s)ds\right)^2 dt$,

(a) $h\in C[0,1]$,　(b) $h\in L^2(0,1)$.

(2) $F(h)(t)=\left(\int_0^t h(s)ds\right)^2$,

(a) $F:L^1(0,1)\to L^1(0,1)$,　(b) $F:C[0,1]\to C[0,1]$,　(c) $F:C[0,1]\to C^1[0,1]$.

9. 设 $\Omega\subset\mathbb{R}^n$, 计算下列泛函的二次微分:

(1) $X=W_0^{1,p}(\Omega,\mathbb{R})$, $2<p<\infty$, $f(u)=\int_\Omega|\nabla u|^p dx$.

(2) $X=C_0^1(\overline{\Omega},\mathbb{R}^n)$, $f(u)=\int_\Omega\det(\nabla u(x))dx$.

(3) $X=C_0^1(\overline{\Omega},\mathbb{R})$, $f(u)=\int_\Omega\sqrt{1+|\nabla u|^2}dx$.

10. 设 $B:X_1\times X_2\to Y$ 是双线性有界算子, 其中 X_1,X_2,Y 是 Banach 空间. 记 $X=X_1\times X_2$, 且对 $u\in X$, 记 $u=(u_1,u_2)$. 证明 B 是 C^∞ 的, 对所有 $u,h,k\in X$, 有

$$dB(u)h=B(h_1,u_2)+B(u_1,h_2),$$
$$d^2B(u)kh=B(k_1,h_2)+B(h_1,k_2),$$

且 $d^nB(u)=0$, 对 $n=3,4,\cdots$.

11. 设 $\Omega\subset\mathbb{R}^n(n\geqslant 3)$ 是有界区域, 具有光滑的边界, 函数 $H:\Omega\times\mathbb{R}\to\mathbb{R}$ 满足 Caratheodory 条件, 以及

$$|H(x,u)|\leqslant a+b|u|^p,\quad\forall x\in\Omega,u\in\mathbb{R},$$

其中 a,b 是正常数. 定义 $h(x,u)=\int_0^u H(x,s)ds$,

$$\phi:H_0^1(\Omega)\to\mathbb{R},\quad\phi(u)=\int_\Omega h(x,u(x))dx,$$

证明: 当 $1 \leqslant p \leqslant n^* = \dfrac{n+2}{n-2}$ 时, ϕ 连续可微; 当 $1 \leqslant p < n^*$ 时, ϕ' 弱连续.

12. 设 $f : \mathbb{R}^2 \times \mathbb{R} \to \mathbb{R}^2$ 定义为

$$f(x, y, \lambda) = (1 - \lambda)(x, y) - (y^3, x^3),$$

证明 $(0, 0, 1)$ 是 $f(x, y, \lambda) = 0$ 的歧点.

13. 设 $f : \mathbb{R}^2 \times \mathbb{R} \to \mathbb{R}^2$ 定义为

$$f(x, y, \lambda) = \begin{pmatrix} x \\ y \end{pmatrix} - \lambda \begin{pmatrix} 1 & 0 \\ 0 & 2 \end{pmatrix} \begin{pmatrix} x \\ y \end{pmatrix} + \lambda \begin{pmatrix} xy^2 \\ x^2 y \end{pmatrix}.$$

计算 $f(x, y, \lambda) = 0$ 的分歧解, 即从歧点分出来的非平凡解.

14. 设 K 是 Banach 空间 X 中的体锥, K^* 是它的共轭锥, 证明:
$x_0 \in \overset{\circ}{K} \Longleftrightarrow f(x_0) > 0, \ \forall f \in K^* \setminus \{0\}$.

15. 设 X 是 Banach 空间, $K \subset X$ 是锥, K^* 是共轭锥, 则有

(a) K 是再生锥当且仅当 K^* 是正规锥;

(b) K 是正规锥当且仅当 K^* 是再生锥.

16. 设 X 是 Banach 空间, K 是 X 中的一个锥, $e \in K$, $e \neq 0$. 记

$$X_e := \{x \in X : 存在 \ \lambda > 0 \ 使得 \ -\lambda e \leqslant x \leqslant \lambda e\}$$

及

$$\|x\|_e := \inf\{\lambda > 0 : -\lambda e \leqslant x \leqslant \lambda e\}.$$

$\|x\|_e$ 称为是 $x \in X_e$ 的 e 范数, $K_e := K \cap X_e$ 称为是 e 锥. 如果 K 是 X 中的正规锥, 则

(i) 在 e 范数下, X_e 成为一个 Banach 空间, 并且存在常数 $M > 0$, 使得 $\|x\| \leqslant M\|x\|_e$, $\forall x \in X_e$;

(ii) K_e 是空间 X_e 中一个正规体锥, 并且

$$\overset{\circ}{K_e} = \{x \in X : 存在 \ \lambda > \tau > 0, \ 使得 \ \tau e \leqslant x \leqslant \lambda e\};$$

(iii) 若 K 是体锥, $e \in \overset{\circ}{K}$, 则 $K_e = K$ 并且 e 范数和原来的范数 $\|\cdot\|$ 等价.

第二章　拓扑度理论

拓扑度是一重要的工具, 在拓扑学和微分方程等领域有重要的作用. 有限维空间上连续映射的拓扑度是 1912 年由 L.J. Brouwer 创立的, 通常称作 Brouwer 度. Brouwer 度的定义有几种, 现已证明了这几种定义都是等价的. 我们选择其中一种来介绍. 无穷维空间上的拓扑度首先是 J. Leray 和 J. Schauder 于 1934 年对全连续场建立的, 现在称作 Leray-Schauder 度, 它也被认为是非线性泛函分析的开端, 在数学的许多方面有重要的应用. 本章主要介绍 Brouwer 度和 Leray-Schauder 度. 对凝聚映射的度理论也作了简单介绍. 对 A-proper 映射的度理论和 S^1 度理论有兴趣的读者请参看 [1, 21].

§2.1　Brouwer 度的定义

§2.1.1　Sard 定理

设 $\Omega \subset \mathbb{R}^n$ 为开集, $f \in C^m(\Omega, \mathbb{R}^n)$, $m \geqslant 1$. 对每一个 $x \in \Omega$, 则

$f'(x) : \mathbb{R}^n \to \mathbb{R}^n$ 是线性算子且

$$f'(x) = \left(\frac{\partial f_j(x)}{\partial x_i} \right)_{n \times n},$$

其中 $f(x) = (f_1(x), \cdots, f_n(x)), x = (x_1, x_2, \cdots, x_n)$.

定义 2.1.1　称 $x \in \Omega$ 为 f 的**正则点**, 如果线性算子 $f'(x) : \mathbb{R}^n \to \mathbb{R}^n$ 满值, 即 $\det f'(x) \neq 0$; 否则, 称 x 为 f 的**临界点**. 称 $y \in \mathbb{R}^n$ 为 f 的**临界值**, 如果存在 f 的临界点 $x \in \Omega$ 使得 $f(x) = y$; 否则, 称 y 为 f 的**正则值**.

定理 2.1 (Sard)　设 Ω 是 $\mathbb{R}^n$ 中的开集, $f \in C^1(\Omega, \mathbb{R}^n)$, 则 f 的临界值集在 $\mathbb{R}^n$ 中的 Lebesgue 测度为 0.

证明　记临界点集 $E = \{x \in \Omega : \det f'(x) = 0\}$, 则临界值集为 $f(E)$. 由于 Ω 可以表为可数个闭正方体 $C_i (i = 1, 2, \cdots)$ 的并集, $\Omega = \bigcup\limits_{i=1}^{\infty} C_i$, 所以, $E = \bigcup\limits_{i=1}^{\infty} (E \cap C_i)$. 从而, $f(E) = \bigcup\limits_{i=1}^{\infty} f(E \cap C_i)$. 为了证明 $\mathrm{mes}\, f(E) = 0$, 只需证明对每个闭正方体 C, 都有 $\mathrm{mes}\, f(E \cap C) = 0$.

设 C 的边长为 l, 将它的每个边作 N 等分得到 N^n 个小闭正方体 K, 其直径为 $\delta = \sqrt{n}\dfrac{l}{N}$.

对任意 $\epsilon > 0$, 由于 $f'(x)$ 在 C 上一致连续, 所以只要 N 充分大, 使当 x, x_0 同属于同一小闭正方体 K 时, 恒有

$$\|f'(x) - f'(x_0)\| < \epsilon.$$

所以, 当 $x_1, x_0 \in K$ 时, 有

$$\begin{aligned}
&\|f(x_1) - f(x_0) - f'(x_0)(x_1 - x_0)\| \\
&= \left\| \int_0^1 f'(x_0 + t(x_1 - x_0))(x_1 - x_0)dt - \int_0^1 f'(x_0)(x_1 - x_0)dt \right\| \\
&\leqslant \|x_1 - x_0\| \int_0^1 \|f'(x_0 + t(x_1 - x_0)) - f'(x_0)\|dt \\
&\leqslant \epsilon\|x_1 - x_0\| \leqslant \delta\epsilon.
\end{aligned}$$

这个不等式的几何意义是: 像集 $f(K)$ 的平移 $f(K) - f(x_0) + f'(x_0)x_0$ 与 K 经过线性变换 $f'(x_0)$ 所得到的像集 $f'(x_0)K$ 之间两两对应点的距离不超过 $\epsilon\delta$.

若 K 中含有 f 的临界点 x_0, 则线性变换 $f'(x_0)$ 退化. 因而 K 的像集 $f'(x_0)K$ 是包含在某个 $n-1$ 维超平面内. 令 $M = \max\limits_{x \in C} \|f'(x)\|$. 于是, 对 $f'(x_0)K$ 中任两点 $y_1^* = f'(x_0)x_1^*$, $y_2^* = f'(x_0)x_2^*$ $(x_1^*, x_2^* \in K)$, 有

$$\|y_1^* - y_2^*\| \leqslant \|f'(x_0)\| \cdot \|x_1^* - x_2^*\| \leqslant \frac{\sqrt{n}lM}{N} = \delta M,$$

即 $f'(x_0)K$ 的直径 $\leqslant \delta M$.

因此, $f(K) - f(x_0) + f'(x_0)x_0$ 包含在一个 n 维柱体之内, 这个柱体的高不超过 $2\epsilon\delta$, 其底为 $n-1$ 维方体, 每边长为 $M\delta + 2\epsilon\delta$.

根据 Lebesgue 测度的平移不变性, 有

$$\begin{aligned}
\text{mes}\, f(K) &\leqslant (M\delta + 2\epsilon\delta)^{n-1}(2\epsilon\delta) = (M + 2\epsilon)^{n-1}2\epsilon\delta^n \\
&= 2(M + 2\epsilon)^{n-1}\epsilon n^{\frac{n}{2}}l^n \frac{1}{N^n} \leqslant A\frac{\epsilon}{N^n},
\end{aligned}$$

其中 A 是常数. 在 $E \cap C$ 中, 最多有 N^n 个小正方体含有 f 的临界点, 故

$$\text{mes}\, f(E \cap C) \leqslant N^n \text{mes}\, f(K) \leqslant A\epsilon.$$

由 ϵ 的任意性可得 $\text{mes}\, f(E \cap C) = 0$. 证毕.

§2.1.2 C^2 映射的 Brouwer 度

复变函数论中的辐角原理提供了环绕数与零点个数之间的关系:

$$w(f(\Gamma), 0) = \frac{1}{2\pi i} \int_{f(\Gamma)} \frac{dz}{z} = \frac{1}{2\pi i} \int_{\Gamma} \frac{f'(z)}{f(z)} dz = N(f, \Gamma),$$

这里 Γ 是复平面 $\mathbb{C}$ 中的简单闭曲线, $f(z)$ 在 Γ 所围的闭区域内解析且在 Γ 上不为零, $N(f, \Gamma)$ 为 $f(z)$ 在 Γ 内部的零点的个数 (一个 m 级零点算作 m 个零点), $w(f(\Gamma), 0)$ 表示 $f(\Gamma)$ 绕 0 的圈数, 即, 当 z 从 z_0 起沿围线 Γ 的正方向绕行一周而回到 z_0 时, 对应的 $w = f(z)$ 从

$w_0 = f(z_0)$ 起将沿 $f(\Gamma)$ 绕行一圈或多圈而回到 $w_0 = f(z_0)$ 的圈数.
由此知道, 如果 $w(f(\Gamma), 0) \neq 0$, 那么 $f(z) = 0$ 在 Γ 的内部必有解 (零
点). 可以证明 [17]:

$$\frac{1}{2\pi i} \int_{f(\Gamma)} \frac{dz}{z} = \sum_{k=1}^{p} \operatorname{sign} J_f(z_k),$$

其中 $f^{-1}(0) = \{z_1, \cdots, z_p\}$, 若记 $f(z) = (u(x,y), v(x,y))$, $J_f(z_k)$ 是
Jacobi 行列式 $\dfrac{\partial(u,v)}{\partial(x,y)}$ 在 z_k 点的值. 对平面连续向量场 $V(x,y) = (V_1(x,y), V_2(x,y))$ 的环绕数就是微分方程定性理论中常说的 Poincaré
指数, 它是刻画奇点拓扑性质的一个量.

　　一般地, 对有限维空间上的连续映射 f 人们也希望定义一个这样
的量, 现在称为 Brouwer 度, 它也能用来刻画 $f(x) = 0$ 的零点的存在
性. 拓扑度早期的陈述与讨论多借助代数拓扑的方法 [2], 为了便于分
析学者掌握这一工具, 经过许多学者的努力, 现已知道规范性、区域可
加性、和同伦不变性可以作为度的定义公理, 拓扑度在分析学的基础
上也可以建立.

　　我们先从 C^2 连续函数来定义 Brouwer 度.

　　定义 2.1.2　　设 Ω 为 $\mathbb{R}^n$ 中的有界开集, $f : \overline{\Omega} \to \mathbb{R}^n$ 是 C^2 连
续的, $p \in \mathbb{R}^n$, $p \notin f(\partial\Omega)$. 定义 f 在 Ω 中关于 p 点的 **Brouwer 度**
$\deg(f, \Omega, p)$ 如下:

　　当 p 是 f 的正则值时, 令

$$\deg(f, \Omega, p) = \sum_{x \in f^{-1}(p)} \operatorname{sign} \det f'(x); \tag{2.1}$$

　　当 p 是 f 的临界值时, 取 p_1 是 f 的正则值满足 $\|p_1 - p\| < \rho := \operatorname{dist}(p, f(\partial\Omega))$, 并令

$$\deg(f, \Omega, p) = \deg(f, \Omega, p_1). \tag{2.2}$$

　　当 p 是 f 的正则值时, 由隐函数定理,

$$f^{-1}(p) = \{x \in \Omega : f(x) = p\}$$

必是有限集. 因而式 (2.1) 的定义是有意义的.

为了说明 (2.2) 的合理性, 我们需要证明: 当 p_1, p_2 是 f 的两个正则值且满足 $\|p_i - p\| < \rho = \mathrm{dist}\,(p, f(\partial\Omega)), i = 1, 2$ 时, 将有

$$\deg(f, \Omega, p_1) = \deg(f, \Omega, p_2). \tag{2.3}$$

为此, 取 $\phi \in C^\infty(\mathbb{R}^n), \phi \geqslant 0$, 在球 $B(0, 1)$ 之外为 0, 且 $\displaystyle\int_{\mathbb{R}^n} \phi(x)dx = 1$. 这种函数 ϕ 称为**软化子**, 或**光滑化子**. 一个典型例子是

$$\phi(x) = \begin{cases} c \exp\left(\dfrac{1}{\|x\|^2 - 1}\right), & \text{当 } \|x\| < 1, \\ 0, & \text{当 } \|x\| \geqslant 1. \end{cases}$$

记

$$\phi_\epsilon(x) = \frac{1}{\epsilon^n} \phi\left(\frac{x}{\epsilon}\right),$$

因而当 $\|x\| > \epsilon$ 时 $\phi_\epsilon(x) = 0$, 且 $\displaystyle\int_{\mathbb{R}^n} \phi_\epsilon(x)dx = 1$.

我们将 (2.1) 转化成积分形式.

引理 2.1　设 $\Omega \subset \mathbb{R}^n$ 为有界开集, $f \in C^1(\overline{\Omega}, \mathbb{R}^n)$, p 是 f 的正则值, $p \notin f(\partial\Omega)$, 则存在 $\epsilon_0 = \epsilon_0(p, f)$, 使当 $0 < \epsilon < \epsilon_0$ 时,

$$\deg(f, \Omega, p) = \int_\Omega \phi_\epsilon(f(x) - p) J_f(x) dx, \tag{2.4}$$

其中 $J_f(x) = \det f'(x)$.

证明　(1) 当 $f^{-1}(p) = \varnothing$ 时, 取 $\epsilon_0 = \mathrm{dist}\,(p, f(\overline{\Omega})) > 0$, 则当 $0 < \epsilon < \epsilon_0$ 时, $\phi_\epsilon(f(x) - p) \equiv 0$, 等式 (2.4) 自然成立.

(2) 当 $f^{-1}(p) \neq \varnothing$ 时, 记 $f^{-1}(p) = \{x_1, \cdots, x_k\}$. 利用反函数定理, 存在 $\epsilon_0 > 0$, 使得

$$f^{-1}(B(p, \epsilon_0)) = \bigcup_{i=1}^k U_i,$$

其中 $U_i \subset \Omega$ 是 x_i 的邻域, U_i, U_j 彼此不相交, f 限制到 U_i 上是从 U_i 到

$B(p, \epsilon_0)$ 的微分同胚, $J_f(x)$ 在每一个 U_i 上不变号, 且当 $x \in \Omega \setminus \bigcup\limits_{i=1}^{k} U_i$ 时, $\|f(x) - p\| \geqslant \epsilon_0$. 于是, 当 $0 < \epsilon < \epsilon_0$ 时, 我们有

$$\int_\Omega \phi_\epsilon(f(x) - p) J_f(x) dx = \sum_{i=1}^{k} \operatorname{sign} J_f(x_i) \int_{U_i} \phi_\epsilon(f(x) - p)|J_f(x)| dx. \tag{2.5}$$

作变量替换 $y = f(x)$, 则 $dy = |J_f(x)| dx$, 且

$$\int_{U_i} \phi_\epsilon(f(x) - p)|J_f(x)| dx = \int_{B(p,\epsilon_0)} \phi_\epsilon(y - p) dy = \int_{B(0,\epsilon_0)} \phi_\epsilon(y) dy = 1.$$

结合 (2.5), 得

$$\deg(f, \Omega, p) = \int_\Omega \phi_\epsilon(f(x) - p) J_f(x) dx.$$

证毕.

注　(2.4) 不依赖于软化子 ϕ 的选择.

因此, 为证 (2.2) 的合理性, 只需证明

$$\int_\Omega [\phi_\epsilon(f(x) - p_1) - \phi_\epsilon(f(x) - p_2)] J_f(x) dx = 0. \tag{2.6}$$

引理 2.2　设

$$G(x) = (p_1 - p_2) \int_0^1 \phi_\epsilon(x - p_1 + t(p_1 - p_2)) dt,$$

则 $\operatorname{div} G(x) = \phi_\epsilon(x - p_2) - \phi_\epsilon(x - p_1)$. 进一步, 如取 $\delta = \rho - \max\{\|p_1 - p\|, \|p_2 - p\|\}$, 则当 $0 < \epsilon < \min\{\delta, \epsilon_0\}$ 时, $G(f(x))$ 在 $\partial\Omega$ 上恒为零, 其中 ϵ_0 由引理 2.1 给出.

证明　利用微分公式, 有

$$\operatorname{div} G(x) = \sum_{i=1}^{n} \frac{\partial G_i(x)}{\partial x_i} = \int_0^1 \sum_{i=1}^{n} \frac{\partial \phi_\epsilon}{\partial x_i}(x - p_1 + t(p_1 - p_2))(p_{1i} - p_{2i}) dt$$

$$= \int_0^1 \nabla \phi_\epsilon(x - p_1 + t(p_1 - p_2))(p_1 - p_2) dt$$

$$= \int_0^1 \frac{d}{dt} \phi_\epsilon(x - p_1 + t(p_1 - p_2)) dt$$

$$= \phi_\epsilon(x - p_2) - \phi_\epsilon(x - p_1).$$

由于 $(1-t)p_1+tp_2 \in B(p,\rho-\delta)(0 \leqslant t \leqslant 1)$, 及 $f(x) \notin B(p,\rho)\ (x \in \partial\Omega)$, 得

$$\|f(x) - ((1-t)p_1+tp_2)\| \geqslant \delta > \epsilon, \quad 0 \leqslant t \leqslant 1,\ x \in \partial\Omega.$$

于是,

$$\phi_\epsilon(f(x) - p_1 + t(p_1-p_2)) = 0, \quad t \in [0,1], x \in \partial\Omega.$$

所以, $G(f(x)) = 0(x \in \partial\Omega)$. 证毕.

引理 2.3　设 $f \in C^2(\overline{\Omega}, \mathbb{R}^n)$, 记 $A_{ij}(x)$ 为行列式 $J_f(x)$ 中元素 $\dfrac{\partial f_j}{\partial x_i}$ 的代数余子式, 则有下面的 **Hadamard 恒等式**:

$$\sum_{i=1}^{n} \frac{\partial}{\partial x_i} A_{ij}(x) = 0, \quad j = 1,2,\cdots,n.$$

证明　不失一般性, 考虑 $j=1$ 的情形. 记

$$D_i(x) = \begin{vmatrix} \dfrac{\partial f_2}{\partial x_1} & \cdots & \dfrac{\partial f_2}{\partial x_{i-1}} & \dfrac{\partial f_2}{\partial x_{i+1}} & \cdots & \dfrac{\partial f_2}{\partial x_n} \\ \vdots & & \vdots & \vdots & & \vdots \\ \dfrac{\partial f_n}{\partial x_1} & \cdots & \dfrac{\partial f_n}{\partial x_{i-1}} & \dfrac{\partial f_n}{\partial x_{i+1}} & \cdots & \dfrac{\partial f_n}{\partial x_n} \end{vmatrix},$$

则 $A_{i1}(x) = (-1)^{i+1}D_i(x)$. 利用行列式的求导法则, 有

$$\frac{\partial A_{i1}(x)}{\partial x_i} = (-1)^{i+1}\frac{\partial D_i(x)}{\partial x_i} = (-1)^{i+1}\sum_{k \neq i} E_{ik}(x),$$

其中

$$E_{ik}(x) = \begin{vmatrix} \dfrac{\partial f_2}{\partial x_1} & \cdots & \dfrac{\partial^2 f_2}{\partial x_i \partial x_k} & \cdots & \dfrac{\partial f_2}{\partial x_{i-1}} & \dfrac{\partial f_2}{\partial x_{i+1}} & \cdots & \dfrac{\partial f_2}{\partial x_n} \\ \vdots & & \vdots & & \vdots & \vdots & & \vdots \\ \dfrac{\partial f_n}{\partial x_1} & \cdots & \dfrac{\partial^2 f_n}{\partial x_i \partial x_k} & \cdots & \dfrac{\partial f_n}{\partial x_{i-1}} & \dfrac{\partial f_n}{\partial x_{i+1}} & \cdots & \dfrac{\partial f_n}{\partial x_n} \end{vmatrix},$$

即 E_{ik} 是将 D_i 中第 k 列元素 $\dfrac{\partial f_j}{\partial x_k}\ (j=2,\cdots,n)$ 换成 $\dfrac{\partial^2 f_j}{\partial x_i \partial x_k}\ (j=$

$2, \cdots, n)$. 因此,

$$\sum_{i=1}^{n} \frac{\partial}{\partial x_i} A_{i1}(x) = \sum_{i=1}^{n} (-1)^{i+1} \sum_{k \neq i} E_{ik}(x)$$
$$= \sum_{i \neq k, 1 \leqslant i, k \leqslant n} (-1)^{i+1} E_{ik}(x). \tag{2.7}$$

由于 f 的二阶偏导数连续, $\dfrac{\partial^2 f_j}{\partial x_i \partial x_k} = \dfrac{\partial^2 f_j}{\partial x_k \partial x_i}$. 比较 $E_{ik}(x)$ 与 $E_{ki}(x)$ 可得, 当 $i > k$ 时,

$$E_{ik}(x) = (-1)^{i-k-1} E_{ki}(x).$$

从而,

$$(-1)^{i+1} E_{ik}(x) = (-1)^{-k} E_{ki}(x) = -(-1)^{k+1} E_{ki}(x).$$

所以, (2.7) 中最右边的项两两互相抵消. 证毕.

引理 2.4　设 $A_{ij}(x)$, $G(x) = (G_1(x), \cdots, G_n(x))$ 分别为前两个引理所述. 令

$$F(x) = (F_1(x), \cdots, F_n(x)),$$
$$F_i(x) = \sum_{j=1}^{n} A_{ij}(x) G_j(f(x)), \quad i = 1, 2, \cdots, n.$$

则

$$\operatorname{div} F(x) = [\phi_\epsilon(f(x) - p_2) - \phi_\epsilon(f(x) - p_1)] J_f(x).$$

证明　按定义,

$$\frac{\partial F_i(x)}{\partial x_i} = \sum_{j=1}^{n} \left(\frac{\partial}{\partial x_i} A_{ij}(x) \right) G_j(f(x)) + \sum_{j=1}^{n} A_{ij}(x) \frac{\partial}{\partial x_i} G_j(f(x))$$
$$= \sum_{j=1}^{n} \left(\frac{\partial}{\partial x_i} A_{ij}(x) \right) G_j(f(x)) + \sum_{j=1}^{n} A_{ij}(x) \sum_{k=1}^{n} \frac{\partial}{\partial y_k} G_j(f(x)) \frac{\partial f_k}{\partial x_i}.$$

因此,

$$\begin{aligned}
\operatorname{div} F(x) &= \sum_{j=1}^{n}\left[\sum_{i=1}^{n}\frac{\partial}{\partial x_i}A_{ij}(x)\right]G_j(f(x)) \\
&\quad + \sum_{j=1}^{n}\sum_{k=1}^{n}\left[\sum_{i=1}^{n}A_{ij}(x)\frac{\partial f_k}{\partial x_i}\right]\frac{\partial}{\partial y_k}G_j(f(x)) \\
&= \sum_{j,k=1}^{n}\delta_{jk}J_f(x)\frac{\partial}{\partial y_k}G_j(f(x)) \\
&= \sum_{j=k=1}^{n}J_f(x)\frac{\partial}{\partial y_k}G_j(f(x)) \\
&= J_f(x)\operatorname{div} G(f(x)) \\
&= [\phi_\epsilon(f(x)-p_2)-\phi_\epsilon(f(x)-p_1)]J_f(x).
\end{aligned}$$

证毕.

应用 Stokes 定理及引理 2.2, 得

$$\int_{\Omega}\operatorname{div} F(x)dx = \int_{\partial\Omega}F(x)dx = 0.$$

这就证明了用 (2.2) 来定义拓扑度的合理性.

§2.1.3　Brouwer 度的定义

已对 C^2 映射类给出了 Brouwer 度的定义. 现将它扩充到连续映射类.

定义 2.1.3　设 $\Omega \subset \mathbb{R}^n$ 为有界开集, $f \in C(\overline{\Omega},\mathbb{R}^n)$, $p \in \mathbb{R}^n \setminus f(\partial\Omega)$. 取 $f_1 \in C^2(\overline{\Omega},\mathbb{R}^n)$, 且

$$\sup_{x\in\overline{\Omega}}\|f(x)-f_1(x)\| < \rho = \operatorname{dist}(p,f(\partial\Omega)).$$

定义 f 在 Ω 上关于 p 点的 Brouwer 度为

$$\deg(f,\Omega,p) = \deg(f_1,\Omega,p). \tag{2.8}$$

因为对 C^2 函数已说明了如何定义 Brouwer 度, 所以 (2.8) 的右端是有意义的. 为了说明定义的合理性, 应该还要证明: 如果有另一个函数 $f_2 \in C^2(\overline{\Omega}, \mathbb{R}^n)$ 满足

$$\sup_{x \in \overline{\Omega}} \|f(x) - f_2(x)\| < \rho = \mathrm{dist}\,(p, f(\partial\Omega)),$$

那么

$$\deg(f_1, \Omega, p) = \deg(f_2, \Omega, p). \tag{2.9}$$

我们先给出一个引理, 再给出 (2.9) 的证明.

引理 2.5　设 $\Omega \subset \mathbb{R}^n$ 为有界开集, $f \in C^2(\overline{\Omega}, \mathbb{R}^n)$, $p \in \mathbb{R}^n \backslash f(\partial\Omega)$. 则对任意 $g \in C^2(\overline{\Omega}, \mathbb{R}^n)$, 存在 $\delta = \delta(f, p, g) > 0$, 使当 $|t| < \delta$ 时, $p \notin (f + tg)(\partial\Omega)$, 且

$$\deg(f + tg, \Omega, p) = \deg(f, \Omega, p).$$

证明　记 $M > \max\limits_{x \in \overline{\Omega}} \|g(x)\|$. 分三种情形来证.

情形一: $f^{-1}(p) = \varnothing$. 取 $\delta = \mathrm{dist}\,(p, f(\overline{\Omega})) \cdot M^{-1}$. 当 $|t| < \delta$ 时, 对 $\forall x \in \overline{\Omega}$, 有

$$\begin{aligned}
\|f(x) + tg(x) - p\| &\geqslant \|f(x) - p\| - |t| \cdot \|g(x)\| \\
&\geqslant \mathrm{dist}\,(p, f(\overline{\Omega})) - |t|M \\
&> \mathrm{dist}\,(p, f(\overline{\Omega})) - \delta M = 0.
\end{aligned}$$

所以, $(f + tg)^{-1}(p) = \varnothing$.

情形二: $f^{-1}(p) \neq \varnothing$, 且 p 是 f 的正则值. 此时, $f^{-1}(p)$ 是有限点集, 记 $f^{-1}(p) = \{x_1, \cdots, x_k\}$, $\rho = \mathrm{dist}\,(p, f(\partial\Omega))$, 及 $f_t(x) := F(x, t) := f(x) + tg(x)$. 取 $\delta_1 = \rho \cdot M^{-1}$, 则当 $|t| < \delta_1$ 时, $p \notin f_t(\partial\Omega)$.

由于 $\det F'_x(x_i, 0) = J_f(x_i)$, $F(x_i, 0) = p$, 利用隐函数定理可得, 存在区间 $(-\delta_2, \delta_2)$ 及互不相交的球 $B_{r_i}(x_i)$ 使当 $t \in (-\delta_2, \delta_2)$ 时, 方程

$$F(x, t) = p \tag{2.10}$$

在 $B_{r_i}(x_i)$ 内有唯一的连续解 $x_i(t)$, 且 $x_i(0) = x_i$. 利用 J_{f_t} 关于 (x, t) 的连续性, 还可保证当 $|t| < \delta_2$ 时, 有

$$\operatorname{sign} J_{f_t}(x_i(t)) = \operatorname{sign} J_f(x_i). \tag{2.11}$$

记 $V = \bigcup_{i=1}^{k} B_{r_i}(x_i)$. 由于方程 $f(x) = p$ 在 $\overline{\Omega} \setminus \overline{V}$ 上无解, 故 $\operatorname{dist}(f(\overline{\Omega} \setminus \overline{V}), p) = \beta > 0$. 取 $\delta_3 = \dfrac{\beta}{M}$, 则当 $|t| < \delta_3$ 时, 方程 (2.10) 在 Ω 内只有 k 个解 $x_1(t), x_2(t), \cdots, x_k(t)$. 结合 (2.11), 有

$$\deg(f_t, \Omega, p) = \sum_{i=1}^{k} \operatorname{sign} J_{f_t}(x_i(t)) = \sum_{i=1}^{k} \operatorname{sign} J_f(x_i) = \deg(f, \Omega, p).$$

情形三: $f^{-1}(p) \neq \varnothing$, 且 p 是 f 的临界值. 取 p_1 是 f 的正则值, 且 $\|p_1 - p\| < \dfrac{1}{3}\rho$, $\rho = \operatorname{dist}(p, f(\partial\Omega))$. 由情形二, 存在 $\delta > 0$, 使当 $|t| < \delta$ 时, 有 $\operatorname{dist}(p, f_t(\partial\Omega)) > \dfrac{1}{3}\rho$,

$$\deg(f_t, \Omega, p_1) = \deg(f, \Omega, p_1),$$

且 p_1 是 f_t 的正则值. 利用定义 2.1.2, 有

$$\deg(f_t, \Omega, p) = \deg(f_t, \Omega, p_1) = \deg(f, \Omega, p_1) = \deg(f, \Omega, p).$$

证毕.

引理 2.6 设 $\Omega \subset \mathbb{R}^n$ 为有界开集, $f \in C(\overline{\Omega}, \mathbb{R}^n)$, $p \in \mathbb{R}^n \setminus f(\partial\Omega)$. 再设 $f_1, f_2 \in C^2(\overline{\Omega}, \mathbb{R}^n)$, 且

$$\sup_{x \in \overline{\Omega}} \|f_i(x) - f(x)\| < \rho = \operatorname{dist}(p, f(\partial\Omega)), \quad i = 1, 2,$$

则

$$\deg(f_1, \Omega, p) = \deg(f_2, \Omega, p).$$

证明 设 $h(x, t) = t f_1(x) + (1-t) f_2(x)$, 则对任意固定的 $t \in [0, 1]$ 及任何 $x \in \overline{\Omega}$, 有

$$\|h(x, t) - f(x)\| \leqslant t\|f_1(x) - f(x)\| + (1-t)\|f_2(x) - f(x)\| < \rho.$$

所以, $p \notin h(\partial\Omega, t)$.

记 $\phi(t) = \deg(h(\cdot, t), \Omega, p)$. 对任何 $t_0 \in [0, 1]$, 利用引理 2.5 可得, 存在 t_0 的 δ 邻域, 使得 $\phi(t)$ 在这个邻域上为常数. 因此, $\phi(t)$ 是 $[0, 1]$ 上的连续函数, 而 $\phi(t)$ 又是整值函数. 于是, ϕ 在 $[0, 1]$ 上恒为常数. 所以, $\phi(0) = \phi(1)$, 即

$$\deg(f_1, \Omega, p) = \deg(f_2, \Omega, p).$$

证毕.

Brouwer 度的上述定义也提供了一种算法.

例 2.1　设 A 是一个 $n \times n$ 实系数非退化矩阵, $0 \in \Omega$, 则

$$\deg(A, \Omega, 0) = (-1)^\beta,$$

其中 $\beta = \sum_{\lambda_j < 0} \beta_j$, β_j 是 A 的不同的负特征值 λ_j 的代数重数, 即

$$\beta_j = \dim \bigcup_{k=1}^{\infty} \ker(\lambda_j I - A)^k.$$

证明　记 $\lambda_1, \cdots, \lambda_n$ 为 A 的特征值. 由定义

$$\deg(A, \Omega, 0) = \operatorname{sign} \det A = \operatorname{sign} \prod_{j=1}^{n} \lambda_j.$$

由于复根成对出现, 以及正的特征值对符号函数无贡献, 所以

$$\operatorname{sign} \prod_{j=1}^{n} \lambda_j = \operatorname{sign} \prod_{\lambda_j < 0} \lambda_j = \prod_{\lambda_j < 0} (-1)^{\beta_j} = (-1)^\beta.$$

证毕.

§2.2　Brouwer 度的性质

本节总假设 Ω 是 $\mathbb{R}^n$ 中有界开集.

§2.2.1   Brouwer 度的基本性质

定理 2.2   设 $\Omega \subset \mathbb{R}^n$ 为有界开集, $f \in C(\overline{\Omega}, \mathbb{R}^n)$, $p \in \mathbb{R}^n \setminus f(\partial\Omega)$. 如果 $g \in C(\overline{\Omega}, \mathbb{R}^n)$ 满足

$$\sup_{x \in \overline{\Omega}} \|f(x) - g(x)\| < \rho = \mathrm{dist}\,(p, f(\partial\Omega)),$$

那么

$$\deg(f, \Omega, p) = \deg(g, \Omega, p).$$

证明   显然, $p \notin g(\partial\Omega)$. 记 $\rho_1 = \mathrm{dist}\,(p, g(\partial\Omega))$, 取 $h \in C^2(\overline{\Omega}, \mathbb{R}^n)$ 满足

$$\sup_{x \in \overline{\Omega}} \|h(x) - g(x)\| < \min\{\rho_1, \rho - \|f - g\|\},$$

其中 $\|f - g\| = \sup\limits_{x \in \overline{\Omega}} \|f(x) - g(x)\|$. 则

$$\sup_{x \in \overline{\Omega}} \|f(x) - h(x)\| \leqslant \sup_{x \in \overline{\Omega}} \|f(x) - g(x)\| + \sup_{x \in \overline{\Omega}} \|g(x) - h(x)\| < \rho.$$

根据定义 2.1.3, 有

$$\deg(f, \Omega, p) = \deg(h, \Omega, p) = \deg(g, \Omega, p).$$

证毕.

定理 2.3   Brouwer 度 $\deg(f, \Omega, p)$ 具有如下性质:

(1) (规范性)

$$\deg(id, \Omega, p) = \begin{cases} 1, & \text{当 } p \in \Omega, \\ 0, & \text{当 } p \notin \overline{\Omega}. \end{cases}$$

(2) (区域可加性) 若 Ω_1, Ω_2 为 Ω 中的两个不相交的开子集, 且 $p \notin f(\overline{\Omega} \setminus (\Omega_1 \bigcup \Omega_2))$, 则

$$\deg(f, \Omega, p) = \deg(f, \Omega_1, p) + \deg(f, \Omega_2, p).$$

(3) (同伦不变性) 设 $H : \overline{\Omega} \times [0,1] \to \mathbb{R}^n$ 连续, 记 $h_t(x) = H(x,t)$. 再设 $p : [0,1] \to \mathbb{R}^n$ 连续, 且当 $t \in [0,1]$ 时, $p(t) \notin h_t(\partial\Omega)$, 则

$$\deg(h_t, \Omega, p(t)) \text{ 与 } t \text{ 无关}.$$

注　这三条性质是度的基本性质, 它们可以作为建立度理论的公理系统.

证明　(1) 显然.

(2) 由于 f 连续, 且 $\Omega_0 = \overline{\Omega} \backslash (\Omega_1 \cup \Omega_2)$ 是有界闭集, 故从 $p \notin f(\Omega_0)$ 可得

$$\inf_{x \in \Omega_0} \|f(x) - p\| =: \rho > 0.$$

取 $f_1 \in C^2(\overline{\Omega}, \mathbb{R}^n)$ 满足 $\sup_{x \in \overline{\Omega}} \|f(x) - f_1(x)\| < \rho$, 则 $p \notin f_1(\Omega_0)$. 从而,

$$\inf_{x \in \Omega_0} \|f_1(x) - p\| =: \rho_1 > 0.$$

根据定义 2.1.3, 并注意 $\partial\Omega, \partial\Omega_1, \partial\Omega_2 \subset \Omega_0$, 有

$$\deg(f, \Omega, p) = \deg(f_1, \Omega, p), \tag{2.12}$$

$$\deg(f, \Omega_i, p) = \deg(f_1, \Omega_i, p), \quad i = 1, 2. \tag{2.13}$$

取 p_1 是 f_1 的正则值且 $\|p - p_1\| < \rho_1$, 则 $p_1 \notin f_1(\Omega_0)$. 根据定义 2.1.2 知

$$\deg(f_1, \Omega, p) = \deg(f_1, \Omega, p_1), \tag{2.14}$$

$$\deg(f_1, \Omega_i, p) = \deg(f_1, \Omega_i, p_1), \quad i = 1, 2. \tag{2.15}$$

由于 $f_1^{-1}(p_1) \subset \Omega_1 \cup \Omega_2$, 根据定义 2.1.2 得

$$
\begin{aligned}
\deg(f_1, \Omega, p_1) &= \sum_{x \in f_1^{-1}(p_1)} \operatorname{sign} J_{f_1}(x) \\
&= \sum_{x \in f_1^{-1}(p_1) \cap \Omega_1} \operatorname{sign} J_{f_1}(x) + \sum_{x \in f_1^{-1}(p_1) \cap \Omega_2} \operatorname{sign} J_{f_1}(x) \\
&= \deg(f_1, \Omega_1, p_1) + \deg(f_1, \Omega_2, p_1).
\end{aligned}
$$

结合 (2.12)—(2.15), 有

$$\deg(f, \Omega, p) = \deg(f, \Omega_1, p) + \deg(f, \Omega_2, p).$$

(3) 根据 Brouwer 度的定义知, 若 $g(x) = f(x) - p$, 则 $\deg(f, \Omega, p) = \deg(g, \Omega, 0)$. 所以, 为证同伦不变性, 不妨设 $p(t) = p$ 与 t 无关.

根据假设, 当 $t \to t_0$ 时, $\sup\limits_{x \in \overline{\Omega}} \|h_t(x) - h_{t_0}(x)\| \to 0$. 利用定理 2.2 得 $\phi(t) = \deg(h_t, \Omega, p)$ 是局部常值函数, 从而是 $[0, 1]$ 上的连续函数, 再由 ϕ 的整值性以及 $[0, 1]$ 的连通性可得 $\phi(t)$ 与 t 无关. 证毕.

§2.2.2   Brouwer 度的性质

利用定理 2.3 容易得到下面定理.

定理 2.4   Brouwer 度 $\deg(f, \Omega, p)$ 具有如下性质:

(1) (切除性) 设 $K \subset \overline{\Omega}$ 闭集, 且 $p \notin f(K)$, 则

$$\deg(f, \Omega, p) = \deg(f, \Omega \setminus K, p).$$

(2) (Kronecker 存在性定理) 当 $p \notin f(\overline{\Omega})$ 时, $\deg(f, \Omega, p) = 0$. 若 $\deg(f, \Omega, p) \neq 0$, 则方程 $f(x) = p$ 在 Ω 内存在解.

(3) (连通区性质) 当 p 在 $\mathbb{R}^n \setminus f(\partial\Omega)$ 的一个连通区域内变动时, $\deg(f, \Omega, p)$ 不变. 特别, 当 p 属于无界连通区域时 $\deg(f, \Omega, p) = 0$.

(4) (边界值性质) $\deg(f, \Omega, p)$ 只与 f 在 $\partial\Omega$ 上的值有关, 即若 $g \in C(\overline{\Omega}, \mathbb{R}^n)$ 且 $g\big|_{\partial\Omega} = f\big|_{\partial\Omega}$, 则

$$\deg(f, \Omega, p) = \deg(g, \Omega, p).$$

定理 2.5 (Poincaré-Bohl)   设 $f, g \in C(\overline{\Omega}, \mathbb{R}^n)$, 且当 $x \in \partial\Omega$ 时, p 不在 $f(x)$ 与 $g(x)$ 所连接的线段上, 则

$$\deg(f, \Omega, p) = \deg(g, \Omega, p).$$

证明   记

$$h_t(x) = H(x, t) = (1 - t)f(x) + tg(x), \quad 0 \leqslant t \leqslant 1,$$

则当 $0 \leqslant t \leqslant 1$ 时, $p \notin h_t(\partial\Omega)$. 由同伦不变性得证明. 证毕.

定理 2.6 (锐角原理)　设 $0 \in \Omega \subset \mathbb{R}^n$, 当 $x \in \partial\Omega$ 时, 内积 $\langle x, f(x) \rangle > 0$, 则 $\deg(f, \Omega, 0) = 1$.

证明　易知当 $x \in \partial\Omega$ 时, $f(x) \neq 0$. 记

$$h_t(x) = (1-t)x + tf(x), \quad \forall x \in \overline{\Omega}, \, 0 \leqslant t \leqslant 1,$$

我们有

$$\|h_t(x)\|^2 = (1-t)^2\|x\|^2 + 2t(1-t)\langle f(x), x\rangle + t^2\|f(x)\|^2.$$

由假设知, 当 $x \in \partial\Omega, 0 \leqslant t \leqslant 1$ 时, $\|h_t(x)\|^2 > 0$. 所以, $0 \notin h_t(\partial\Omega)$, $0 \leqslant t \leqslant 1$. 由同伦不变性和正规性, 得

$$\deg(f, \Omega, 0) = \deg(h_1, \Omega, 0) = \deg(h_0, \Omega, 0) = \deg(id, \Omega, 0) = 1.$$

证毕.

定理 2.7 (缺方向性)　若存在固定的 $x_0 \in \mathbb{R}^n \setminus \{0\}$, $0 \notin f(\partial\Omega)$, 使得当 $x \in \partial\Omega$ 且 $\lambda > 0$ 时, $f(x) \neq \lambda x_0$, 则 $\deg(f, \Omega, 0) = 0$.

证明　反证法, 若 $\deg(f, \Omega, 0) \neq 0$. 取 τ_0, 使 $\tau_0 > \sup\limits_{x \in \overline{\Omega}} \|f(x)\| \cdot \|x_0\|^{-1}$. 记 $H(t, x) = f(x) - t\tau_0 x_0$, 则当 $0 \leqslant t \leqslant 1, x \in \partial\Omega$ 时, 总有 $H(t, x) \neq 0$. 由同伦不变性知,

$$\deg(f, \Omega, 0) = \deg(f - \tau_0 x_0, \Omega, 0) \neq 0.$$

由 Kronecker 存在定理知, 存在 x_1, 使 $f(x_1) - \tau_0 x_0 = 0$, 与 τ_0 的选取矛盾. 证毕.

定理 2.8 (降维性质)　若 f 映 $\overline{\Omega}$ 入 $\mathbb{R}^n$ 的某个低维子空间 $\mathbb{R}^m$ $(m < n)$, 则对任何 $p \in \mathbb{R}^n \setminus f(\partial\Omega)$, 都有 $\deg(f, \Omega, p) = 0$.

证明　如果 $p \notin \mathbb{R}^m$, 则 $p \notin f(\overline{\Omega})$. 由 Kronecker 定理,

$$\deg(f, \Omega, p) = 0.$$

如果 $p \in \mathbb{R}^m$, 取 $x_0 \in \mathbb{R}^n \setminus \mathbb{R}^m$ 且 $x_0 \neq 0$, 则

$$x \in \partial\Omega, \ \lambda > 0 \Longrightarrow f(x) - p \neq \lambda x_0.$$

于是,

$$\deg(f, \Omega, p) = \deg(f - p, \Omega, 0) = 0.$$

证毕.

§2.2.3 简化定理与乘积公式

定理 2.9 (简化定理) 设 $m < n$, $\mathbb{R}^m$ 是 $\mathbb{R}^n$ 的子空间. $\Omega \subset \mathbb{R}^n$ 为有界开集. $F \in C(\overline{\Omega}, \mathbb{R}^m)$. 再设 $f(x) = x - F(x)$, 且 $p \in \mathbb{R}^m \setminus f(\partial\Omega)$, 则

$$\deg(f, \Omega, p) = \deg(g, \Omega \cap \mathbb{R}^m, p), \tag{2.16}$$

其中 $g = f|_{\Omega \cap \mathbb{R}^m}$.

证明 若 $\Omega \cap \mathbb{R}^m = \varnothing$, 则 (2.16) 右端为零. 而由 $p \in \mathbb{R}^m$ 可推得 $p \notin f(\overline{\Omega})$. 所以 (2.16) 左端也为零.

若 $\Omega \cap \mathbb{R}^m \neq \varnothing$. 因 $p \in \mathbb{R}^m$ 及 $F(\overline{\Omega}) \subset \mathbb{R}^m$, 故对方程 $f(x) = p$ 的任何解 x, 有 $x = p + F(x) \in \mathbb{R}^m$. 所以, $f^{-1}(p) = g^{-1}(p)$.

设 $f \in C^2(\overline{\Omega}, \mathbb{R}^n)$, p 是 f 的正则值, 不妨设

$$F(x) = (F_1(x), \cdots, F_m(x), 0, \cdots, 0),$$

则由

$$f'(x) = \begin{pmatrix} g'(x) & * \\ 0 & id \end{pmatrix}$$

可见, p 也是 g 的正则值, 且当 $x \in f^{-1}(p)$ 时, 有

$$\operatorname{sign} J_f(x) = \operatorname{sign} J_g(x).$$

由定义 2.1.2, 得

$$\deg(f, \Omega, p) = \sum_{x \in f^{-1}(p)} \operatorname{sign} J_f(x) = \sum_{x \in g^{-1}(p)} \operatorname{sign} J_g(x)$$
$$= \deg(g, \Omega \cap \mathbb{R}^m, p). \tag{2.17}$$

若 p 不是 f 的正则值, 可取 $p_1 \in \mathbb{R}^m$ 是 g 的正则值且满足 $\|p - p_1\| < \rho = \operatorname{dist}(p, f(\partial\Omega)) \leqslant \operatorname{dist}(p, g(\partial(\Omega \cap \mathbb{R}^m)))$. p_1 也是 f 的正则值. 由定义 2.1.2 和 (2.17), 有

$$
\begin{aligned}
\deg(f, \Omega, p) = \deg(f, \Omega, p_1) &= \deg(g, \Omega \cap \mathbb{R}^m, p_1) \\
&= \deg(g, \Omega \cap \mathbb{R}^m, p).
\end{aligned} \tag{2.18}
$$

设 f 为连续函数, 取 $F_1 \in C^2(\overline{\Omega}, \mathbb{R}^m)$ 使得

$$
\sup_{x \in \overline{\Omega}} \|F(x) - F_1(x)\| < \rho = \operatorname{dist}(p, f(\partial\Omega)).
$$

记 $f_1(x) = x - F_1(x)$. 由定义 2.1.3 及 (2.17), (2.18), 得

$$
\deg(f, \Omega, p) = \deg(f_1, \Omega, p) = \deg(g_1, \Omega \cap \mathbb{R}^m, p) = \deg(g, \Omega \cap \mathbb{R}^m, p),
$$

其中 g_1 是 f_1 在 $\Omega \cap \mathbb{R}^m$ 上的限制. 证毕.

定理 2.10 (乘积公式)　　设 $\Omega, D \subset \mathbb{R}^n$ 为有界开集, $f \in C(\overline{\Omega}, \mathbb{R}^n)$, $f(\overline{\Omega}) \subset D$, $g \in C(\overline{D}, \mathbb{R}^n)$. 记 D_α 为 $D \setminus f(\partial\Omega)$ 的连通区域. 若 $p \notin (g \circ f)(\partial\Omega) \cup g(\partial D)$, 则

$$
\deg(g \circ f, \Omega, p) = \sum_\alpha \deg(g, D_\alpha, p) \deg(f, \Omega, D_\alpha),
$$

其中 $\deg(f, \Omega, D_\alpha) = \deg(f, \Omega, q)$, $q \in D_\alpha$, 由连通区性质, 它与 q 的选择无关.

此定理的证明较长, 有兴趣的读者可参考其他著作 [1, 12, 15, 17].

§2.2.4　度理论的公理化

本节我们想证明: 从 Brouwer 度的三条基本性质 (定理 2.3) 可以推出度的定义 2.1.2. 因而满足定理 2.3 的三条基本性质可以作为 Brouwer 度的定义, 且也说明了 Brouwer 度是存在唯一的.

我们先讨论可逆实矩阵间的同伦关系. 记 $GL(n,\mathbb{R})$ 为所有可逆实的 $n \times n$ 矩阵组成的集合, I_n 为 $n \times n$ 单位矩阵. 记矩阵 $\widetilde{I}_1 = (-1)$ 及

$$\widetilde{I}_n = \begin{pmatrix} I_{n-1} & \\ & -1 \end{pmatrix},$$

其中 $n > 1$.

定义 2.2.1 矩阵 $A, B \in GL(n,\mathbb{R})$ 称作是**同伦**的, 如果存在连续的矩阵函数 $H : [0,1] \to GL(n,\mathbb{R})$ 满足 $H(0) = A, H(1) = B$. 这时, 称 H 为连接矩阵 A, B 的一个**同伦**, 记作 $A \overset{H}{\simeq} B$, 或者省去 H 简记为 $A \simeq B$.

对任意的 $t \in [0,1]$, 同伦 $H(t)$ 是一个实的 $n \times n$ 矩阵, 且 $\det H(t) \neq 0$. 容易验证, 矩阵的同伦关系 $\simeq$ 是 $GL(n,\mathbb{R})$ 上的一个等价关系. 下面给出矩阵同伦关系的一些命题.

引理 2.7 下面三条结论成立:

(1) 设矩阵 $A, C \in GL(m,\mathbb{R})$, $B, D \in GL(n,\mathbb{R})$. 若 $A \simeq C$, $B \simeq D$, 则

$$\begin{pmatrix} A & \\ & B \end{pmatrix} \simeq \begin{pmatrix} C & \\ & D \end{pmatrix};$$

(2) 设矩阵 $A, B, P, Q \in GL(n,\mathbb{R})$. 若 $A \overset{H}{\simeq} B$, 则 $PAQ \overset{PHQ}{\simeq} PBQ$;

(3) $I_{2m} \simeq -I_{2m}$.

证明 (1), (2) 的证明是简单的. 现在证 (3). 作矩阵函数

$$H : [0,1] \to GL(2m,\mathbb{R}), \quad t \mapsto \begin{pmatrix} \cos \pi t \cdot I_m & \sin \pi t \cdot I_m \\ -\sin \pi t \cdot I_m & \cos \pi t \cdot I_m \end{pmatrix}.$$

经过简单计算可以知道, 对任意的 $t \in [0,1]$,

$$[H(t)]^{-1} = \begin{pmatrix} \cos \pi t \cdot I_m & -\sin \pi t \cdot I_m \\ \sin \pi t \cdot I_m & \cos \pi t \cdot I_m \end{pmatrix},$$

那么容易验证 H 是连接 I_{2m} 和 $-I_{2m}$ 的同伦. 证毕.

定理 2.11　矩阵 $A, B \in GL(n, \mathbb{R})$ 是同伦的, 当且仅当它们的行列式同号. 即

$$A \simeq B \iff \det AB > 0.$$

证明　显然, 相互同伦的矩阵具有相同的行列式符号. 现在证明充分性, 而这只需要证明下面的结论即可, 对任意的矩阵 $A \in GL(n, \mathbb{R})$, 都成立

$$\det A > 0 \implies A \simeq I_n, \quad \det A < 0 \implies A \simeq \widetilde{I}_n.$$

我们的思路是用同伦逐步地把矩阵 A 简化为 I_n 或者 $\widetilde{I}_n$. 我们考察 A 同时有正、复、负特征值的一般情形. 由矩阵的 Jordan 标准型理论知, 存在矩阵 $P \in GL(n, \mathbb{R})$ 使得 $A = PJP^{-1}$, 其中矩阵 J 形如

$$J = \begin{pmatrix} J_+ & & & \\ & \operatorname{Re} C & \operatorname{Im} C & \\ & -\operatorname{Im} C & \operatorname{Re} C & \\ & & & J_- \end{pmatrix} \in GL(n, \mathbb{R}),$$

J_+, J_- 分别为由 A 的正和负特征值所对应的 Jordan 块放在一起组成的 $n_+ \times n_+, n_- \times n_-$ 上三角实矩阵, $\begin{pmatrix} C & \\ & \overline{C} \end{pmatrix}$ 为由 A 的复特征值所对应的 Jordan 块放在一起组成的 $2n_c \times 2n_c$ 上三角复矩阵, $n_+ + 2n_c + n_- = n$.

设矩阵 $D = \begin{pmatrix} I_{n_+} & & \\ & I_{2n_c} & \\ & & -I_{n_-} \end{pmatrix}$, 作矩阵函数

$$h(t) = (1-t)I_{2n_c} + t\begin{pmatrix} \operatorname{Re} C & \operatorname{Im} C \\ -\operatorname{Im} C & \operatorname{Re} C \end{pmatrix}$$

$$= \begin{pmatrix} \operatorname{Re}\left[(1-t)I_{n_c} + tC\right] & \operatorname{Im}\left[(1-t)I_{n_c} + tC\right] \\ -\operatorname{Im}\left[(1-t)I_{n_c} + tC\right] & \operatorname{Re}\left[(1-t)I_{n_c} + tC\right] \end{pmatrix}.$$

对任意的 $t \in [0,1]$, 因为矩阵 $h(t)$ 与 $\begin{pmatrix} (1-t)I_{n_c}+tC & \\ & (1-t)I_{n_c}+t\overline{C} \end{pmatrix}$

复相似, 所以 $h(t)$ 可逆. 因此, h 是连接矩阵 I_{2n_c} 与 $\begin{pmatrix} \operatorname{Re}C & \operatorname{Im}C \\ -\operatorname{Im}C & \operatorname{Re}C \end{pmatrix}$

的一个同伦. 所以矩阵函数 $H(t) := (1-t)D + tJ$ 是连接矩阵 D 和 J 的一个同伦. 因此, $A \simeq PDP^{-1}$.

进一步, 可以对 $\det A, \det P$ 的符号以及 n 的奇偶性分为如下几种情况进行讨论.

(i) 如果 $\det A > 0$, 则 n_- 为偶数. 由引理 2.7 可以推得 $I_{n_-} \simeq -I_{n_-}$, 进而有 $D \simeq I_n$, 所以 $A \simeq PI_nP^{-1} = I_n$.

(ii) 如果 $\det A < 0$, 则 n_- 为奇数, 此时 $D \simeq \widetilde{I}_n$. 再对 $\det P$ 的符号进行讨论:

(a) 如果 $\det P > 0$, 则由上面结论 (i) 可得 $P \simeq P^{-1} \simeq I_n$. 从而, $A \simeq I_n \cdot \widetilde{I}_n \cdot I_n = \widetilde{I}_n$;

(b) 如果 $\det P < 0$, 再对整数 n 的奇偶性进行讨论:

(1) 当 n 为奇数时, $\det(-P) > 0$. 于是, $A \simeq (-P)D(-P^{-1}) \simeq I_n \cdot \widetilde{I}_n \cdot I_n = \widetilde{I}_n$;

(2) 当 n 为偶数时, 令

$$
Q = \begin{cases} \begin{pmatrix} 0 & 1 \\ 1 & 0 \end{pmatrix}, & \text{当 } n = 2, \\[4mm] \begin{pmatrix} 0 & \cdots & 1 \\ \vdots & I_{n-2} & \vdots \\ 1 & \cdots & 0 \end{pmatrix}, & \text{当 } n > 2. \end{cases}
$$

则 $\det Q < 0$, 且 $Q^{-1} = Q$. 又计算可得

$$Q\widetilde{I}_nQ = \begin{cases} \begin{pmatrix} -1 & 0 \\ 0 & 1 \end{pmatrix}, & \text{当 } n = 2, \\ \begin{pmatrix} -1 & \cdots & 0 \\ \vdots & I_{n-2} & \vdots \\ 0 & \cdots & 1 \end{pmatrix}, & \text{当 } n > 2. \end{cases}$$

易知

$$H_1 : [0,1] \to GL(2,\mathbb{R}), \quad t \mapsto \begin{pmatrix} -\cos\pi t & \sin\pi t \\ \sin\pi t & \cos\pi t \end{pmatrix}$$

是连接 $\begin{pmatrix} -1 & 0 \\ 0 & 1 \end{pmatrix}$ 和 $\begin{pmatrix} 1 & 0 \\ 0 & -1 \end{pmatrix}$ 的一个同伦, 因此 $Q\widetilde{I}_nQ \simeq \widetilde{I}_n$. 因为 $\det PQ > 0$, 由 (i) 知 $PQ \simeq I_n \simeq QP^{-1}$. 从而,

$$A \simeq P\widetilde{I}_nP^{-1} = (PQ)(Q\widetilde{I}_nQ)(QP^{-1}) \simeq I_n \cdot \widetilde{I}_n \cdot I_n = \widetilde{I}_n.$$

证毕.

下面我们仅利用定理 2.3 中度的基本性质来计算一个特殊矩阵的度.

引理 2.8

$$\deg(\widetilde{I}_n, B_r(0), 0) = -1,$$

其中 $B_r(0) \subset \mathbb{R}^n$ 是半径为 r 中心在 0 的球.

证明 记

$$Q_1 = \begin{pmatrix} 1 & & & \\ & \ddots & & \\ & & 1 & \\ & & & 0 \end{pmatrix}, \quad Q_2 = \begin{pmatrix} 0 & & & \\ & \ddots & & \\ & & 0 & \\ & & & 1 \end{pmatrix}$$

及

$$D = \{\lambda e_n : \lambda \in (-2, 2)\}, \quad D_1 = \{\lambda e_n : \lambda \in (-2, 0)\},$$

$$D_2 = \{\lambda e_n : \lambda \in (0,2)\},$$

其中 $e_n = (0,\cdots,0,1)^T$. Q_1, Q_2 是 $\mathbb{R}^n$ 到 $\mathbb{R}^n$ 的有界线性算子. 下面计算

$$\deg(Q_1 - Q_2, \widetilde{B}_r(0) + D, 0),$$

其中 $\widetilde{B}_r(0) = \{x \in \mathbb{R}^n : \|x\| < r, x_n = 0\}$, $\widetilde{B}_r(0) + D = \{x + y : x \in \widetilde{B}_r(0), y \in D\}$.

假设 $f(\lambda e_n) := (|\lambda| - 1)e_n$, $h_t(\lambda e_n) := t(|\lambda| - 2)e_n + e_n$, 及 $H_t := Q_1 + h_t \circ Q_2$. 容易知道, 当 $0 \leqslant t \leqslant 1, x \in \partial(\widetilde{B}_r(0) + D)$ 时, $H_t(x) \neq 0$. 由同伦不变性, 度

$$\deg(Q_1 + h_t \circ Q_2, \widetilde{B}_r(0) + D, 0)$$

与 t 无关. 当 $t = 0$ 时, 它是 $\deg(Q_1 + e_n, \widetilde{B}_r(0) + D, 0) = 0$; 当 $t = 1$ 时, 它是 $\deg(Q_1 + f \circ Q_2, \widetilde{B}_r(0) + D, 0)$. 显然, $\widetilde{B}_r(0) + D_1$ 和 $\widetilde{B}_r(0) + D_2$ 是 $\widetilde{B}_r(0) + D$ 的不交开子集. 由区域可加性, 得

$$0 = \deg(Q_1 + f \circ Q_2, \widetilde{B}_r(0) + D, 0)$$
$$= \deg(Q_1 + f \circ Q_2, \widetilde{B}_r(0) + D_1, 0) + \deg(Q_1 + f \circ Q_2, \widetilde{B}_r(0) + D_2, 0).$$

易知, $f|_{D_1}(\lambda e_n) = -(\lambda + 1)e_n$ 有唯一的零点 $-e_n \in D_1 \subset D$. 因而,

$$\deg(Q_1 + f \circ Q_2, \widetilde{B}_r(0) + D_1, 0) = \deg(Q_1 - Q_2 - e_n, \widetilde{B}_r(0) + D, 0)$$
$$= \deg(Q_1 - Q_2, \widetilde{B}_r(0) + D, 0),$$

上面的后一等式成立是因为在 $\partial(\widetilde{B}_r(0) + D) \times [0,1]$ 上有 $Q_1 x - Q_2 x - t e_n \neq 0$ 及同伦不变性. 类似地, 我们可以证明

$$\deg(Q_1 + f \circ Q_2, \widetilde{B}_r(0) + D_2, 0) = \deg(Q_1 + Q_2, \widetilde{B}_r(0) + D, 0).$$

因为 $Q_1 x - Q_2 x = 0$ 有唯一的零点 $x = 0$, 所以,

$$\deg(Q_1 - Q_2, B_r(0), 0) = -1.$$

证毕.

有了上面的准备, 我们现在可以证明度的基本性质能推出定义 2.1.2. 下面我们总假设 $\Omega \subset \mathbb{R}^n$ 是有界开集, $f : \overline{\Omega} \to \mathbb{R}^n$ 是 C^2 连续的, $p \in \mathbb{R}^n$ 为 f 的正则值, $p \notin f(\partial\Omega)$. 由隐函数定理, $f^{-1}(p) = \{x^1, \cdots, x^n\}$ 由有限个点组成. 因而, 对每一个 x^i, $f'(x^i) : \mathbb{R}^n \to \mathbb{R}^n$ 是可逆线性映射.

引理 2.9　设 deg 满足定理 2.3 的三条基本性质, 则

$$\deg(f, \Omega, p) = \sum_{i=1}^{k} \deg(f'(x^i), B_r(0), 0),$$

其中 $B_r(0)$ 表示原点 0 的半径为 r 的球.

证明　由定理 2.3 的第二条性质 (区域可加性), 我们可以选取 x^i 的小邻域 U_i, 使得这些小邻域是互不相交的. 于是

$$\deg(f, \Omega, p) = \sum_{i=1}^{k} \deg(f, U_i, p).$$

下面对每一个 i, 计算 $\deg(f, U_i, p)$. 由 F-导数的定义, 有

$$f(x) = p + f'(x^i)(x - x^i) + o(\|x - x^i\|), \quad \text{当 } \|x - x^i\| \to 0.$$

因 $\det f'(x^i) \neq 0$, 存在常数 $c > 0$, 使得 $\|f'(x^i)z\| \geqslant c\|z\|$, 对 $\forall z \in \mathbb{R}^n$. 记

$$p(t) = tp, \quad h(x, t) = tf(x) + (1 - t)f'(x^i)(x - x^i).$$

对所有 $t \in [0, 1]$, 当 $\|x - x^i\| = \delta$ 且 δ 充分小时, 有

$$\|h(x, t) - p(t)\| = \|f'(x^i)(x - x^i) + t \cdot o(\|x - x^i\|)\|$$
$$\geqslant c\|x - x^i\| - o(\|x - x^i\|) > 0.$$

由定理 2.3 的第三条性质 (同伦不变性), 有

$$\deg(f, B_\delta(x^i), p) = \deg(f'(x^i) - f'(x^i)x^i, B_\delta(x^i), 0).$$

因在 $\overline{U}_i \setminus B_\delta(x^i)$ 中, $f(x) \neq p$, 由区域可加性, 得

$$\deg(f, U_i, p) = \deg(f, B_\delta(x^i), p).$$

于是

$$\deg(f, U_i, p) = \deg(f'(x^i) - f'(x^i)x^i, B_\delta(x^i), 0).$$

因为 x^i 是 $f'(x^i)x - f'(x^i)x^i = 0$ 的唯一解, 由区域可加性, 对任意的 $B_r(0) \supset B_\delta(x^i)$, 有

$$\deg(f'(x^i) - f'(x^i)x^i, B_\delta(x^i), 0) = \deg(f'(x^i) - f'(x^i)x^i, B_r(0), 0).$$

因为当 $(x, t) \in \partial B_r(0) \times [0, 1]$ 时, $f'(x^i)(x - tx^i) \neq 0$, 由同伦不变性, 得

$$\deg(f, U_i, p) = \deg(f'(x^i), B_r(0), 0).$$

再由区域可加性, 知 $r > 0$ 可以是任意的. 证毕.

定理 2.12 设 deg 满足定理 2.3 的三条基本性质, 则

$$\deg(f, \Omega, p) = \sum_{i=1}^{k} \operatorname{sign} \det f'(x^i).$$

证明 因为 $f'(x^i)$ 是 $\mathbb{R}^n$ 到 $\mathbb{R}^n$ 的可逆线性映射, 只需要证明: 对可逆矩阵 A, 有

$$\deg(A, B_r(0), 0) = \operatorname{sign} \det A.$$

前面的讨论已说明, 如果 $\det A > 0$, 则 A 与 I_n 同伦, 因而结论正确. 如果 $\det A < 0$, 则 A 与 $\tilde{I}_n$ 同伦, 因而结论也正确. 证毕.

§2.2.5 注记

前面在 $\mathbb{R}^n$ 空间中讨论了 Brouwer 度的定义和性质. 对有限维线性赋范空间上也可以定义 Brouwer 度.

设 E_n 是 n 维线性赋范空间, $\Omega \subset E_n$ 是有界开集, $f : \overline{\Omega} \to E_n$ 连续, $p \in E_n \setminus f(\partial\Omega)$. 任取 E_n 的一组基 $e_1, e_2, \cdots, e_n$. 对任意 $x \in E_n$, 都有唯一表示

$$x = \sum_{i=1}^{n} \alpha_i e_i, \quad \text{其中 } \alpha_i(i = 1, 2, \cdots, n) \text{ 是实数}.$$

作映射 $h : E_n \to \mathbb{R}^n$ 如下: $h(x) = (\alpha_1, \cdots, \alpha_n)^T \in \mathbb{R}^n$, 则 $h : E_n \to \mathbb{R}^n$ 是线性同胚. 所以 $h(\Omega) \subset \mathbb{R}^n$ 是有界开集, 且 $\overline{h(\Omega)} = h(\overline{\Omega})$. 记 $F = hfh^{-1}$. 显然, $F : \overline{h(\Omega)} \to \mathbb{R}^n$ 连续, 且 $h(p) \in \mathbb{R}^n \setminus F(\partial h(\Omega))$. 于是, $\deg(F, h(\Omega), h(p))$ 有意义. 定义

$$\deg(f, \Omega, p) = \deg(F, h(\Omega), h(p)).$$

可以证明, $\deg(F, h(\Omega), h(p))$ 不随基的选取而改变.

设 E_n 有另外一组基 $\widetilde{e}_1, \cdots, \widetilde{e}_n$, 对任意 $x \in E_n$, 都有唯一表示

$$x = \sum_{i=1}^{n} \widetilde{\alpha}_i \widetilde{e}_i, \quad \text{其中 } \widetilde{\alpha}_i (i = 1, 2, \cdots, n) \text{ 是实数}.$$

作映射 $\widetilde{h} : E_n \to \mathbb{R}^n$ 如下: $\widetilde{h}(x) = (\widetilde{\alpha}_1, \cdots, \widetilde{\alpha}_n)^T \in \mathbb{R}^n$, 则 $\widetilde{h} : E_n \to \mathbb{R}^n$ 是线性同胚. 记 $\widetilde{F} = \widetilde{h} f \widetilde{h}^{-1}$. 显然, $\widetilde{F} : \overline{\widetilde{h}(\Omega)} \to \mathbb{R}^n$ 连续, 且 $\widetilde{h}(p) \in \mathbb{R}^n \setminus \widetilde{F}(\partial \widetilde{h}(\Omega))$. 于是, $\deg(\widetilde{F}, \widetilde{h}(\Omega), \widetilde{h}(p))$ 有意义. 我们需要证明

$$\deg(F, h(\Omega), h(p)) = \deg(\widetilde{F}, \widetilde{h}(\Omega), \widetilde{h}(p)).$$

设 $(e_1, \cdots, e_n) = (\widetilde{e}_1, \cdots, \widetilde{e}_n)T$, 则 $\widetilde{\alpha} = T\alpha$, 其中 $\widetilde{\alpha} = (\widetilde{\alpha}_1, \cdots, \widetilde{\alpha}_n)^T \in \mathbb{R}^n$, $\alpha = (\alpha_1, \cdots, \alpha_n)^T \in \mathbb{R}^n$. 于是, $\widetilde{h}(x) = \widetilde{\alpha} = T\alpha = Th(x)$. 所以,

$$\widetilde{h} = Th, \quad \widetilde{h}(\overline{\Omega}) = Th(\overline{\Omega}), \quad \widetilde{F} = TFT^{-1}.$$

当 $\widetilde{\alpha} = T\alpha$ 时, 有

$$F(\alpha) = h(p) \Longleftrightarrow \widetilde{F}(\widetilde{\alpha}) = \widetilde{h}(p).$$

按照定义, 我们只需对 C^2 的函数来证明. 设 F 是 C^2 的, 则

$$J_{\widetilde{F}}(\widetilde{\alpha}) = (\det T) \cdot J_F(T^{-1}\widetilde{\alpha}) \cdot (\det T^{-1}) = J_F(\alpha).$$

于是, 若 $h(p)$ 是 F 的正则值时, $\widetilde{h}(p)$ 是 $\widetilde{F}$ 的正则值. 由定义, 知

$$\deg(F, h(\Omega), h(p)) = \deg(\widetilde{F}, \widetilde{h}(\Omega), \widetilde{h}(p)).$$

若 $h(p)$ 是 F 的临界值时, 我们可取充分靠近 $h(p)$ 的正则值, 再由定义即得.

注　设 $\Omega \subset \mathbb{R}^n$ 是开集, 但可能无界. 若 $f \in C(\overline{\Omega}, \mathbb{R}^n)$, $p \notin f(\partial\Omega)$, 及 $\sup_{\overline{\Omega}} \|x - f(x)\| < \infty$, 则 $f^{-1}(p)$ 是紧的, 且可以证明: 对所有的有界开集 $\Omega_0 \supset f^{-1}(p)$, $\deg(f, \Omega \cap \Omega_0, p)$ 相同. 定义无界集上的度为

$$\deg(f, \Omega, p) = \deg(f, \Omega \cap \Omega_0, p),$$

其中 $\Omega_0 \supset f^{-1}(p)$ 为任一有界开集.

§2.3　Brouwer 不动点定理与 Borsuk 定理

引理 2.10　若 D 是 Banach 空间的闭凸子集, $x_0 \in \overset{\circ}{D}$, 即是 D 的内点, $x_1 \in D$, 则对任何 $\lambda \in (0, 1)$, 点 $\lambda x_0 + (1 - \lambda)x_1 \in \overset{\circ}{D}$. 特别地, 若 0 是 D 的内点, 则

$$\lambda x \in \overset{\circ}{D}, \quad \forall x \in D, \lambda \in [0, 1).$$

证明　设球 $B(x_0, r) \subset D$, 取 $\epsilon \leqslant r\lambda$, 则 $B(\lambda x_0 + (1-\lambda)x_1, \epsilon) \subset D$. 事实上, 对任何 $x \in B(\lambda x_0 + (1 - \lambda)x_1, \epsilon)$, 有

$$
\begin{aligned}
x &= x - [\lambda x_0 + (1 - \lambda)x_1] + \lambda x_0 + (1 - \lambda)x_1 \\
&= \lambda \left[\frac{x - (\lambda x_0 + (1 - \lambda)x_1)}{\lambda} + x_0 \right] + (1 - \lambda)x_1 \in D.
\end{aligned}
$$

证毕.

定理 2.13 (Brouwer 不动点定理)　设 $\Omega \subset \mathbb{R}^n$ 是有界闭凸子集, $\partial\Omega$ 为边界. 设 $f \in C(\Omega, \mathbb{R}^n)$ 且 $f(\partial\Omega) \subset \Omega$, 则 f 在 Ω 上必有不动点.

证明　不妨设 Ω 有内点, 否则, 只需在 Ω 所张成的子空间内考虑即可. 也不妨设 0 是 Ω 的内点, 否则, 任取 Ω 的内点 x_0, 考虑 $\Omega - x_0$ 以及 $f(x_0 + x) - x_0$ 即可.

如果 f 在 $\partial\Omega$ 上有不动点, 那么定理自然成立.

现设 f 在 $\partial\Omega$ 上没有不动点. 作同伦

$$h(t,x) = x - tf(x), \quad t \in [0,1],\ x \in \Omega.$$

$h(t,x)$ 连续, 且当 $x \in \partial\Omega$, $t = 1$ 时, $h(1,x) = x - f(x) \neq 0$; 而当 $x \in \partial\Omega, 0 \leqslant t < 1$ 时, 由假设可知 $tf(x) \in \overset{\circ}{\Omega}$, 即 $tf(x)$ 属于 Ω 的内部, 于是 $h(t,x) \neq 0$. 所以, 当 $t \in [0,1]$ 时, $0 \notin h(t,\partial\Omega)$. 由同伦不变性和规范性, 得

$$\deg(id - f, \overset{\circ}{\Omega}, 0) = \deg(id, \overset{\circ}{\Omega}, 0) = 1.$$

根据 Kronecker 存在定理, $id - f$ 在 Ω 内部有零点, 即 f 在 Ω 内部有不动点. 证毕.

作为应用, 我们可以证明下面的定理.

例 2.2 (Perron-Frobenius 定理)　　设 $A = (a_{ij})$ 是 $n \times n$ 矩阵, 满足 $a_{ij} \geqslant 0$, $\forall i,j$, 则存在 $\lambda \geqslant 0$ 和 $x \neq 0$, 使得 $Ax = \lambda x$ 且 $x_i \geqslant 0, \forall i$.

证明　　记

$$D = \left\{ x \in \mathbb{R}^n : x_i \geqslant 0, \forall i, \sum_{i=1}^{n} x_i = 1 \right\}.$$

如果 $Ax = 0$ 对某个 $x \in D$ 成立, 则取 $\lambda = 0$, 结论已证.

如果 $Ax \neq 0$ 对任意 $x \in D$, 则存在某个正数 $\alpha > 0$ 使得

$$\sum_{i=1}^{n} (Ax)_i \geqslant \alpha, \quad \forall x \in D.$$

所以, 映射

$$f: D \to \mathbb{R}^n, \quad x \mapsto \frac{Ax}{\displaystyle\sum_{i=1}^{n}(Ax)_i}$$

在 D 中连续, 且 $f(D) \subset D$. 由 Brouwer 不动点定理, f 在 D 中有一不动点 x_0, 即存在 $x_0 \in D$, 使得 $Ax_0 = \lambda x_0$, 其中 $\lambda = \displaystyle\sum_{i=1}^{n}(Ax_0)_i$. 证毕.

例 2.3 (代数学基本定理)   设 $P(z) = a_n z^n + \cdots + a_1 z + a_0$ 是 n 次复多项式, 则必存在 z_0, 使得 $P(z_0) = 0$.

证明   不失一般性, 设 $a_n = 1$. 记

$$M = 2 + |a_0| + |a_1| + \cdots + |a_{n-1}|,$$

及

$$K = \{z \in C : |z| \leqslant M\},$$

其中 $z = re^{i\theta}$, $0 \leqslant \theta \leqslant 2\pi$. 在复平面上定义函数 f 为

$$f(z) = \begin{cases} z - M^{-1}e^{i(1-n)\theta}P(z), & \text{当 } |z| \leqslant 1, \\ z - M^{-1}z^{1-n}P(z), & \text{当 } |z| > 1. \end{cases}$$

显然, f 是连续的, 且 f 映 K 到 K. 这是因为当 $|z| \leqslant 1$ 时,

$$|f(z)| \leqslant |z| + M^{-1}|P(z)| \leqslant 1 + M^{-1}(1 + |a_0| + \cdots + |a_{n-1}|)$$

$$\leqslant 1 + 1 = 2 < M;$$

当 $1 \leqslant |z| \leqslant M$ 时,

$$|f(z)| = |z - M^{-1}z - M^{-1}z^{1-n}(a_0 + \cdots + a_{n-1}z^{n-1})|$$

$$\leqslant (M-1) + M^{-1}(|a_0| + \cdots + |a_{n-1}|)$$

$$\leqslant M - 1 + M^{-1}(M-2) \leqslant M.$$

因为 K 是有界闭凸集, 由 Brouwer 不动点定理, f 在 K 中有不动点 z_0. 显然 $P(z_0) = 0$. 证毕.

定理 2.14 (Borsuk)   称 Ω 关于原点对称, 如 $\Omega = -\Omega$. 设 $\Omega \subset \mathbb{R}^n$ 是有界开集, 关于原点对称, $f \in C(\overline{\Omega}, \mathbb{R}^n)$ 且当 $x \in \partial\Omega$ 时,

$$f(x) = -f(-x) \neq 0,$$

则 $\deg(f, \Omega, 0)$ 是奇数.

证明　因为度只与边界值有关, 不妨假设 f 在整个 $\overline{\Omega}$ 上是奇的, 即设

$$f(x) = -f(-x), \quad \forall x \in \overline{\Omega}.$$

利用小摄动不变性, 可以假设 $f \in C^1(\overline{\Omega}, \mathbb{R}^n)$, 且 $J_f(0) \neq 0$. 事实上, 若 $g_1 \in C^1(\overline{\Omega}, \mathbb{R}^n)$ 使 $\|f - g_1\|_C$ 适当小. 记

$$g_2(x) = \frac{1}{2}(g_1(x) - g_1(-x)),$$

并选取 δ 充分小使得 δ 不是 $g_2'(0)$ 的特征值, 则 $\widetilde{f} := g_2 - \delta id \in C^1(\overline{\Omega}, \mathbb{R}^n)$, $\widetilde{f}$ 奇, $J_{\widetilde{f}}(0) \neq 0$, 且 $\|\widetilde{f} - f\|_C$ 适当小.

为了证明定理, 只要证明存在 C^1 的奇映射 g 使得 $\|f - g\|_C$ 充分小, 且 0 是 g 的正则值.

事实上, 如果存在这样的 g, 则

$$\deg(f, \Omega, 0) = \deg(g, \Omega, 0) = \operatorname{sign} J_g(0) + \sum_{0 \neq x \in g^{-1}(0)} \operatorname{sign} J_g(x).$$

因为 $g(x) = 0 \Longleftrightarrow g(-x) = 0$ 且 $J_g(x) = J_g(-x)$, 所以上式右端为奇数.

下面用归纳法来证明存在这样的 g.

记 $\Omega_k = \{x = (x_1, \cdots, x_n) \in \Omega : 存在某个 \ i \leqslant k, \ \text{使} \ x_i \neq 0\}$, 并选取奇函数 $\phi \in C^1(\mathbb{R}, \mathbb{R})$ 使得 $\phi'(0) = 0$ 且 $\phi(t) = 0 \Longleftrightarrow t = 0$.

在有界开集 $\Omega_1 = \{x \in \Omega : x_1 \neq 0\}$ 上, 考虑 C^1 映射 $\overline{f}(x) = \dfrac{f(x)}{\phi(x_1)}$. 根据 Sard 定理, $\overline{f}$ 有正则值 $y^1 \in \mathbb{R}^n$, 且 $\|y^1\|$ 可以充分小.

记 $g_1(x) = f(x) - \phi(x_1)y^1$, $y^1 = (y_1^1, \cdots, y_n^1)^T$, 则有 $g_1(x) = \phi(x_1)(\overline{f}(x) - y^1)$. 于是,

$$g_1'(x) = \phi(x_1)\overline{f}'(x) + \begin{pmatrix} \phi'(x_1)(\overline{f}_1(x) - y_1^1) & 0 & \cdots & 0 \\ \vdots & \vdots & & \vdots \\ \phi'(x_1)(\overline{f}_n(x) - y_n^1) & 0 & \cdots & 0 \end{pmatrix}.$$

所以, 当 $x \in \Omega_1$ 且 $g_1(x) = 0$ 时 (即当 $\overline{f}(x) = y^1$ 时), 有 $g_1'(x) = \phi(x_1)\overline{f}'(x)$. 因为 y^1 是 $\overline{f}(x)$ 的正则值, 所以 0 是 g_1 在 Ω_1 上的正则值.

假设当 $k < n$ 时已经证明有某个 C^1 的奇映射 g_k, 使 $\|g_k - f\|_C$ 充分小, 且 0 是 g_k 在 Ω_k 上的正则值.

记

$$g_{k+1}(x) = g_k(x) - \phi(x_{k+1})y^{k+1},$$

其中 $y^{k+1} \in \mathbb{R}^n$ 是 $\overline{g}_k(x) = \dfrac{g_k(x)}{\phi(x_{k+1})}$ 在 $\Omega_{k+1}' = \{x \in \Omega : x_{k+1} \neq 0\}$ 上的正则值, 且 $\|y^{k+1}\|$ 充分小.

完全相同于第一步, 当 $x \in \Omega_{k+1}'$ 且 $g_{k+1}(x) = 0$ 时 (即当 $\overline{g}_k(x) = y^{k+1}$ 时), $g_{k+1}'(x) = \phi(x_{k+1})\overline{g}_k'(x)$. 所以, 0 是 g_{k+1} 在 Ω_{k+1}' 上的正则值.

另外, 当 $x \in \Omega_{k+1}, x_{k+1} = 0, g_{k+1}(x) = 0$ 时, 则有 $x \in \Omega_k$, 且由 ϕ 的性质可得 $g_k(x) = 0, g_k'(x) = g_{k+1}'(x)$. 由归纳假设, $J_{g_{k+1}}(x) = J_{g_k}(x) \neq 0$. 因此, 0 也是 $g_{k+1}(x)$ 在 Ω_k 上的正则值. 而 $\Omega_{k+1} = \Omega_k \cup \Omega_{k+1}'$, 故 0 是 g_{k+1} 在 Ω_{k+1} 上的正则值. 显然, g_{k+1} 是 $\overline{\Omega}$ 的奇映射, 且 g_{k+1} 充分逼近 f.

由归纳, 最后得到 $g = g_n$ 是 C^1 的奇映射, $\|g - f\|_C$ 充分小, 且 0 是 g 在 $\Omega_n = \Omega \backslash \{0\}$ 上的正则值. 进一步, 根据 ϕ 的选取, 有 $g'(0) = g_k'(0) = f'(0), k = 1, 2, \cdots, n$, 而 $J_f(0) \neq 0$. 所以, 0 是 g 在整个 Ω 上的正则值. 证毕.

推论 2.1   设 $\Omega \subset \mathbb{R}^n$ 是有界开集, 关于原点对称, $f \in C(\overline{\Omega}, \mathbb{R}^n)$ 且当 $x \in \partial\Omega, t \in [0,1]$ 时, $f(x) \neq tf(-x)$, 则 $\deg(f, \Omega, 0)$ 是奇数.

证明   记

$$h(t, x) = f(x) - tf(-x), \quad x \in \overline{\Omega}, \ t \in [0,1],$$

则 $h(t,x)$ 连续, $h(1,x)$ 奇, 且 $0 \notin h(t, \partial\Omega)$, 当 $t \in [0,1]$ 时. 由同伦不变

性和 Borsuk 定理, 有

$$\deg(f, \Omega, 0) = \deg(h_0, \Omega, 0) = \deg(h_1, \Omega, 0) = \text{奇数}.$$

证毕.

推论 2.2 (Borsuk-Ulam)　设 $\Omega \subset \mathbb{R}^n$ 有界开集, 关于原点对称. 设 $f : \partial \Omega \to \mathbb{R}^m$ 连续, $m < n$, 则存在 $x \in \partial \Omega$ 使 $f(x) = f(-x)$. 进一步, 如 f 还是奇的, 则 f 在 $\partial \Omega$ 上必有零点, 即 $0 \in f(\partial \Omega)$.

证明　反证法, 假设对任意 $x \in \partial \Omega$, 有 $f(x) \neq f(-x)$. 记

$$g(x) = f(x) - f(-x),$$

则 g 是奇的, 且 $0 \notin g(\partial \Omega)$. 将 g 连续地延拓到 $\overline{\Omega}$ 上使 $g(\overline{\Omega}) \subset \mathbb{R}^m$, 则一方面由 Borsuk 定理知 $\deg(g, \Omega, 0) = $ 奇数; 另一方面由 Brouwer 度的缺方向性质知 $\deg(g, \Omega, 0) = 0$, 矛盾. 证毕.

定理 2.15　设 $\Omega \subset \mathbb{R}^n$ 为开集, $f : \Omega \to \mathbb{R}^n$ 连续且是局部一一的, 则 f 是开映射.

证明　任取 $x_0 \in \Omega$, 要证明 $f(x_0)$ 是 $f(\Omega)$ 的内点. 不失一般性, 不妨假设 $x_0 = 0, f(x_0) = 0$. 取 0 的 ϵ-邻域 $B(0, \epsilon)$ 使得 f 在 $\overline{B(0, \epsilon)}$ 上是一一的. 作同伦

$$H(x, t) = f\left(\frac{x}{1+t}\right) - f\left(\frac{-tx}{1+t}\right),$$

则 $H : \overline{B(0, \epsilon)} \times [0, 1] \to \mathbb{R}^n$ 连续, 且当 $x \in \partial B(0, \epsilon), t \in [0, 1]$ 时, 由 $x \neq 0$ 得

$$\frac{1}{1+t}x \neq \frac{-t}{1+t}x.$$

由于 f 在 $\overline{B(0, \epsilon)}$ 上是一一的, 故在其边界上有 $H(x, t) \neq 0$. 根据同伦不变性和 Borsuk 定理得

$$\deg(f, B(0, \epsilon), 0) = \deg(H(\cdot, 0), B(0, \epsilon), 0)$$
$$= \deg(H(\cdot, 1), B(0, \epsilon), 0) = \text{奇数},$$

再由连通区域性质, 当 $p \in \mathbb{R}^n$, $\|p\|$ 充分小时, 有

$$\deg(f, B(0, \epsilon), p) = \deg(f, B(0, \epsilon), 0) \neq 0.$$

因此, $f(x) = p$, 当 $\|p\|$ 充分小时, 在 $B(0, \epsilon)$ 内有解. 这表明 0 是 $f(B(0, \epsilon))$ 的内点. 证毕.

§2.4　Leray-Schauder 度

说明方程 $f(x) = 0$ 解的存在性是度理论建立的一个重要动力. Brouwer 度理论是对有限维空间上的连续函数建立的. Brouwer 不动点定理有许多重要应用, 它的建立只需要用到度理论的三条基本性质: 规范性、区域可加性、同伦不变性. 在微分方程或积分方程的研究中, 需要考虑无穷维 Banach 空间上的问题. 已经知道, Brouwer 不动点定理不能直接推广到无穷维空间中. 例如, 设 $X = (c_0)$: 实数列 $x = (x_n)$, $x_n \to 0$, $\|x\| = \max\limits_n |x_n|$. 定义 $F: X \to X$ 为

$$(Fx)_1 = (1 + \|x\|)/2, \quad (Fx)_{n+1} = x_n, \quad \forall n \geqslant 1.$$

因为 $\|Fx - Fy\| = \|x - y\|$, 所以 F 连续, 且 $F: \overline{B}_1(0) \to \overline{B}_1(0)$. 但 F 没有不动点, 因 $x = Fx$ 推出 $x_n = (1 + \|x\|)/2$, $\forall n \geqslant 1$. 推出 $x = (x_n) \notin (c_0)$. 矛盾.

这个例子说明了, 在一般的 Banach 空间中, 不可能对所有的连续映射都定义拓扑度. 1934 年 Leray 和 Schauder 考虑了一类映射并进行了推广到无穷维空间的工作, 得到了本节的 Leray-Schauder 度和 Leray-Schauder 不动点定理.

§2.4.1　紧连续映射及其性质

设 X, Y 为线性赋范空间, $D \subset X$.

定理 2.16　设 Y 是 Banach 空间, $F_n: D \to Y$, $n = 1, 2, \cdots$ 是一列全连续映射. 如果对于 D 中的任何有界集 S, 以及任何 $\epsilon > 0$, 存在

自然数 N 使得当 $n, m \geqslant N$ 时,

$$\sup_{x \in S} \|F_n(x) - F_m(x)\| < \epsilon, \tag{2.19}$$

则存在全连续映射 $F : D \to Y$, 使当 $n \to \infty$ 时, $\|F_n(x) - F(x)\|$ 在有界集上一致趋于零.

证明　首先, 由 (2.19) 知, 对每一个 $x \in D$, $\{F_n(x)\}$ 是 Y 中的 Cauchy 序列. 所以, $\{F_n(x)\}$ 在 Y 中存在极限. 定义 $F : D \to Y$ 为

$$F(x) := \lim_{n \to \infty} F_n(x).$$

再利用 (2.19), 当 $n \to \infty$ 时, $\|F_n(x) - F(x)\| \to 0$, 在 $x \in S$ 上一致地成立. 所以, F 为连续映射.

下证: F 是全连续映射. 设 $S \subset D$ 是任一有界集. 对 $\forall \epsilon > 0$, 由于 F_n 在 S 上一致地收敛到 F, 取定一个 n, 使得

$$\sup_{x \in S} \|F_n(x) - F(x)\| < \epsilon/2.$$

而 $F_n(S)$ 在 Y 中相对紧, 具有有限的 $\epsilon/2$-网. 于是, $F(S)$ 具有有限的 ϵ-网. 所以, $F(S)$ 是 Y 中的相对紧子集. 证毕.

定理 2.17　设 $M \subset X$ 是有界闭集, $F : M \to Y$ 连续, 则 F 是全连续的必要条件为对 $\forall \epsilon > 0$, 存在值域为有限维的有界连续映射 $F_n : M \to Y^n$, 使得

$$\sup_{x \in M} \|F(x) - F_n(x)\| < \epsilon, \tag{2.20}$$

其中 $Y^n \subset Y$ 是有限维子空间.

证明　因为 $F(M)$ 在 Y 中相对紧, 所以存在有限的 ϵ-网, 即对任意的 $\epsilon > 0$, 存在 $y_1, y_2, \cdots, y_m \in Y$, 使得 $\{y_1, y_2, \cdots, y_m\}$ 构成 $F(M)$ 的有限 ϵ-网, 即对任意 $y \in F(M)$, 都有某个 $y_k, 1 \leqslant k \leqslant m$, 满足 $\|y - y_k\| < \epsilon$.

设 Y^n 表示由 $y_1, \cdots, y_m$ 张成的 n 维子空间, 并记

$$B_i = B(y_i, \epsilon) = \{y \in Y : \|y - y_i\| < \epsilon\}, \quad i = 1, 2, \cdots, m.$$

作函数 $d_i : Y \to \mathbb{R}$ 为

$$d_i(y) = \text{dist}\,(y, Y \setminus B_i), \quad i = 1, 2, \cdots, m.$$

并定义 $F_n : M \to Y^n$ 为

$$F_n(x) = \frac{1}{\displaystyle\sum_{i=1}^{m} d_i(F(x))} \sum_{i=1}^{m} d_i(F(x))y_i, \quad x \in M.$$

由于 d_i 非负连续, 在 B_i 内部取正值, 并注意到 $F(M) \subset \displaystyle\bigcup_{i=1}^{m} B_i$, 因此,

对任意 $x \in M$, $\displaystyle\sum_{i=1}^{m} d_i(F(x)) > 0$. 于是, 映射 F_n 有意义且连续. 又由

于当 $\|F(x) - y_i\| \geqslant \epsilon$ 时, $d_i(F(x)) = 0$, 故

$$\|F(x) - F_n(x)\| = \frac{1}{\displaystyle\sum_{i=1}^{m} d_i(F(x))} \left\|\sum_{i=1}^{m} d_i(F(x))(F(x) - y_i)\right\|$$

$$\leqslant \frac{1}{\displaystyle\sum_{i=1}^{m} d_i(F(x))} \sum_{i=1}^{m} d_i(F(x))\|F(x) - y_i\| < \epsilon.$$

证毕.

注 由于 F_n 有界连续且值域是有限维的, 因此, F_n 是全连续的.
利用定理 2.16, 当 Y 完备时, 定理 2.17 的条件还是充分的.

定理 2.18 设 X 为线性赋范空间, Y 为 Banach 空间, $U \subset X$
为开集. $x_0 \in U$. 又设 $F \in C^m(U, Y)$, $m \geqslant 1$, 并且 F 全连续, 则
$F^{(k)}(x_0), k = 1, 2, \cdots, m$, 映有界集 $\{\underbrace{(h, \cdots, h)}_{k\,\text{个}} : h \in X, \|h\| \leqslant r\}$ 成 Y

中的相对紧集. 特别, $F'(x_0)$ 是全连续线性算子.

证明　由于 $F^{(k)}(x_0) \in L_s^{(k)}(X, Y)$, 故 $F^{(k)}(x_0)$ 连续. 利用齐次性, 只要证明 $F^{(k)}(x_0)$ 映 $B = \{h^{(k)} : h \in X, \|h\| \leqslant 1\}$ 成相对紧集.

当 $k = 0$ 时, 结论对.

用归纳法. 设 $n = 1, \cdots, k-1\ (k \leqslant m)$ 时结论成立. 考虑 $F^{(k)}(x_0)$.

用反证法. 假设 $F^{(k)}(x_0)$ 在 B 上不紧, 则存在 $\epsilon > 0$ 及 B 上一列元素 $\{h_i^{(k)}\}$, 使得当 $i \neq j$ 时

$$\frac{1}{k!} \| F^{(k)}(x_0) h_i^{(k)} - F^{(k)}(x_0) h_j^{(k)} \| \geqslant \epsilon.$$

利用 Taylor 公式, 有

$$F(x_0 + h) = \sum_{n=0}^{k-1} \frac{1}{n!} F^{(n)}(x_0) h^{(n)} + \frac{1}{k!} F^{(k)}(x_0) h^{(k)} + w(x_0, h),$$

其中

$$\lim_{\|h\| \to 0} \frac{\|w(x_0, h)\|}{\|h\|^k} = 0. \tag{2.21}$$

由 (2.21) 知, 当 $\rho > 0$ 充分小时, 有

$$\|w(x_0, \rho h)\| < \rho^k \frac{\epsilon}{k+3}.$$

利用归纳假设以及通过选子列的办法, 不妨假设 $\{h_i\}$ 满足, 当 $0 \leqslant n < k$, i, j 充分大时,

$$\frac{1}{n!} \| F^{(n)}(x_0) h_i^{(n)} - F^{(n)}(x_0) h_j^{(n)} \| < \rho^{k-n} \frac{\epsilon}{k+3}.$$

于是, 当 i, j 充分大时

$$\begin{aligned}
&\| F(x_0 + \rho h_i) - F(x_0 + \rho h_j) \| \\
\geqslant\ & \frac{1}{k!} \| F^{(k)}(x_0) h_i^{(k)} - F^{(k)}(x_0) h_j^{(k)} \| \rho^k \\
& - \sum_{n=0}^{k-1} \frac{1}{n!} \| F^{(n)}(x_0) h_i^{(n)} - F^{(n)}(x_0) h_j^{(n)} \| \rho^n \\
& - \|w(x_0, \rho h_i)\| - \|w(x_0, \rho h_j)\| \\
\geqslant\ & \epsilon \rho^k - \sum_{n=0}^{k-1} \frac{\epsilon}{k+3} \rho^k - \frac{2\epsilon}{k+3} \rho^k \geqslant \frac{\epsilon}{k+3} \rho^k > 0.
\end{aligned}$$

这表明 $\{F(x_0 + \rho h_i)\}$ 不是相对紧的, 矛盾. 证毕.

例 2.4 设 $\Omega \subset \mathbb{R}^n$ 为有界闭集, $k(x,y,u)$ 是 $\Omega \times \Omega \times \mathbb{R}$ 上的连续函数, 则积分算子 $K : C(\Omega) \to C(\Omega)$,

$$(K\phi)(x) = \int_\Omega k(x,y,\phi(y))dy$$

是全连续算子.

证明 设 B 是 $C(\Omega)$ 中的有界集, 往证: $K(B)$ 是 $C(\Omega)$ 中的相对紧集, 由 Arzela-Ascoli 定理, 即需要证明 $K(B)$ 是一致有界的且是等度连续的.

因为 B 是有界集, 故存在 N, 使 $\|\phi\|_C \leqslant N$, $\forall \phi \in B$. 又因为 $k(x,y,u)$ 连续, 所以存在 $M > 0$, 使得 $|k(x,y,u)| \leqslant M, \forall(x,y,u) \in \Omega \times \Omega \times [-N,N]$. 于是, 得

$$|K\phi(x)| = \left| \int_\Omega k(x,y,\phi(y))dy \right| \leqslant M\,\mathrm{mes}\,\Omega, \quad \forall \phi \in B.$$

所以, $K(B)$ 是一致有界的.

由于 $k(x,y,u)$ 在 $\Omega \times \Omega \times [-N,N]$ 上一致连续, 故对 $\forall \epsilon > 0$, 存在 $\delta > 0$, 使当 $|x_1 - x_2| < \delta$ $(x_1, x_2 \in \Omega)$ 时, 有

$$|k(x_1,y,u) - k(x_2,y,u)| < \frac{\epsilon}{1 + \mathrm{mes}\,\Omega}, \quad \forall y \in \Omega, |u| \leqslant N.$$

于是, 当 $|x_1 - x_2| < \delta$ 时, $\forall \phi \in B$, 有

$$|K\phi(x_1) - K\phi(x_2)| = \left| \int_\Omega [k(x_1,y,\phi(y)) - k(x_2,y,\phi(y))]dy \right| < \epsilon.$$

所以, $K(B)$ 是等度连续的.

最后证明 K 是连续的. 设 $\phi_n, \phi_0 \in C(\Omega)$, $\|\phi_n - \phi_0\|_C \to 0$, 所以 $\{\phi_n\}$ 在 $C(\Omega)$ 中有界. 设 $N_1 \geqslant \sup\{\|\phi_0\|_C, \|\phi_1\|_C, \cdots\}$. 由 $k(x,y,u)$ 在 $\Omega \times \Omega \times [-N_1, N_1]$ 上一致连续性知, 对 $\forall \epsilon > 0$, 存在 $\delta > 0$, 使当 $u_1, u_2 \in [-N_1, N_1]$ 且 $|u_1 - u_2| < \delta$ 时, 有

$$|k(x,y,u_1) - k(x,y,u_2)| < \frac{\epsilon}{1 + \mathrm{mes}\,\Omega}, \quad \forall(x,y) \in \Omega \times \Omega.$$

取 N, 使当 $n \geqslant N$ 时, 有 $\|\phi_n - \phi_0\|_C < \delta$. 于是,

$$|K\phi_n(x) - K\phi_0(x)| \leqslant \int_\Omega |k(x, y, \phi_n(y)) - k(x, y, \phi_0(y))| dy < \epsilon.$$

所以, $\|K\phi_n - K\phi_0\|_C < \epsilon$. 证毕.

§2.4.2　全连续场与紧同伦

定义 2.4.1　设 X 为实线性赋范空间, $D \subset X$, 如果 $F : D \to X$ 是全连续的, 则称映射 $f = id - F$ 为 D 上的**全连续场**, 或**紧连续场**.

定理 2.19　设 $D \subset X$ 是有界闭集, $f = id - F : D \to X$ 为全连续场, 则

(1) f 是固有映射, 即紧集 K 的原像 $f^{-1}(K)$ 是紧集;

(2) f 是闭映象, 即 f 映 D 中的闭集 S 成闭集 $f(S)$.

证明　(1) 设 $x_n \in f^{-1}(K)$, 则 $y_n = f(x_n) = x_n - F(x_n) \in K$. 因为 K 紧, 不妨设 $y_n \to y \in K$. 再由 F 紧及 D 有界, 通过选子列不妨设 $F(x_n) \to z$. 于是, $x_n = y_n + F(x_n) \to y + z =: x$. 由 F 连续及 $y_n = x_n - F(x_n)$ 可得 $y = x - F(x) = f(x)$, 即 $x \in f^{-1}(y) \subset f^{-1}(K)$. 所以, $f^{-1}(K)$ 紧.

(2) 设 $z_n \in f(S)$, $z_n \to z_0$, 要证: $z_0 \in f(S)$. 由定义, 存在 $x_n \in S$, 使得 $z_n = f(x_n) = x_n - F(x_n)$. 由 F 全连续, 存在子列 $F(x_{n_k}) \to y_0$. 于是, $x_{n_k} = z_{n_k} + F(x_{n_k}) \to z_0 + y_0 =: x_0 \in S$. 再由 F 连续得 $z_0 = x_0 - F(x_0) = f(x_0)$. 所以, $z_0 \in f(S)$. 证毕.

推论 2.3　设 $M \subset X$ 是有界闭集, $f = id - F : M \to X$ 是全连续场. 如果 $p \in X \setminus f(M)$, 那么 $\mathrm{dist}\,(p, f(M)) = \epsilon > 0$.

定义 2.4.2　设 $M \subset X$ 是有界闭集. 称 M 上的两个紧连续场 $f_0 = id - F_0$ 与 $f_1 = id - F_1$ 在 M 上**紧同伦**, 如果存在全连续映射 $H : M \times [0, 1] \to X$ 使当 $x \in M$, $t \in [0, 1]$ 时,

$$h_t(x) = x - H(x, t) \neq 0, \quad H(x, 0) = F_0(x), \quad H(x, 1) = F_1(x).$$

注 紧同伦中所说的 H 紧是指两变元紧, 即 $\overline{H(M \times [0,1])}$ 是紧集. 对无穷维空间, 即使 H 是对两变元连续, 且对任何固定的 $t \in [0,1]$, 均有 $H(x,t)$ 关于 x 全连续, 也不能推出 H 是两变元紧的. 但我们有如下结论:

若 $H : \overline{\Omega} \times [0,1] \to X$ 连续, 且对每个固定的 $t \in [0,1]$, $H(\cdot,t) : \overline{\Omega} \to X$ 是紧连续, 而且 $H(x,t)$ 对于 t 在任何点 $t_0 \in [0,1]$ 的连续性关于 $x \in \overline{\Omega}$ 是一致的, 则 $H : \overline{\Omega} \times [0,1] \to X$ 是全连续的.

证明可以参见 [1].

§2.4.3 Leray-Schauder 度的定义

设 X 为实线性赋范空间, $\Omega \subset X$ 是有界开集, $F : \overline{\Omega} \to X$ 是全连续的, $f = id - F$ 为全连续场, $p \notin f(\partial\Omega)$.

由推论 2.3 知, 存在 $\epsilon > 0$, 使

$$\operatorname{dist}(p, f(\partial\Omega)) = \epsilon > 0.$$

再由定理 2.17, 存在 X 的有限维子空间 X_n, 使 $p \in X_n$, 及有界的连续映射 $F_n : \overline{\Omega} \to X_n$ 满足

$$\sup_{x \in \overline{\Omega}} \|F(x) - F_n(x)\| < \epsilon.$$

记 $\Omega_n = X_n \cap \Omega$, 考虑有限维连续映射

$$f_n(x) = x - F_n(x), \quad x \in \overline{\Omega}_n,$$

则当 $x \in \partial\Omega_n (\subset \partial\Omega)$ 时, 有

$$\|f_n(x) - p\| \geqslant \|f(x) - p\| - \|F_n(x) - F(x)\| > 0,$$

即 $p \notin f_n(\partial\Omega_n)$. 于是, Brouwer 度 $\deg(f_n, \Omega_n, p)$ 有意义. 我们以此作为 f 在 Ω 上关于 p 点的 Leray-Schauder 度的定义.

定义 2.4.3　设 X_n 是 X 的有限维子空间, $p \in X_n$, $F_n : \overline{\Omega} \to X_n$ 连续, 且满足

$$\sup_{x \in \overline{\Omega}} \|F(x) - F_n(x)\| < \epsilon = \text{dist}\,(p, f(\partial\Omega)),$$

则定义全连续场 f 在 Ω 上关于 p 点的 **Leray-Schauder 度**为

$$\deg\,(f, \Omega, p) = \deg\,(f_n, \Omega_n, p),$$

其中 $f = id - F, f_n = id - F_n$.

下面的引理说明了这样定义的合理性.

引理 2.11　设 X_n 是 X 的有限维子空间, $p \in X_n$, $F_n : \overline{\Omega} \to X_n$ 连续, 且满足

$$\sup_{x \in \overline{\Omega}} \|F(x) - F_n(x)\| < \epsilon = \text{dist}\,(p, f(\partial\Omega)),$$

则 $\deg\,(f_n, \Omega_n, p)$ 与 X_n, F_n 的选择无关.

证明　先证: X_n 固定时, $\deg\,(f_n, \Omega_n, p)$ 与 F_n 的选择无关.

设 $F_n, G_n : \overline{\Omega} \to X_n$ 连续, 使

$$\sup_{x \in \overline{\Omega}} \|F(x) - F_n(x)\| < \epsilon, \quad \sup_{x \in \overline{\Omega}} \|F(x) - G_n(x)\| < \epsilon.$$

记 $f_n = id - F_n$, $g_n = id - G_n$. 作同伦

$$h_t(x) := x - tF_n(x) - (1-t)G_n(x), \quad x \in \overline{\Omega},\ t \in [0,1],$$

则当 $x \in \partial\Omega, t \in [0,1]$ 时,

$$\|h_t(x) - p\| \geqslant \|f(x) - p\| - t\|F(x) - F_n(x)\| - (1-t)\|G_n(x) - F(x)\| > 0.$$

根据 Brouwer 度的同伦不变性得

$$\deg\,(f_n, \Omega_n, p) = \deg\,(g_n, \Omega_n, p).$$

再证: $\deg(f_n, \Omega_n, p)$ 与 X_n 的选择无关.

若 X_m 是 X 的有限维子空间, 且 $X_n \subset X_m$, 根据上面的证明, $\deg(f_m, \Omega_m, p)$ 与 F_m 的选择无关. 特别, 选取 F_m 就是 F_n, 则

$$\deg(f_m, \Omega_m, p) = \deg(f_n, \Omega_m, p).$$

由 Brouwer 度的简化定理知

$$\deg(f_n, \Omega_m, p) = \deg(f_n|_{X_n \cap \Omega_m}, \Omega_m \cap X_n, p) = \deg(f_n, \Omega_n, p).$$

若 X_n, X_k 为任意两个有限维子空间, 记 X_m 为 X_n 与 X_k 张成的子空间, 则由上面的证明知

$$\deg(f_n, \Omega_n, p) = \deg(f_m, \Omega_m, p) = \deg(f_k, \Omega_k, p).$$

证毕.

§2.4.4　Leray-Schauder 度的性质

设 $\Omega \subset X$ 是有界开集, $f = id - F$ 是 $\overline{\Omega}$ 上的全连续场.

定理 2.20　Leray-Schauder 度 $\deg(f, \Omega, p)$ 具有如下基本性质:

(1) (规范性)

$$\deg(id, \Omega, p) = \begin{cases} 1, & \text{当 } p \in \Omega, \\ 0, & \text{当 } p \notin \overline{\Omega}. \end{cases}$$

(2) (区域可加性) 若 Ω_1, Ω_2 为 Ω 中的两个不相交的开子集, 且 $p \notin f(\overline{\Omega} \setminus (\Omega_1 \bigcup \Omega_2))$, 则

$$\deg(f, \Omega, p) = \deg(f, \Omega_1, p) + \deg(f, \Omega_2, p).$$

(3) (同伦不变性) 设 $H : \overline{\Omega} \times [0,1] \to X$ 紧连续, 记 $h_t(x) = x - H(x,t)$. 再设 $p : [0,1] \to X$ 连续, 且当 $t \in [0,1]$ 时, $p(t) \notin h_t(\partial\Omega)$, 则

$$\deg(h_t, \Omega, p(t)) \text{ 与 } t \text{ 无关.}$$

证明　(1) 显然.

(2) 易知 $\Omega_0 = \overline{\Omega} \setminus (\Omega_1 \cup \Omega_2)$ 是闭集. 由 $p \notin f(\Omega_0)$ 及推论 2.3 得, 存在 $\epsilon > 0$ 使

$$\text{dist}\,(p, f(\Omega_0)) \geqslant \epsilon.$$

作 X_n 及 $F_n : \overline{\Omega} \to X_n$ 使 $p \in X_n$, 且

$$\sup_{x \in \overline{\Omega}} \|F(x) - F_n(x)\| < \epsilon.$$

记 $f_n = id - F_n$, 则根据定义 2.4.3 得

$$\deg\,(f, \Omega, p) = \deg\,(f_n, \Omega \cap X_n, p),$$
$$\deg\,(f, \Omega_1, p) = \deg\,(f_n, \Omega_1 \cap X_n, p),$$
$$\deg\,(f, \Omega_2, p) = \deg\,(f_n, \Omega_2 \cap X_n, p).$$

由于 $p \notin f_n(\Omega_0 \cap X_n)$, 根据 Brouwer 度的区域可加性得

$$\deg\,(f_n, \Omega \cap X_n, p) = \deg\,(f_n, \Omega_1 \cap X_n, p) + \deg\,(f_n, \Omega_2 \cap X_n, p).$$

所以,

$$\deg(f, \Omega, p) = \deg(f, \Omega_1, p) + \deg(f, \Omega_2, p).$$

(3) 由定义知, 若 $g(x) = f(x) - p$, 则 $\deg\,(f, \Omega, p) = \deg\,(g, \Omega, 0)$. 因此, 不妨设 $p(t) = p$. 由于 H 是两变元紧连续的, 故根据 $p \notin h_t(\partial \Omega)$ 的假设可得, 存在 $\epsilon > 0$, 使得

$$\inf_{x \in \partial \Omega, t \in [0,1]} \|p - h_t(x)\| \geqslant \epsilon.$$

由 $H : \overline{\Omega} \times [0, 1] \to X$ 是紧连续的, 根据定理 2.17, 可找到有限维子空间 X_n 以及连续映射 $H_n : \overline{\Omega} \times [0, 1] \to X_n$, 使得 $p \in X_n$, 且

$$\sup_{x \in \overline{\Omega}, t \in [0,1]} \|H(x, t) - H_n(x, t)\| < \epsilon.$$

记

$$h_{nt}(x) = x - H_n(x, t),$$

则当 $x \in \partial\Omega$, $t \in [0,1]$ 时

$$\|h_{nt}(x) - p\| \geqslant \|h_t(x) - p\| - \|h_t(x) - h_{nt}(x)\| > 0,$$

即 $p \notin h_{nt}(\partial\Omega)$. 利用 Brouwer 度的同伦不变性得, $\deg(h_{nt}, \Omega \cap X_n, p)$
与 t 无关. 又由 Leray-Schauder 度的定义知

$$\deg(h_t, \Omega, p) = \deg(h_{nt}, \Omega \cap X_n, p).$$

证毕.

定理 2.21   对全连续场 $f = id - F$, Leray-Schauder 度 $\deg(f, \Omega, p)$
具有如下性质:

(1) (切除性) 设 $K \subset \overline{\Omega}$ 是闭集, 且 $p \notin f(K)$, 则

$$\deg(f, \Omega, p) = \deg(f, \Omega \setminus K, p).$$

(2) (Kronecker 存在性定理) 当 $p \notin f(\overline{\Omega})$ 时, $\deg(f, \Omega, p) = 0$. 若
$\deg(f, \Omega, p) \neq 0$, 则方程 $f(x) = p$ 在 Ω 内存在解.

(3) (连通区性质) 当 p 在 $X \setminus f(\partial\Omega)$ 的一个连通区域内变动时,
$\deg(f, \Omega, p)$ 不变. 特别, 当 p 属于无界连通区域时 $\deg(f, \Omega, p) = 0$.

(4) (边界值性质) $\deg(f, \Omega, p)$ 只与 f 在 $\partial\Omega$ 上的值有关, 即若
$g : \overline{\Omega} \to X$ 为全连续场, 且 $g|_{\partial\Omega} = f|_{\partial\Omega}$, 则

$$\deg(f, \Omega, p) = \deg(g, \Omega, p).$$

(5) (Poincaré-Bohl 定理) 设 $f = id - F$, $g = id - G$ 是全连续场,
且当 $x \in \partial\Omega$ 时, p 不在 $f(x)$ 与 $g(x)$ 所连接的线段上, 则

$$\deg(f, \Omega, p) = \deg(g, \Omega, p).$$

(6) (锐角原理) 设 X 是 Hilbert 空间, $0 \in \Omega \subset X$, 当 $x \in \partial\Omega$ 时,
内积 $\langle x, f(x) \rangle > 0$, 则 $\deg(f, \Omega, 0) = 1$.

(7) (缺方向性) 若存在固定的 $x_0 \in X \setminus \{0\}$, $0 \notin f(\partial\Omega)$, 使得当
$x \in \partial\Omega$ 且 $\lambda > 0$ 时, $f(x) \neq \lambda x_0$, 则 $\deg(f, \Omega, 0) = 0$.

证明是容易的, 请读者自己给出.

定理 2.22 (乘积公式)　设 Ω, D 为 X 中的两个有界开集, $F : \overline{\Omega} \to X$ 全连续, $f = id - F$, $f(\overline{\Omega}) \subset D$; 又设 $G : \overline{D} \to X$ 全连续, $g = id - G$, 记 D_α 为 $D \backslash f(\partial\Omega)$ 的连通区域. 如果 $p \notin (g \circ f)(\partial\Omega) \cup g(\partial D)$, 则

$$\deg(g \circ f, \Omega, p) = \sum_\alpha \deg(g, D_\alpha, p) \deg(f, \Omega, D_\alpha),$$

其中 $\deg(f, \Omega, D_\alpha) = \deg(f, \Omega, q)$, $q \in D_\alpha$, 由连通区性质, 它与 q 的选择无关.

此定理的证明较长, 有兴趣的读者可参考其他著作 [1, 12, 15, 17].

§2.4.5　孤立零点的指数

设 X 为实 Banach 空间, $\Omega \subset X$ 是有界开集, $f = id - F : \overline{\Omega} \to X$ 是全连续场.

定义 2.4.4　若 $x_0 \in \Omega$ 是 f 的唯一零点, 则称

$$\text{index}\,(f, x_0) := \deg\,(f, \Omega, 0)$$

为该零点的**指数**.

根据切除性定理, 指标 $\text{index}\,(f, x_0)$ 只与 f 和 x_0 有关, 而与 Ω 的选择无关, 且容易证明下面的定理.

定理 2.23　设全连续场 $f = id - F : \overline{\Omega} \to X$ 在 $\partial\Omega$ 上没有零点, 且在 Ω 内只有有限多个零点 $x_1, \cdots, x_n$, 则有指数公式

$$\deg\,(f, \Omega, 0) = \sum_{i=1}^{n} \text{index}\,(f, x_i).$$

定理 2.24　设 x_0 是全连续场 $f = id - F : \overline{\Omega} \to X$ 在 Ω 内的零点, f 在 x_0 处是 Fréchet 可微的且 1 不是 $A := F'(x_0)$ 的特征值, 则 x_0 是 f 的孤立零点, 且

$$\text{index}\,(f, x_0) = \text{index}\,(id - A, 0) = (-1)^\beta,$$

其中 β 为全连续算子 A 在 $(1, \infty)$ 内所有特征值的代数重数之和.

证明　由假设知 $f(x_0) = 0, f'(x_0) = id - A$. 由 F- 可导的定义知, 在 x_0 的邻域 $B(x_0, \epsilon)$ 上, 有

$$f(x) = (id - A)(x - x_0) + R(x, x_0),$$

其中 $R(x, x_0) = o(\|x - x_0\|)$ 是全连续算子. 由于 1 不是 A 的特征值以及 A 是全连续线性算子, 存在 $m > 0$ 使得当 $x - x_0 \in X$ 时, 有

$$\|(id - A)(x - x_0)\| \geqslant m\|x - x_0\|.$$

因此, 当 ϵ 充分小及 $\|x - x_0\| \leqslant \epsilon$ 时, 有

$$\|R(x, x_0)\| < m\|x - x_0\|.$$

于是, x_0 是 f 的孤立零点, 且当 $t \in [0, 1]$, $0 \neq \|x - x_0\| \leqslant \epsilon$ 时, 有

$$\widetilde{h}_t(x) := (id - A)(x - x_0) + tR(x, x_0) \neq 0.$$

再由紧同伦不变性得

$$\text{index}\,(f, x_0) = \text{index}\,(id - A, 0).$$

下面证明: $\text{index}\,(id - A, 0) = (-1)^\beta$.

根据全连续线性算子的 Riesz-Schauder 理论, A 的非零特征值是孤立的. 因此, A 的大于 1 的特征值是有限个, 且对 A 的每一个非零特征值 λ, A 的不变子空间

$$N_\lambda = \bigcup_{n=1}^{\infty} \{x \in X : (\lambda id - A)^n x = 0\}$$

的维数有限, 它是 λ 的代数重数.

记 A 的大于 1 的实特征值的全体为 $\lambda_1, \cdots, \lambda_k$, 并记 $X_1 = \bigoplus_{i=1}^{k} N_{\lambda_i}$, 仍由 Riesz-Schauder 理论知, 存在 A 的不变闭子空间 X_2, 使得

$$X = X_1 \oplus X_2.$$

于是, 对任意 $x \in X$, 有唯一的分解

$$x = x_1 + x_2, \quad x_1 \in X_1,\ x_2 \in X_2.$$

在单位球 B 上, 设

$$h_t(x) := (2t - 1)x_1 + x_2 - tAx = x - H(x, t).$$

由于 X_1 是有限维子空间, 知 $H(x, t)$ 是紧连续的. 下证: 当 $x \in \partial B =:$ $S,\ t \in [0, 1]$ 时, $h_t(x) \neq 0$.

事实上, 用反证法, 若有 $x = x_1 + x_2 \in S, t \in [0, 1]$, 使得 $h_t(x) = 0$, 则有

$$(2t - 1)x_1 - tAx_1 = 0, \quad x_2 - tAx_2 = 0.$$

由于 A 在 X_2 上没有大于或等于 1 的特征值, 故 $x_2 = 0$. 另外, 由于 A 在 X_1 上的特征值都大于 1, 而当 $t \in (0, 1]$ 时, $\dfrac{2t - 1}{t} \leqslant 1$, 从而 $x_1 = 0$; 当 $t = 0$ 时, 同样有 $x_1 = 0$. 与 $x \in S$ 相矛盾.

根据紧同伦不变性, 得

$$\deg(id - A, B, 0) = \deg(h_1, B, 0) = \deg(h_0, B, 0).$$

这时, $h_0(x) = -x_1 + x_2$, 根据 Leray-Schauder 度的定义知

$$\deg(h_0, B, 0) = \deg(-id, X_1 \cap B, 0) = (-1)^\beta.$$

证毕.

§2.5　不动点定理

假设 X 是实 Banach 空间, $\Omega \subset X$ 是有界开集, $f = id - F : \overline{\Omega} \to X$ 是全连续场, $\deg(f, \Omega, p)$ 是 Leray-Schauder 度.

§2.5.1　Leray-Schauder 不动点定理

定理 2.25 (Leray-Schauder)　设 $\Omega \subset X$ 是包含原点的有界开集, $F : \overline{\Omega} \to X$ 紧连续, 且满足 Leray-Schauder 边界条件: 当 $x \in \partial\Omega, \lambda > 1$ 时, $F(x) \neq \lambda x$, 则 F 在 $\overline{\Omega}$ 上至少有一个不动点.

证明　记 $f = id - F$, 则只要证明 f 在 $\overline{\Omega}$ 上必有零点. 不妨设 f 在 $\partial\Omega$ 上无零点, 否则结论自然成立. 记

$$h_t(x) = x - tF(x), \quad x \in \overline{\Omega}, \ t \in [0,1],$$

则 $h_t(x)$ 是两变元的全连续场, 且根据 Leray-Schauder 边界条件知, 当 $x \in \partial\Omega$ 且 $t \in [0,1]$ 时, $h_t(x) \neq 0$. 由同伦不变性及规范性得

$$\deg(f, \Omega, 0) = \deg(id, \Omega, 0) = 1.$$

再由 Kronecker 存在定理, f 在 Ω 内必有零点. 证毕.

注　边界条件可以改写成: 当 $x \in \partial\Omega$, $\mu \in [0,1)$ 时, $x \neq \mu F(x)$. 这条件的验证通常由先验估计来完成, 即, 如果方程 $x = \mu F(x)(\mu \in [0,1))$ 在 $\overline{\Omega}$ 上有解, 则 x 一定在 Ω 的内部.

推论 2.4 (Leray-Schauder 定理)　设 $D \subset X$ 是有界闭凸子集, 且含有内点, $F : D \to X$ 全连续, 且 $F(\partial D) \subset D$, 则 F 在 D 上有不动点.

证明　因为 D 含有内点, 不妨设 0 是 D 的内点. 从 $F(\partial D) \subset D$ 及 D 的凸性可以推得, 当 $x \in \partial D, \lambda > 1$ 时, 必有 $F(x) \neq \lambda x$. 由定理 2.25 知, F 在 D 上有不动点. 证毕.

推论 2.5　设 $\Omega \subset X$ 是有界开集, $0 \in \Omega$, $F : \overline{\Omega} \to X$ 全连续. 如果下列条件之一满足:

(1) Rothe 条件: 当 $x \in \partial\Omega$ 时, $\|F(x)\| \leqslant \|x\|$;

(2) Krasnosel'skii 条件: X 为内积空间, 当 $x \in \partial\Omega$ 时,

$$\langle F(x), x \rangle \leqslant \|x\|^2,$$

则 F 在 $\overline{\Omega}$ 上必有不动点.

事实上, 从条件 (1), (2) 都能推得 Leray-Schauder 边界条件满足. 由定理 2.25 的证明知, 在推论的条件下, 有 $\deg(id - F, \Omega, 0) = 1$.

上面的 Leray-Schauder 定理中有 Ω 具有内点这一条件, 下面想去掉这一条件. 为此, 需要一些拓扑中的概念和结论.

定义 2.5.1　设 A, B 是拓扑空间 X 的两个子集, $A \subset B$. 如果存在连续映射 $r : B \to A$, 使得当 $x \in A$ 时, $r(x) = x$, 则称 A 是 B 的**收缩核**, 而称 r 为**保核收缩**.

关于收缩核, 我们有如下的定理.

定理 2.26　设 $D \subset X$ 是闭凸子集, 则 D 是 X 的收缩核.

定理 2.26 的证明可以在相关书籍中找到 [2].

定理 2.27 (Leray-Schauder 不动点定理)　设 $D \subset X$ 是有界闭凸子集, $F : D \to D$ 全连续, 则 F 在 D 上必有不动点.

证明　设 $B_R(0)$ 是以 0 为中心以 R 为半径的球, 使当 R 充分大时, 有 $D \subset B_R(0)$. 由定理 2.26 知, D 是 $B_R(0)$ 的收缩核, 其保核收缩为 r. 让 $\widetilde{F} : B_R(0) \to D$ 定义为

$$\widetilde{F} = F \circ r,$$

则 x 是 $\widetilde{F}$ 的不动点的充要条件是 x 是 F 的不动点. 容易知道, $\widetilde{F}$ 紧连续, 且 $\widetilde{F}(\partial B_R(0)) \subset D \subset B_R(0)$. 由推论 2.4 知, $\widetilde{F}$ 在 $B_R(0)$ 上有不动点 x_0, 即 $\widetilde{F}(x_0) = F(r(x_0)) = x_0 \in D$. 再由 r 的定义得 $r(x_0) = x_0$. 所以, $F(x_0) = x_0$. 证毕.

作为应用, 我们来证明常微分方程中的一个基本存在性定理.

例 2.5 (Peano 定理)　设初值问题

$$(E): \qquad \frac{dy}{dx} = f(x, y), \quad y(x_0) = y_0,$$

其中 $f(x, y)$ 在矩形区域

$$R: \quad |x - x_0| \leqslant a, \quad \|y - y_0\| \leqslant b$$

内连续, 则初值问题 (E) 在区间 $|x - x_0| \leqslant h$ 上至少有一个解 $y = \phi(x)$, 其中 $h = \min\left(a, \dfrac{b}{M}\right), M = \max\limits_{(x,y)\in R} \|f(x, y)\|$.

证明   设 $C = C(J, \mathbb{R}^n)$ 表示定义在区间 $J = [x_0 - h, x_0 + h]$ 上一切连续的向量函数 $\varphi(x)$ 所构成的空间. 定义范数

$$\|\varphi\| := \max\{|\varphi(x)| : x \in J\},$$

则容易验证 C 是一 Banach 空间.

考虑空间 C 的一个子集合

$$K := \{y(\cdot) \in C : \|y(\cdot) - y_0\| \leqslant Mh\}.$$

易知, K 是 C 的一个凸闭集. 在 K 上定义映射

$$(Ty)(x) = y_0 + \int_{x_0}^{x} f(s, y(s))ds, \quad y(\cdot) \in K,$$

则有

$$|(Ty)(x) - y_0| = \left|\int_{x_0}^{x} f(s, y(s))ds\right| \leqslant Mh, \quad x \in J,$$

即有

$$\|(Ty)(\cdot) - y_0\| \leqslant Mh. \tag{2.22}$$

由此得 $T(K) \subset K$, 这说明 T 是 K 到它自身的一个算子.

我们再证明 T 在 K 上是全连续的. 设 $y^*(\cdot), y_k(\cdot) \in K(k = 1, 2, \cdots)$ 且 $y_k(\cdot) \to y^*(\cdot)$, 因而 $y_k(x)$ 在 J 上一致收敛于 $y^*(x)$. 由

$$(Ty_k)(x) = y_0 + \int_{x_0}^{x} f(s, y_k(s))ds,$$

令 $k \to \infty$ 得

$$(Ty_k)(x) \to y_0 + \int_{x_0}^{x} f(s, y^*(s))ds = (Ty^*)(x),$$

在 J 上一致地成立. 故 T 在 K 上连续. 进而, 对任一 $y(\cdot) \in K$ 和任意的 $x_1, x_2 \in J$, 有

$$|(Ty)(x_1) - (Ty)(x_2)| = \left| \int_{x_1}^{x_2} f(s, y(s))ds \right| \leqslant M|x_1 - x_2|.$$

所以 $T(K)$ 作为定义在 J 上的函数族是等度连续的. 此外, 由 (2.22) 看出这个函数族在 J 上是一致有界的. 由 Ascoli-Arzela 定理知, $T(K)$ 是相对紧致的.

由 Schauder 不动点定理, 必存在一个 $\phi(\cdot) \in K$, 使得 $(T\phi)(\cdot) = \phi(\cdot)$, 即

$$\phi(x) = y_0 + \int_{x_0}^{x} f(s, \phi(s))ds, \quad x \in J.$$

所以, 初值问题 (E) 在区间 J 上至少有一个解. 证毕.

定理 2.28 (Krasnosel'skii 不动点定理)　设 $D \subset X$ 是非空有界闭凸子集, T, S 是 D 到 X 的两个映射, 满足:

(1) S 是连续的且 $S(D)$ 被包含在 X 的紧子集中;

(2) T 是压缩映射, 压缩常数为 $\alpha < 1$;

(3) 对任意的 $x, y \in D$, 都有 $Tx + Sy \in D$,

则存在 $x_0 \in D$ 使得 $Sx_0 + Tx_0 = x_0$.

证明　对任意的 $z \in S(D)$, $T + z : D \to D$ 是压缩映射. 于是, $Tx + z = x$ 有唯一的不动点 $x = \tau(z) \in D$. 从而, 对任意的 $z_1, z_2 \in S(D)$, 有

$$T(\tau(z_1)) + z_1 = \tau(z_1), \quad T(\tau(z_2)) + z_2 = \tau(z_2).$$

容易得到

$$\|\tau(z_1) - \tau(z_2)\| \leqslant \|z_1 - z_2\| + \|T(\tau(z_1)) - T(\tau(z_2))\|$$
$$\leqslant \|z_1 - z_2\| + \alpha\|\tau(z_1) - \tau(z_2)\|.$$

由此得到

$$\|\tau(z_1) - \tau(z_2)\| \leqslant \frac{1}{1 - \alpha}\|z_1 - z_2\|.$$

所以, $\tau : S(D) \to D$ 连续. 因为 S 在 D 上全连续, 所以 $\tau S : D \to D$ 全连续. 由 Leray-Schauder 不动点定理, 存在 $x_0 \in D$, 使得 $\tau S(x_0) = x_0$. 因为

$$T(\tau(S(x_0))) + S(x_0) = \tau(S(x_0)),$$

所以, $Tx_0 + Sx_0 = x_0$. 证毕.

§2.5.2 范数形式的拉伸与压缩不动点定理

先证明一个引理.

引理 2.12 设 X 是无穷维实 Banach 空间, $\Omega \subset X$ 是有界开集, $F : \overline{\Omega} \to X$ 全连续, 且满足

(1) $\inf\limits_{x \in \partial\Omega} \|F(x)\| > 0$;

(2) $F(x) = \mu x,\ x \in \partial\Omega \Longrightarrow \mu \notin (0, 1]$,

则 $\deg(id - F, \Omega, 0) = 0$.

证明 首先断言:

$$\inf_{x \in \partial\Omega, 0 \leqslant \mu \leqslant 1} \|\mu x - F(x)\| =: \alpha > 0.$$

用反证法. 假设存在 $x_n \in \partial\Omega,\ \mu_n \in [0, 1]$, 满足 $\|\mu_n x_n - F(x_n)\| \to 0 (n \to \infty)$. 因 F 全连续且 $\{\mu_n\}$ 有界, 可取子列使得 $\mu_{n_k} \to \mu_0$, $F(x_{n_k}) \to y_0$. 易知, $\mu_0 > 0$. 于是 $x_{n_k} \to \frac{1}{\mu_0} y_0 =: x_0 \in \partial\Omega$. 从而, $\mu_0 x_0 = F(x_0),\ 0 < \mu_0 \leqslant 1$, 矛盾.

取 X 的有限维子空间 X_n 及连续有界映射 $F_n : \overline{\Omega} \to X_n$, 使得

$$\sup_{x \in \overline{\Omega}} \|F(x) - F_n(x)\| < \alpha.$$

因 X 是无穷维空间, 取 $y_{n+1} \in X \setminus X_n$ 且 $\|y_{n+1}\| = 1$. 用 X_{n+1} 表示由 X_n 与 y_{n+1} 张成的子空间, 可视 $F_n : \overline{\Omega} \to X_{n+1}$. 根据 Leray-Schauder 度的定义, 有

$$\deg(id - F, \Omega, 0) = \deg(id - F_n, \Omega_{n+1}, 0),$$

其中 $\Omega_{n+1} = X_{n+1} \bigcap \Omega$. 由条件以及断言知, 当 $x \in \partial\Omega_{n+1}$, $0 \leqslant \mu \leqslant 1$ 时有

$$\|\mu x - F_n(x)\| \geqslant \|\mu x - F(x)\| - \|F(x) - F_n(x)\| > 0.$$

所以, $id - F_n$ 与 $-F_n$ 在 Ω_{n+1} 上同伦. 因此有

$$\deg(id - F_n, \Omega_{n+1}, 0) = \deg(-F_n, \Omega_{n+1}, 0).$$

由 Brouwer 度的降维性质知, $\deg(-F_n, \Omega_{n+1}, 0) = 0$. 证毕.

推论 2.6　假设 Ω 是无穷维实 Banach 空间 X 中有界开集, $0 \notin \partial\Omega$. 如果 $F : \overline{\Omega} \to X$ 全连续, 且满足

$$\|F(x)\| \geqslant \|x\|, \ F(x) \neq x, \quad \forall x \in \partial\Omega,$$

则 $\deg(id - F, \Omega, 0) = 0$.

证明　引理 2.12 的条件 (1) 显然成立. 下证引理 2.12 的条件 (2) 也成立. 用反证法. 假设存在 $x_0 \in \partial\Omega$, $0 < \mu_0 \leqslant 1$ 使得 $F(x_0) = \mu_0 x_0$, 则有

$$\mu_0 \neq 1, \ x_0 \neq 0, \ \|F(x_0)\| = \mu_0 \|x_0\| < \|x_0\|,$$

矛盾. 证毕.

定理 2.29 (范数形式的拉伸与压缩不动点定理)　假设 Ω_1 与 Ω_2 是无穷维实 Banach 空间 X 中两个有界开集以及 $0 \in \Omega_1, \overline{\Omega}_1 \subset \Omega_2$, $F : \overline{\Omega}_2 \setminus \Omega_1 \to X$ 全连续. 如果下面两条件之一成立:

(H_1) $x \in \partial\Omega_1 \Rightarrow \|F(x)\| \leqslant \|x\|$, $x \in \partial\Omega_2 \Rightarrow \|F(x)\| \geqslant \|x\|$ (拉伸);

(H_2) $x \in \partial\Omega_1 \Rightarrow \|F(x)\| \geqslant \|x\|$, $x \in \partial\Omega_2 \Rightarrow \|F(x)\| \leqslant \|x\|$ (压缩);

那么 F 在 $\overline{\Omega}_2 \setminus \Omega_1$ 中至少有一个不动点.

证明　由延拓定理, 可将 F 延拓成 $\overline{\Omega}_2 \to X$ 的全连续映射. 可以假设 $F(x) \neq x$, $\forall x \in \partial\Omega_1 \bigcup \partial\Omega_2$.

假设条件 (H_1) 成立, 由推论 2.6 和 2.5, 得

$$\deg(id - F, \Omega_2, 0) = 0, \ \deg(id - F, \Omega_1, 0) = 1.$$

由区域可加性, 得

$$\deg(id - F, \Omega_2 \setminus \overline{\Omega}_1, 0) = \deg(id - F, \Omega_2, 0) - \deg(id - F, \Omega_1, 0) = -1.$$

由 Kronecker 存在性定理知, F 在 $\Omega_2 \setminus \overline{\Omega}_1$ 中有不动点.

如果条件 (H_2) 成立, 同理有

$$\deg(id - F, \Omega_2 \setminus \overline{\Omega}_1, 0) = \deg(id - F, \Omega_2, 0) - \deg(id - F, \Omega_1, 0) = 1.$$

由 Kronecker 存在性定理知, F 在 $\Omega_2 \setminus \overline{\Omega}_1$ 中有不动点. 证毕.

注 定理 2.29 对有限维空间 X 的情形是不成立的. 例如, 在 $\mathbb{R}^2$ 中考虑 $\Omega_1 = \{(x, y) : x^2 + y^2 < r_1^2\}$, $\Omega_2 = \{(x, y) : x^2 + y^2 < r_2^2\}$ $(0 < r_1 < r_2)$. 用复数 $z = x + iy = re^{i\theta}$ 表示 $\mathbb{R}^2$ 中的点 (x, y). 设 $F(z) = z_1$, $z_1 = re^{i(\theta + \frac{\pi}{4})}$. 显然, $F : \mathbb{R}^2 \to \mathbb{R}^2$ 连续有界 (全连续), 在 $\partial\Omega_1$ 上恒有 $\|F(z)\| = r_1 = \|z\|$, 在 $\partial\Omega_2$ 上恒有 $\|F(z)\| = r_2 = \|z\|$, 但显然 F 在 $\overline{\Omega}_2 \setminus \Omega_1$ 中没有不动点.

§2.5.3 Borsuk 定理

定理 2.30 (Borsuk) 设 $\Omega \subset X$ 是包含原点的有界开集且关于原点对称, $f = id - F : \overline{\Omega} \to X$ 为全连续场, 满足当 $x \in \partial\Omega, t \in [0, 1]$ 时, $f(x) \neq tf(-x)$, 则 $\deg(f, \Omega, 0)$ 是奇数, 从而 F 在 Ω 内有不动点.

证明 记

$$H(x, t) = \frac{1}{1+t}F(x) - \frac{t}{1+t}F(-x),$$
$$h_t(x) = x - H(x, t) = \frac{1}{1+t}f(x) - \frac{t}{1+t}f(-x),$$

则 $H : \overline{\Omega} \times [0, 1] \to X$ 紧连续. 根据假设, 当 $x \in \partial\Omega, t \in [0, 1]$ 时, $h_t(x) \neq 0$; 当 $t = 0$ 时, $h_0 = f$; 当 $t = 1$ 时, $h_1(x) = g(x) = x - G(x) = \frac{1}{2}f(x) - \frac{1}{2}f(-x)$. 由紧同伦不变性得

$$\deg(f, \Omega, 0) = \deg(g, \Omega, 0).$$

由于 g 在 Ω 上是奇映射, 故 G 在 Ω 上奇. 利用定理 2.17 得, 存在有限维子空间 X_n 及连续映射 $G_n : \overline{\Omega} \to X_n$ 使得

$$\sup_{x \in \overline{\Omega}} \|G(x) - G_n(x)\| < \epsilon = \mathrm{dist}\,(0, g(\partial\Omega)) > 0.$$

记

$$\widetilde{G}_n(x) = \frac{1}{2}(G_n(x) - G_n(-x)),$$

则 $\widetilde{G}_n$ 是奇映射, 且

$$\begin{aligned}
\sup_{x \in \overline{\Omega}} \|G(x) - \widetilde{G}_n(x)\| \leqslant &\frac{1}{2}\sup_{x \in \overline{\Omega}} \|G(x) - G_n(x)\| \\
&+ \frac{1}{2}\sup_{x \in \overline{\Omega}} \|G(-x) - G_n(-x)\| < \epsilon.
\end{aligned}$$

令

$$g_n(x) = x - \widetilde{G}_n(x),$$

则根据 Leray-Schauder 度的定义及 Borsuk 定理得

$$\deg\,(g, \Omega, 0) = \deg\,(g_n, \Omega \cap X_n, 0) = 奇数.$$

所以, $\deg\,(f, \Omega, 0) = $ 奇数. 证毕.

推论 2.7 设 $\Omega \subset X$ 是包含原点的有界开集且关于原点对称, $F : \overline{\Omega} \to X$ 全连续且满足: 当 $x \in \partial\Omega = S$ 时, $F(-x) = -F(x)$, 则 F 在 $\overline{\Omega}$ 上必有不动点.

证明 若 F 在 S 上有不动点, 则结论自然成立. 于是, 不妨设 F 在 S 上没有不动点. 记 $f = id - F$, 则 f 是 $\overline{\Omega}$ 上的全连续场, 且当 $x \in S$ 时, $f(-x) = -f(x)$, 且 $f(x) \neq 0$. 所以, 当 $x \in S, t \in [0,1]$ 时, $tf(-x) = -tf(x) \neq f(x)$. 由定理 2.30 得, F 在 Ω 内有不动点. 证毕.

类似地, 我们也可以证明.

定理 2.31 设 $\Omega \subset X$ 是开集, $f = id - F : \Omega \to X$ 是全连续场且局部一一的, 则 f 是开映射.

§2.6 锥映射的拓扑度

本节中总假设 K 是 Banach 空间 X 中的闭锥. 由拓扑学中定理知, K 是 X 的收缩核, 即存在连续映射 $r : X \to K$ 且当 $x \in K$ 时, $r(x) = x$.

定义 2.6.1 设 K 是 Banach 空间 X 中的闭锥, $D \subset X$. 若 $F(D) \subset K$, 则称映射 $F : D \to K$ 为**锥映射**.

下面我们假设 $D \subset K$ 是 K 中的有界开集 (指相对开集, 其中 K 的度量由 X 的范数诱导出来), $F : D \to K$ 是锥映射, 且是全连续的. 记 $f = id - F$. 假设 $0 \notin f(\partial D)$, 其中 ∂D 是 D 的相对于 K 的边界. 取 R 充分大, 使 $D \subset B_R(0)$ (中心在 0 点半径为 R 的球), 我们有下面锥映射拓扑度的定义.

定义 2.6.2

$$\deg_K(id - F, D, 0) = \deg(id - F \circ r, B_R(0) \cap r^{-1}(D), 0).$$

在意义明确时, 可简记为 $\deg(f, D, 0)$.

我们也用记号

$$i(F, D, K) := \deg_K(id - F, D, 0),$$

称作 F 在 D 上关于 K 的**不动点指数**. 容易看出, $F \circ r : B_R(0) \cap r^{-1}(D) \to K$ 是全连续的. 为了说明定义的合理性, 首先需要说明 $0 \notin (id - F \circ r)(\partial(B_R(0) \cap r^{-1}(D)))$. 事实上, 若存在 $x \in \partial(B_R(0) \cap r^{-1}(D))$ 使得 $x = F \circ r(x)$, 则 $x \in K$. 于是, $x = F(x)$, 且 $x \in K \cap \partial(B_R(0) \cap r^{-1}(D))$, 推得 $x \in \partial D$. 矛盾. 因而, Leray-Schauder 度

$$\deg(id - F \circ r, B_R(0) \cap r^{-1}(D), 0) \tag{2.23}$$

有定义. 其次, 我们还需要说明表达式 (2.23) 的值与 r, R 的选取无关.

引理 2.13 表达式 (2.23) 的值与 r, R 的选取无关.

证明　(1) 先证不随 R 的选取而改变. 设另有实数 R_1, 使得 $D \subset B_{R_1}(0)$. 不妨假设 $R_1 > R$. 容易知道 $F \circ r$ 的不动点均属于 D, 而 $D \subset B_R(0) \cap r^{-1}(D) \subset B_{R_1}(0) \cap r^{-1}(D)$. 于是, $F \circ r$ 在 $\overline{B_{R_1}(0) \cap r^{-1}(D)} \setminus (B_R(0) \cap r^{-1}(D))$ 上没有不动点. 由 Leray-Schauder 度的切除性知

$$\deg(id - F \circ r, B_{R_1}(0) \cap r^{-1}(D), 0) = \deg(id - F \circ r, B_R(0) \cap r^{-1}(D), 0).$$

(2) 证明不随保核收缩的选取而变. 假设 $r_1 : X \to K$ 是另一保核收缩. 往证:

$$\deg(id - F \circ r_1, B_R(0) \cap r_1^{-1}(D), 0) = \deg(id - F \circ r, B_R(0) \cap r^{-1}(D), 0). \tag{2.24}$$

记 $U = B_R(0) \cap r^{-1}(D) \cap r_1^{-1}(D)$, 则 U 是 X 中的开集, 且 $D \subset U$. 于是, $F \circ r$ 在 $\overline{B_R(0) \cap r^{-1}(D)} \setminus U$ 上没有不动点, $F \circ r_1$ 在 $\overline{B_R(0) \cap r_1^{-1}(D)} \setminus U$ 上没有不动点. 因此,

$$\begin{aligned} \deg(id - F \circ r, B_R(0) \cap r^{-1}(D), 0) &= \deg(id - F \circ r, U, 0), \\ \deg(id - F \circ r_1, B_R(0) \cap r_1^{-1}(D), 0) &= \deg(id - F \circ r_1, U, 0). \end{aligned} \tag{2.25}$$

记

$$H(x, t) = r(tF(r(x)) + (1 - t)F(r_1(x))).$$

显然 $H : \overline{U} \times [0,1] \to X$ 全连续. 断言: 当 $(x, t) \in \partial U \times [0,1]$ 时, 有 $H(x, t) \neq x$. 事实上, 若存在 $(x_0, t_0) \in \partial U \times [0,1]$, 使得 $H(x_0, t_0) = x_0$, 即 $r(t_0 F(r(x_0)) + (1 - t_0)F(r_1(x_0))) = x_0$. 于是 $x_0 \in K$, $r(x_0) = x_0$, $r_1(x_0) = x_0$, $x_0 = r(t_0 F(x_0) + (1 - t_0)F(x_0)) = r(F(x_0)) = F(x_0)$. 从而, $x_0 \in D \subset U$, 与 $x_0 \in \partial U$ 矛盾.

由于 $U \subset \overline{r^{-1}(D)} \cap \overline{r_1^{-1}(D)} \subset r^{-1}(\overline{D}) \cap r_1^{-1}(\overline{D})$, 故当 $x \in U$ 时 $r(x) \in \overline{D}$, $r_1(x) \in \overline{D}$. 从而

$$H(x, 0) = r(F(r_1(x))) = F(r_1(x)), \quad H(x, 1) = r(F(r(x))) = F(r(x)).$$

由 Leray-Schauder 度的同伦不变性, 得

$$\deg(id - F \circ r_1, U, 0) = \deg(id - F \circ r, U, 0).$$

由 (2.25) 知 (2.24) 成立. 证毕.

上面已说明了定义锥映射拓扑度的合理性, 下面介绍它的一些性质和应用.

定理 2.32   锥映射拓扑度 $\deg(f, D, 0)$ 满足如下的基本性质:

(i) (规范性) 设 $x_0 \in D$, 则 $\deg(id - x_0, D, 0) = 1$;

(ii) (区域可加性) 设 D_1, D_2 是 D 的不交的相对开子集, $F: \overline{D} \to K$ 全连续, $f = id - F$, 且 $0 \notin f(\overline{D} \setminus (D_1 \cup D_2))$, 则

$$\deg(f, D, 0) = \deg(f, D_1, 0) + \deg(f, D_2, 0);$$

(iii) (紧同伦不变性) 设 $H: \overline{D} \times [0,1] \to K$ 紧连续, 且当 $x \in \partial D, t \in [0,1]$ 时, $h_t(x) = x - H(x, t) \neq 0$, 则 $\deg(h_t, D, 0)$ 与 t 无关.

证明   (i) 设 $F: \overline{D} \to K$ 是常值算子, 即 $F(x) = x_0$. 当 $x \in \overline{B_R(0) \cap r^{-1}(D)}$ 时, $(id - F \circ r)(x) = x - x_0$ 且 $x_0 \in D \subset B_R(0) \cap r^{-1}(D)$. 由 Leray-Schauder 度的性质知

$$\deg(id - F \circ r, B_R(0) \bigcap r^{-1}(D), 0)$$
$$= \deg(id - x_0, B_R(0) \bigcap r^{-1}(D), 0)$$
$$= \deg(id, B_R(0) \bigcap r^{-1}(D), x_0) = 1.$$

(ii) 易知 $F \circ r$ 在 $\overline{B_R(0) \bigcap r^{-1}(D)} \setminus ((B_R(0) \bigcap r^{-1}(D_1)) \bigcup (B_R(0) \bigcap r^{-1}(D_2)))$ 上没有不动点, 而且 $B_R(0) \bigcap r^{-1}(D_1)$ 与 $B_R(0) \bigcap r^{-1}(D_2)$ 互不相交. 由 Leray-Schauder 度的区域可加性, 得

$$\deg(id - F \circ r, B_R(0) \bigcap r^{-1}(D), 0)$$
$$= \deg(id - F \circ r, B_R(0) \bigcap r^{-1}(D_1), 0)$$
$$+ \deg(id - F \circ r, B_R(0) \bigcap r^{-1}(D_2), 0).$$

(iii) 考察 $H(r(x), t): \overline{(B_R(0) \cap r^{-1}(D))} \times [0,1] \to K$. 显然它是全连续的. 断言: 当 $x \in \partial(B_R(0) \bigcap r^{-1}(D))$ 且 $t \in [0,1]$ 时, 有 $H(r(x), t) \neq x$.

事实上, 若存在 $x_0 \in \partial(B_R(0) \cap r^{-1}(D))$ 和 $t_0 \in [0,1]$, 使得 $H(r(x_0), t_0) = x_0$. 则 $r(x_0) \in \overline{D}$, $x_0 = H(r(x_0), t_0) \in K$. 从而, $r(x_0) = x_0$, $H(x_0, t_0) = x_0$. 此时又可以知道 $x_0 \in \partial D$. 矛盾.

由 Leray-Schauder 度的同伦不变性, 知

$$\deg\left(id - H(r(\cdot), t), B_R(0) \bigcap r^{-1}(D), 0\right)$$

与 t 无关. 证毕.

定理 2.33　设 D 是 K 中的有界开集, $F: \overline{D} \to K$ 紧连续, $f = id - F$. 若存在 $x_0 \in D$, 使得当 $x \in \partial D$, $\lambda \geqslant 1$ 时,

$$F(x) - x_0 \neq \lambda(x - x_0),$$

则 $\deg(f, D, 0) = 1$.

证明　记 $h_t(x) = x - [x_0 + t(F(x) - x_0)], x \in \overline{D}, t \in [0,1]$, 则当 $x \in \partial D$, $t \in [0,1]$ 时, $h_t(x) \neq 0$. 由紧同伦不变性和规范性得

$$\deg(f, D, 0) = \deg(h_1, D, 0) = \deg(h_0, D, 0) = 1.$$

证毕.

推论 2.8　设 D 是 K 中的有界开集, $0 \in D$. 再设 $F: \overline{D} \to K$ 全连续, 且满足

$$F(x) \not\geqslant x, \quad x \in \partial D, \tag{2.26}$$

则 $\deg(id - F, D, 0) = 1$.

证明　取 $x_0 = 0$, 由 (2.26) 知, 当 $x \in \partial D$, $\lambda \geqslant 1$ 时, $F(x) \neq \lambda x$. 由定理 2.33 得

$$\deg(id - F, D, 0) = 1.$$

证毕.

定理 2.34 设 D 是 K 中的有界开集, $F : \overline{D} \to K$ 全连续. 若存在 $p \in K \setminus \{0\}$ 使得当 $x \in \partial D, \lambda \geqslant 0$ 时, $x - F(x) \neq \lambda p$, 则

$$\deg(id - F, D, 0) = 0.$$

证明 取 λ_0 满足 $\lambda_0 > \|p\|^{-1} \sup_{x \in \overline{D}} \|x - F(x)\|$. 记 $h_t(x) = x - F(x) - t\lambda_0 p$, 则当 $x \in \overline{D}$, $t \geqslant 0$ 时, $F(x) + t\lambda_0 p \in K$, 且当 $x \in \partial D$, $0 \leqslant t \leqslant 1$ 时, $h_t(x) \neq 0$. 因此, $\deg(h_t, D, 0)$ 有意义. 根据紧同伦不变性知

$$\deg(id - F, D, 0) = \deg(h_0, D, 0) = \deg(h_1, D, 0).$$

又对任何 $x \in \overline{D}$, 有

$$x - F(x) \neq \lambda_0 p.$$

所以, $\deg(h_1, D, 0) = 0$. 证毕.

推论 2.9 设 D 是 K 中的有界开集, $F : \overline{D} \to K$ 全连续且满足

$$F(x) \not\leqslant x, \quad x \in \partial D, \tag{2.27}$$

则 $\deg(id - F, D, 0) = 0$.

证明 取 $p \in K \setminus \{0\}$, 则 (2.27) 保证了当 $x \in \partial D$ 时

$$x - F(x) \neq tp, \quad t \geqslant 0.$$

由定理 2.34 得 $\deg(id - F, D, 0) = 0$. 证毕.

定理 2.35 设 D_1, D_2 是 K 中的有界开集, $\overline{D_1} \subset D_2$, 且 $0 \in D_1$. 设 $F : \overline{D_2} \to K$ 全连续, 且满足下列两个条件之一:

(i) 锥压缩条件:

$$F(x) \not\leqslant x, \quad x \in \partial D_1,$$
$$F(x) \not\geqslant x, \quad x \in \partial D_2;$$

(ii) 锥拉伸条件:

$$F(x) \ngeqslant x, \quad x \in \partial D_1,$$
$$F(x) \nleqslant x, \quad x \in \partial D_2,$$

则 F 在 $\overline{D}_2 \setminus D_1$ 上有不动点.

证明　不妨设 F 在 $\partial D_1 \cup \partial D_2$ 上无不动点, 记 $f = id - F$, 则 $\deg(f, D_i, 0), i = 1, 2$ 及 $\deg(f, D_2 \setminus \overline{D}_1, 0)$ 均有意义, 且

$$\deg(f, D_2 \setminus \overline{D}_1, 0) = \deg(f, D_2, 0) - \deg(f, D_1, 0).$$

当条件 (i) 成立时, 由推论 2.8 和推论 2.9 分别可推得

$$\deg(f, D_2, 0) = 1, \quad \deg(f, D_1, 0) = 0.$$

当条件 (ii) 成立时, 同理可得

$$\deg(f, D_2, 0) = 0, \quad \deg(f, D_1, 0) = 1.$$

从而,

$$\deg(f, D_2 \setminus \overline{D}_1, 0) \neq 0.$$

所以, f 在 $D_2 \setminus \overline{D}_1$ 内有零点. 证毕.

引理 2.14　设 K 是 Banach 空间 X 中的闭锥, C 是 K 中的紧子集, 且 $0 \notin C$, 则 $0 \notin \overline{\operatorname{conv}} C$ (C 的凸闭包).

证明　根据定理 1.40 的结论 (iii), 对每一个 $x \in C$, 存在 $f_x \in K^*$, 使得 $f_x(x) \geqslant 1$. 从而, 存在 x 的小邻域 $B(x, \epsilon_x)$, 使得当 $y \in B(x, \epsilon_x)$ 时, $f_x(y) \geqslant \dfrac{1}{2}$. 因为 C 紧及 $\{B(x, \epsilon_x) : x \in C\}$ 是 C 的一个开覆盖, 故存在有限个 $B(x_i, \epsilon_{x_i}), i = 1, 2, \cdots, n$, 使得 $C \subset \bigcup\limits_{i=1}^{n} B(x_i, \epsilon_{x_i})$. 令 $f = \sum\limits_{i=1}^{n} f_{x_i}$, 则 $f \in K^*$, 且对每一个 $x \in C$, 由于存在某个 $i, 1 \leqslant i \leqslant n$,

使得 $x \in B(x_i, \epsilon_{x_i})$, 故

$$f(x) = \sum_{j=1}^{n} f_{x_j}(x) \geqslant f_{x_i}(x) \geqslant \frac{1}{2}.$$

因此, 对 C 中任何有限个元素 $y_1, \cdots, y_m$ 的凸组合

$$y = \sum_{i=1}^{m} \alpha_i y_i, \quad 0 \leqslant \alpha_i \leqslant 1, \sum_{i=1}^{m} \alpha_i = 1,$$

都有

$$f(y) = \sum_{i=1}^{m} \alpha_i f(y_i) \geqslant \frac{1}{2}.$$

从而, 对任何 $y \in \overline{\mathrm{conv}}\,C$ 都有 $f(y) \geqslant \frac{1}{2}$. 于是 $0 \notin \overline{\mathrm{conv}}\,C$. 证毕.

定理 2.36   设 D_1, D_2 是 K 中的两个有界开集, $\overline{D}_1 \subset D_2$, 且 $0 \in D_1$. 如果 $F : \overline{D}_2 \to K$ 全连续, 且满足

(i) 当 $\lambda > 1, x \in \partial D_2$ 时, $F(x) \neq \lambda x$;

(ii) 当 $0 < \lambda < 1, x \in \partial D_1$ 时, $F(x) \neq \lambda x$;

(iii) $\inf\limits_{x \in \partial D_1} \|F(x)\| > 0$,

则 F 在 $\overline{D}_2 \setminus D_1$ 上有不动点.

证明   不妨设 F 在 $\partial D_1 \cup \partial D_2$ 上没有不动点, 由条件 (i) 和定理 2.33 得, $\deg\,(id - F, D_2, 0) = 1$.

另一方面, 由 Dugundji 延拓定理可得, 存在全连续映射 $F_1 : \overline{D}_1 \to \overline{\mathrm{conv}}\,\{F(x) : x \in \partial D_1\}$ 使得当 $x \in \partial D_1$ 时, $F_1(x) = F(x)$. 由条件 (iii) 及引理 2.14 得

$$\inf_{x \in \overline{D}_1} \|F_1(x)\| = \alpha > 0.$$

记 $\rho = \sup\limits_{x \in \overline{D}_1} \|x\|$, 取 $s > \max\left\{1, \dfrac{\rho}{\alpha}\right\}$, 当 $x \in \partial D_1$ 且 $t \in [0, 1]$ 时, 由条件 (ii) 得

$$(1 - t)F(x) + tsF_1(x) \neq x.$$

由紧同伦不变性得

$$\deg(id - F, D_1, 0) = \deg(id - sF_1, D_1, 0).$$

由于 $x = sF_1(x)$ 蕴含着 $s \leqslant \dfrac{\rho}{\alpha}$, 得到

$$\deg(id - sF_1, D_1, 0) = 0.$$

利用区域可加性

$$\deg(id - F, D_2 \setminus \overline{D_1}, 0) = \deg(id - F, D_2, 0) - \deg(id - F, D_1, 0) = 1.$$

证毕.

多重正解的存在性已有许多结果, 我们只给出两个定理, 想了解更多的请参看其他文献 [1, 4].

定理 2.37　设 $D_i, i = 1, 2, \cdots, n$ 是 K 中的有界开集, $0 \in D_1$, 且 $\overline{D_i} \subset D_{i+1}, i = 1, \cdots, n-1$. 设 $F : \overline{D_n} \to K$ 全连续, 且满足:

(1) $F(x) \not\geqslant x$,　$x \in \partial D_{2i-1}, 1 \leqslant 2i-1 \leqslant n$;

(2) $F(x) \not\leqslant x$,　$x \in \partial D_{2i}, 1 \leqslant 2i \leqslant n$,

则 F 至少有 n 个不动点 $x_1, \cdots, x_n$, 其中 $x_i \in D_i \setminus \overline{D_{i-1}}, D_0 = \varnothing$.

证明　利用推论 2.8 和 2.9 知

$$\deg(id - F, D_i \setminus \overline{D_{i-1}}, 0) \neq 0.$$

从而, F 在 $D_i \setminus \overline{D_{i-1}}$ 内有不动点. 证毕.

定理 2.38　设 $D_0, D_1, \cdots, D_n(n \geqslant 2)$ 是 K 中的有界开集, $D_i \subset D_0, 1 \leqslant i \leqslant n$, 且当 $i \neq j, 1 \leqslant i, j \leqslant n$ 时, $D_i \cap D_j = \varnothing$. 设 $F : \overline{D} \to K$ 全连续, 且满足

(1) 存在 $x_0 \in D_0$ 使得当 $\lambda \geqslant 1, x \in \partial D_0$ 时,

$$F(x) - x_0 \neq \lambda(x - x_0);$$

(2) 存在 $x_i \in D_i, i = 1, 2, \cdots, n$, 使得当 $\lambda \geqslant 1, x \in \partial D_i$ 时

$$F(x) - x_i \neq \lambda(x - x_i),$$

则 F 在 D_0 内至少有 $n+1$ 个不动点 $y_i, i = 0, 1, \cdots, n$, 其中 $y_i \in D_i$, $y_0 \in \overline{D_0} \setminus \bigcup\limits_{i=1}^{n} \overline{D_i}$.

证明   由定理 2.33 知, 对每个 $i, i = 0, 1, 2, \cdots, n, \deg(id - F, D_i, 0) = 1$. 因此, F 在 D_i 内有不动点 y_i. 不妨设 F 在 ∂D_0 上没有不动点. 于是, $\deg(id - F, D_0, 0)$ 及 $\deg\left(id - F, D_0 \setminus \left(\bigcup\limits_{i=1}^{n} \overline{D_i}\right), 0\right)$ 有定义. 由区域可加性有

$$\deg\left(id - F, D_0 \setminus \left(\bigcup_{i=1}^{n} \overline{D_i}\right), 0\right)$$
$$= \deg(id - F, D_0, 0) - \sum_{i=1}^{n} \deg(id - F, D_i, 0) = 1 - n.$$

所以, F 在 $D_0 \setminus \left(\bigcup\limits_{i=1}^{n} \overline{D_i}\right)$ 内有不动点 y_0. 证毕.

§2.7 重合度介绍

重合度理论主要是想提供证明方程

$$Lu = N(u)$$

有解的一种方法, 其中 $L : \mathrm{dom}(L) \subset X \to Z$ 是 Fredholm 算子, 即 L 的像空间 $\mathrm{Im}\,L$ 是 Z 的闭子空间; L 的核空间 $\mathrm{Ker}\,L = L^{-1}(0)$ 是有限维的; L 的像空间的余维数 $\mathrm{codim}\,\mathrm{Im}\,L := \dim(Z/\mathrm{Im}\,L) < +\infty$. 称

$$\mathrm{ind}(L) := \dim \mathrm{Ker}\,L - \mathrm{codim}\,\mathrm{Im}\,L$$

为算子 L 的**指标**.

　　主要想法是将 $Lu = N(u)$ 的求解问题转化为 $u = Mu$ 的求解问题, 其中 M 是全连续算子.

　　当 L 为 Fredholm 算子时, 有如下分解:

$$X = \operatorname{Ker} L \oplus X_1,$$
$$Z = \operatorname{Im} L \oplus Z_1,$$

且存在投影算子 $P : X \to \operatorname{Ker} L$, $Q : Z \to Z_1$, 使得

$$X = \operatorname{Ker} L \oplus X_1 = \operatorname{Im} P \oplus \operatorname{Ker} P, \quad \operatorname{Im} P = \operatorname{Ker} L,$$
$$Z = Z_1 \oplus \operatorname{Im} L = \operatorname{Im} Q \oplus \operatorname{Ker} Q, \quad \operatorname{Ker} Q = \operatorname{Im} L.$$

显然, $\operatorname{Ker} P = \operatorname{Im}(I - P)$, $\operatorname{Ker} Q = \operatorname{Im}(I - Q)$, $\operatorname{Ker} L \cap (\operatorname{dom}(L) \cap X_1) = \{0\}$. 所以,

$$L\big|_{\operatorname{dom} L \cap \operatorname{Ker} P} : \operatorname{dom}(L) \cap X_1 \subset (I - P)X \to \operatorname{Im} L$$

是可逆映射, 记其逆映射为 K_P.

　　设 L 是指标为 0 的 Fredholm 算子. 于是,

$$\dim \operatorname{Ker} L = \dim(Z/\operatorname{Im} L).$$

由此知道, 存在同构映射

$$J : \operatorname{Im} Q \simeq \operatorname{Ker} L.$$

　　对满足 $Lu = N(u)$ 的 u, 可知

$$L(Pu + (I - P)u) = QN(u) + (I - Q)N(u).$$

因为 $\operatorname{Im} P = \operatorname{Ker} L$, $\operatorname{Ker} Q = \operatorname{Im} L$, 所以 $LPu = 0, QN(u) = 0$. 于是,

$$L(I - P)u = (I - Q)N(u).$$

从而,

$$(I - P)u = K_P(I - Q)N(u).$$

得到

$$u = Pu + K_P(I - Q)N(u).$$

所以, 它可以写成

$$u = Pu + JQN(u) + K_P(I - Q)N(u).$$

反之, 若 $u = Pu + JQN(u) + K_P(I - Q)N(u)$, 则 $(I - P)u = JQN(u) + K_P(I - Q)N(u)$. 于是,

$$L(I - P)u = LJQN(u) + LK_P(I - Q)N(u).$$

从而,

$$L(I - P)u = (I - Q)N(u).$$

因为 $JQN(u) \in \operatorname{Ker} L$, $K_P(I - Q)N(u) \in \operatorname{dom}(L) \cap \operatorname{Ker} P$, 所以 $JQN(u) = 0$, 即 $QN(u) = 0$. 由此得到 $Lu = N(u)$.

上面说明了, $Lu = N(u)$ 的求解问题转化为

$$u = Pu + JQN(u) + K_P(I - Q)N(u) =: Mu$$

的求解问题.

定义 2.7.1　设 $N : X \to Z$ 连续, $\Omega \subset X$ 是有界开集. 如果 $QN(\overline{\Omega})$ 有界, 且 $K_P(I - Q)N : \overline{\Omega} \to X$ 是紧的, 那么称 N 在 $\overline{\Omega}$ 上是 **L-紧的**.

定义 2.7.2 (重合度)　如果 $\Omega \subset X$ 是有界开集, 且 $0 \notin (L - N)(\operatorname{dom} L \cap \partial\Omega)$, 那么 L 和 N 在 Ω 上的**重合度** (concidence degree) 定义为

$$d_C[(L, N), \Omega] := \deg_{LS}(I - M, \Omega, 0),$$

其中 $M = P + JQN + K_P(I - Q)N$, $\deg_{LS}$ 表示 Leray-Schauder 度.

注　可以证明, 上面度的定义与投影 P, Q 以及代数同构 J 无关.

利用 Leray-Schauder 度的性质, 容易写出重合度的一些性质.

定理 2.39 (同伦不变性)　设 L 是指标为 0 的 Fredholm 算子. 若 $\Phi : \overline{\Omega} \to Z$ 连续, 使得映射 $Q\Phi$ 和 $K_P(I-Q)\Phi$ 在 $\overline{\Omega}$ 上是紧的, 且满足

(1) $(1-\lambda)(L-N)u + \lambda(L-\Phi)u \neq 0, \forall u \in \operatorname{dom} L \cap \partial\Omega, \lambda \in [0,1]$;

(2) $\mathrm{d_C}[(L,\Phi),\Omega] \neq 0$,

则方程

$$Lu = N(u)$$

在区域 $\operatorname{dom} L \cap \overline{\Omega}$ 中至少有一个解.

定理 2.40 (Mawhin)　设 L 是指标为 0 的 Fredholm 算子, N 在 $\overline{\Omega}$ 上是 L- 紧的. 假设

(1) $Lx \neq \lambda N(x), \quad \forall x \in \operatorname{dom} L \cap \partial\Omega, \quad \lambda \in (0,1)$;

(2) 对任意的 $x \in \operatorname{Ker} L \cap \partial\Omega, QN(x) \neq 0$, 且

$$\deg(JQN, \Omega \cap \operatorname{Ker} L, 0) \neq 0,$$

则 $Lx = N(x)$ 在 $\operatorname{dom} L \cap \overline{\Omega}$ 内至少存在一个解.

证明　不妨设方程 $Lx = N(x)$ 在 $\operatorname{dom} L \cap \partial\Omega$ 上无解. 由前面的说明, 知道

$$Lx = \lambda N(x) \Longleftrightarrow x = Px + JQN(x) + \lambda K_P(I-Q)N(x).$$

定义映射 $H : \overline{\Omega} \times [0,1] \to X$ 如下:

$$H(x,\lambda) = Px + JQN(x) + \lambda K_P(I-Q)N(x),$$

则 $H : \overline{\Omega} \times [0,1] \to X$ 是全连续映射. 断言:

$$x \neq H(x,\lambda), \quad \forall x \in \partial\Omega, \ \lambda \in [0,1].$$

事实上, 若不然, 则存在 $x_0 \in \partial\Omega, \lambda_0 \in [0,1]$, 使得

$$x_0 = H(x_0, \lambda_0) = Px_0 + JQN(x_0) + \lambda_0 K_P(I-Q)N(x_0).$$

容易知道, $x_0 \in \operatorname{dom} L$. 于是, $x_0 \in \operatorname{dom} L \cap \partial\Omega$. 由条件 (1) 及假设, 有 $\lambda_0 = 0$. 所以,

$$x_0 = Px_0 + JQN(x_0).$$

由此得 $JQN(x_0) = 0$, 即 $QN(x_0) = 0$. 与条件 (2) 矛盾. 断言成立.

由 Leray-Schauder 度的定义及紧同伦不变性, 得

$$
\begin{aligned}
\mathrm{d}_C[(L, N), \Omega] &= \deg_{\mathrm{LS}}(I - M, \Omega, 0) = \deg_{\mathrm{LS}}(I - H(\cdot, 1), \Omega, 0) \\
&= \deg_{\mathrm{LS}}(I - H(\cdot, 0), \Omega, 0) = \deg_{\mathrm{LS}}(I - P - JQN, \Omega, 0) \\
&= \deg_{\mathrm{B}}((I - P - JQN)\big|_{\operatorname{Ker} L \cap \overline{\Omega}}, \operatorname{Ker} L \cap \Omega, 0) \\
&= \deg_{\mathrm{B}}(-JQN\big|_{\operatorname{Ker} L \cap \overline{\Omega}}, \operatorname{Ker} L \cap \Omega, 0) \\
&= (-1)^n \deg_{\mathrm{B}}(JQN\big|_{\operatorname{Ker} L \cap \overline{\Omega}}, \operatorname{Ker} L \cap \Omega, 0) \neq 0,
\end{aligned}
$$

其中 $n = \dim \operatorname{Ker} L$, $\deg_{\mathrm{B}}$ 表示 Brouwer 度. 证毕.

§2.8　严格集压缩场和凝聚场的拓扑度

§2.8.1　非紧性测度

定义 2.8.1　设 X 是 Banach 空间, S 是 X 中的有界集. 令

$$\alpha(S) = \inf\{\delta > 0 : S \text{ 是有限个直径} \leqslant \delta \text{ 的集合之并}\},$$

则称 $\alpha(S)$ 是 S 的 **Kuratowski 非紧测度**, 简称**非紧性测度**.

显然, $0 \leqslant \alpha(S) < \infty$.

定理 2.41　设 S, T 是 X 中的有界集, a 是实数, $\alpha(S)$ 是非紧性测度, 则下列结论成立:

(i) $\alpha(S) = 0 \Longleftrightarrow S$ 是相对紧集;

(ii) $S \subset T \Longrightarrow \alpha(S) \leqslant \alpha(T)$;

(iii) $\alpha(\overline{S}) = \alpha(S)$;

(iv) $\alpha(S \bigcup T) = \max\{\alpha(S), \alpha(T)\}$;

(v) $\alpha(aS) = |a|\alpha(S)$, 其中 $aS = \{x = az : z \in S\}$;

(vi) $\alpha(S+T) \leqslant \alpha(S)+\alpha(T)$, 其中 $S+T = \{x = y+z : y \in S, z \in T\}$;

(vii) $\alpha(\overline{co}S) = \alpha(S)$, 这里 $\overline{co}S$ 是 S 的凸闭包;

(viii) $|\alpha(S) - \alpha(T)| \leqslant 2d_h(S,T)$, 这里 $d_h(S,T)$ 是 S 和 T 之间的 Hausdorff 距离, 即 $d_h(S,T) = \max\left\{\sup\limits_{x \in S} d(x,T), \sup\limits_{x \in T} d(x,S)\right\}$, $d(\cdot,\cdot)$ 表示点到集合之间的距离.

证明　(i), (ii) 显然.

(iii) 由 $S \subset \overline{S}$ 知, $\alpha(S) \leqslant \alpha(\overline{S})$.

另一方面, 对 $\forall \epsilon > 0$, 存在分解 $S = \bigcup\limits_{i=1}^{m} S_i$, 使 $\mathrm{diam}\,(S_i) < \alpha(S) + \epsilon$ $(1 \leqslant i \leqslant m)$, 其中 $\mathrm{diam}\,(S_i)$ 表示 S_i 的直径. 由于 $\mathrm{diam}\,(\overline{S}_i) = \mathrm{diam}\,(S_i) < \alpha(S) + \epsilon$, 而 $\overline{S} = \bigcup\limits_{i=1}^{m} \overline{S}_i$, 故 $\alpha(\overline{S}) \leqslant \alpha(S) + \epsilon$. 由 ϵ 的任意性, 得 $\alpha(\overline{S}) \leqslant \alpha(S)$.

(iv) 令 $\eta = \max\{\alpha(S), \alpha(T)\}$. 由 (ii) 知 $\eta \leqslant \alpha(S \bigcup T)$. 另一方面, $\forall \epsilon > 0$, 存在 $S = \bigcup\limits_{i=1}^{m} S_i$ 及 $T = \bigcup\limits_{j=1}^{n} T_j$, 使 $\mathrm{diam}\,(S_i) < \alpha(S) + \epsilon \leqslant \eta + \epsilon$, $\mathrm{diam}\,(T_j) < \alpha(T) + \epsilon \leqslant \eta + \epsilon$, $1 \leqslant i \leqslant m$, $1 \leqslant j \leqslant n$. 由 $S \bigcup T = \left(\bigcup\limits_{i=1}^{m} S_i\right) \cup \left(\bigcup\limits_{j=1}^{n} T_j\right)$ 即知 $\alpha(S \bigcup T) \leqslant \eta + \epsilon$. 由 ϵ 的任意性, 得 $\alpha(S \bigcup T) \leqslant \eta$.

(v) $a = 0$ 时, $\alpha(aS) = |a|\alpha(S)$ 显然成立.

下设 $a \neq 0$. $\forall \epsilon > 0$, 存在 $S = \bigcup\limits_{i=1}^{m} S_i$, $\mathrm{diam}\,(S_i) < \alpha(S) + \epsilon$, $1 \leqslant i \leqslant m$. 显然, $aS = \bigcup(aS_i)$, $\mathrm{diam}\,(aS_i) = |a|\mathrm{diam}\,(S_i) < |a|\alpha(S) + |a|\epsilon$, 故 $\alpha(aS) \leqslant |a|\alpha(S) + |a|\epsilon$. 由 ϵ 的任意性, 得 $\alpha(aS) \leqslant |a|\alpha(S)$.

另一方面, 利用此结果, 又有 $\alpha(S) = \alpha(a^{-1}aS) \leqslant |a^{-1}|\alpha(aS)$. 从而 $\alpha(aS) \geqslant |a|\alpha(S)$.

(vi) $\forall \epsilon > 0$, 存在 $S = \bigcup_{i=1}^{m} S_i$ 及 $T = \bigcup_{j=1}^{n} T_j$, 使 $\operatorname{diam}(S_i) < \alpha(S) + \epsilon$, $\operatorname{diam}(T_j) < \alpha(T) + \epsilon$. 令

$$V_{ij} = \{x : x = y + z, y \in S_i, \ z \in T_j\}.$$

显然, $S + T = \bigcup_{ij} V_{ij}$, $\operatorname{diam}(V_{ij}) \leqslant \operatorname{diam}(S_i) + \operatorname{diam}(T_j) < \alpha(S) + \alpha(T) + 2\epsilon$, 故有 $\alpha(S+T) \leqslant \alpha(S) + \alpha(T) + 2\epsilon$. 由 ϵ 的任意性, $\alpha(S+T) \leqslant \alpha(S) + \alpha(T)$.

(vii) 因为 $S \subset \overline{co}S$, 只需证 $\alpha(\overline{co}S) \leqslant \alpha(S)$. 对 $\mu > \alpha(S)$, 有 $S = \bigcup_{i=1}^{m} S_i$ 且 $\operatorname{diam}(S_i) \leqslant \mu$.

因为 $\operatorname{diam}(\overline{co}S_i) \leqslant \mu$, 可设 S_i 是凸集. 因为

$$\overline{co}S \subset \overline{co}\left[S_1 \cup \overline{co}\left(\bigcup_{i=2}^{m} S_i\right)\right] \subset \overline{co}\left[S_1 \cup \overline{co}\left[S_2 \cup \overline{co}\left(\bigcup_{i=3}^{m} S_i\right)\right]\right] \subset \cdots,$$

只需证明 $\alpha(\overline{co}(C_1 \bigcup C_2)) \leqslant \max\{\alpha(C_1), \alpha(C_2)\}$, 对任意有界凸集 C_1, C_2.

易知, $\overline{co}(C_1 \bigcup C_2) \subset \bigcup_{0 \leqslant \lambda \leqslant 1}[\lambda C_1 + (1-\lambda)C_2]$, 及 $C_1 \pm C_2$ 有界, 存在 $r > 0$ 使得 $|x| \leqslant r$, $\forall x \in C_1 \pm C_2$. 对任给的 $\epsilon > 0$, 可找 $\lambda_1, \cdots, \lambda_p$ 使得 $[0,1] \subset \bigcup_{i=1}^{p} B_{\epsilon/r}(\lambda_i)$. 于是,

$$\overline{co}(C_1 \cup C_2) \subset \bigcup_{i=1}^{p}[\lambda_i C_1 + (1-\lambda_i)C_2 + \overline{B}_\epsilon(0)].$$

显然, $\alpha(\overline{B}_\epsilon(0)) \leqslant 2\epsilon$. 再由 (v) 和 (vi), 得

$$\alpha(\overline{co}(C_1 \cup C_2)) \leqslant \max\{\alpha(C_1), \alpha(C_2)\} + 2\epsilon, \quad \forall \epsilon > 0.$$

(viii) 对任意 $\epsilon > 0$, 存在 $S = \bigcup_{j=1}^{m} S_j$, $\operatorname{diam}(S_j) < \alpha(S) + \epsilon$, $1 \leqslant j \leqslant m$. 令

$$N_i = \{y \in T : \exists x \in S_i, \|x - y\| < 2d_h(S, T)\},$$

则

$$\operatorname{diam}(N_i) \leqslant 2d_h(S,T) + \operatorname{diam}(S_i) \leqslant 2d_h(S,T) + \alpha(S) + \epsilon.$$

此时易知 $T \subset \bigcup\limits_{j=1}^{m} N_j$. 所以, $\alpha(T) \leqslant 2d_h(S,T) + \alpha(S) + \epsilon$. 由 ϵ 的任意性知

$$\alpha(T) \leqslant \alpha(S) + 2d_h(S,T).$$

同理可证

$$\alpha(S) \leqslant \alpha(T) + 2d_h(S,T).$$

所以, $|\alpha(S) - \alpha(T)| \leqslant 2d_h(S,T)$. 证毕.

引理 2.15　设 $\{S_n\}$ 是 X 中的一列有界非空闭集, $S_1 \supset S_2 \supset \cdots \supset S_n \supset \cdots$, 并且当 $n \to \infty$ 时有 $\alpha(S_n) \to 0$, 则 $S = \bigcap\limits_{n=1}^{\infty} S_n$ 是 X 中的非空紧集.

证明　只需证明: 对任意 $x_n \in S_n (n = 1, 2, \cdots)$, 都存在子列 $\{x_{n_i}\} \subset \{x_n\}$, 使 $x_{n_i} \to x_0 \in S$.

设 $\alpha(S_n) =: \alpha_n$. S_n 具有分解 $S_n = \bigcup\limits_{i=1}^{p_n} S_i^{(n)}$, $\operatorname{diam}(S_i^{(n)}) < \alpha_n + \dfrac{1}{n}$ $(i = 1, 2, \cdots, p_n)$. 因为 $\{x_n\} \subset S_1$, 故必有 $\{x_n\}$ 的子列 $\{x_n^{(1)}\}$ 完全含于某个 $S_i^{(1)}$ 之中, 从而 $\operatorname{diam}\{x_n^{(1)}\} < \alpha_1 + 1$; 由于 $\{x_2^{(1)}, x_3^{(1)}, \cdots\} \subset S_2$, 故必有 $\{x_n^{(1)}\}(n > 1)$ 的子列 $\{x_n^{(2)}\}$ 完全含于某个 $S_i^{(2)}$ 之中, 从而 $\operatorname{diam}\{x_n^{(2)}\} < \alpha_2 + \dfrac{1}{2}$; 同样, 由于 $\{x_3^{(2)}, x_4^{(2)}, \cdots\} \subset S_3$, 故必有 $\{x_n^{(2)}\}(n > 1)$ 的子列 $\{x_n^{(3)}\}$ 完全含于某个 $S_i^{(3)}$ 之中, 从而 $\operatorname{diam}\{x_n^{(3)}\} < \alpha_3 + \dfrac{1}{3}$, 这样继续下去, 所得的对角线序列 $\{x_n^{(n)}\}$ 必收敛. 事实上, 当 $m > n$ 时有

$$\|x_m^{(m)} - x_n^{(n)}\| < \alpha_n + \frac{1}{n}.$$

因为 $\alpha_n \to 0(n \to \infty)$, 知 $\{x_n^{(n)}\}$ 是 X 中基本列, 从而 $x_n^{(n)} \to x_0 \in X$. 由于当 $m \geqslant n$ 时, $x_m^{(m)} \in S_n$, 而 S_n 是闭集, 故 $x_0 \in S_n \ (n = 1, 2, \cdots)$, 从而 $x_0 \in S$. 证毕.

设 X 为 Banach 空间, $D \subset \mathbb{R}^n$ 是紧集, $Y = C(D, X)$ 是所有连续函数 $u : D \to X$ 组成的空间, 范数 $\|u\|_0 = \max\{\|u(\xi)\| : \xi \in D\}$.

称 $B \subset Y$ 在 D 上是**等度连续**, 如果对 $\forall \epsilon > 0$, 存在 $\delta = \delta(\epsilon)$, 使当 $\|\xi - \eta\| \leqslant \delta$ 时, 有 $\sup\{\|u(\xi) - u(\eta)\| : u \in B\} < \epsilon$.

定理 2.42 设 X 是 Banach 空间, $D \subset \mathbb{R}^n$ 紧, $B \subset C(D, X)$, 则

(a) $\alpha(B) = \sup\limits_D \alpha(B(\xi))$, 如果 B 有界且等度连续;

(b) B 相对紧当且仅当 B 等度连续, 且对每一个 $\xi \in D$, $B(\xi)$ 相对紧.

证明 (a) 对 $\mu > \alpha(B)$, 有 $B \subset \bigcup\limits_{i=1}^{p} M_i$, $\operatorname{diam}(M_i) \leqslant \mu$. 易见

$$B(\xi) \subset \bigcup_{i=1}^{p} M_i(\xi), \quad \operatorname{diam}(M_i(\xi)) \leqslant \mu.$$

于是, $\alpha(B(\xi)) \leqslant \mu$. 所以, $\sup\limits_D \alpha(B(\xi)) \leqslant \alpha(B)$.

反之, 对任给的 $\epsilon > 0$, 因 B 在 D 上等度连续, 可找有限个 $\xi^1, \cdots,$ $\xi^p \in D$, 使 $B(\xi) \subset \bigcup\limits_{i=1}^{p} (B(\xi^i) + B_\epsilon(0))$, $\forall \xi \in D$. 进而, 对 $\mu > \sup\limits_D \alpha(B(\xi))$, 可找 $M_1, \cdots, M_m$ 使 $\operatorname{diam} M_j \leqslant \mu$ 且 $\bigcup\limits_{i=1}^{p} B(\xi^i) \subset \bigcup\limits_{j=1}^{m} M_j$. 这时 B 是在有限多个集

$$\{u \in B : u(\xi^1) \in M_{j_1}, \cdots, u(\xi^p) \in M_{j_p}\}$$

的并集之中, 每一个直径 $\leqslant \mu + 2\epsilon$. 于是, $\alpha(B) \leqslant \mu + 2\epsilon$. 所以 $\alpha(B) \leqslant \sup\limits_D \alpha(B(\xi))$.

(b) "$\Longrightarrow$". 设 B 相对紧, 则它有界, 且对任意 $\epsilon > 0$, 可取 $u_1, \cdots, u_p$

使 $B \subset \bigcup\limits_{i=1}^{p} B_{\epsilon}(u_i)$. 易知, $\{u_1, \cdots, u_p\}$ 等度连续. 于是, 存在 $\delta = \delta(\epsilon)$, 使当 $\|\xi - \eta\| \leqslant \delta$ 时, 有 $\sup\{\|u(\xi) - u(\eta)\| : u \in B\} \leqslant 3\epsilon$. 所以, B 等度连续. 最后, 由 $\alpha(B) = \sup\limits_{D} \alpha(B(\xi))$ 知, $\alpha(B(\xi)) = 0$. 所以, $B(\xi)$ 相对紧.

"$\Longleftarrow$". 对 $\forall \epsilon > 0$, 由 B 等度连续, 存在 $\delta > 0$, 使当 $\|\xi - \eta\| \leqslant \delta$ 时, $\|u(\xi) - u(\eta)\| \leqslant \epsilon$, $\forall u \in B$. 因为 D 紧, 存在有限个点 $\xi_1, \cdots, \xi_p$, 使对 $\forall \eta \in D$, 有某个 i, 使 $\|\eta - \xi_i\| \leqslant \delta$. 于是, $\|u(\eta) - u(\xi_i)\| \leqslant \epsilon$. 因为 $B(\xi_i)$, $i = 1, \cdots, p$ 相对紧, 因而有界. 由此得 B 有界. 再由 (a), $\alpha(B) = \sup\limits_{D} \alpha(B(\xi)) = 0$, 得 B 相对紧. 证毕.

定理 2.43　设 $H \subset C([a,b], X)$ 是有界、等度连续的, 则 $\alpha(H(t))$ 在 $[a,b]$ 上连续, 且

$$\alpha\left(\left\{\int_a^b x(t)dt : x \in H\right\}\right) \leqslant \int_a^b \alpha(H(t))dt.$$

证明　由等度连续性, 对任意 $\epsilon > 0$, 存在 $\delta > 0$, 当 $|t_1 - t_2| \leqslant \delta$ 时, 对任意 $u \in H$ 都有 $\|u(t_1) - u(t_2)\| \leqslant \epsilon$. 所以,

$$\|u(t_2)\| - \epsilon \leqslant \|u(t_1)\| \leqslant \|u(t_2)\| + \epsilon, \quad \forall u \in H.$$

对 $\mu > \alpha(H(t_2))$, 有 $H(t_2) \subset \bigcup\limits_{i=1}^{p} M_i$, $\mathrm{diam}\,(M_i) \leqslant \mu$. 于是, 有 $H(t_1) \subset \bigcup\limits_{i=1}^{p}(M_i + B_{\epsilon}(0))$. 从而, $\alpha(H(t_1)) \leqslant \mu + 2\epsilon$. 所以,

$$\alpha(H(t_1)) \leqslant \alpha(H(t_2)) + 2\epsilon.$$

同理, $\alpha(H(t_2)) \leqslant \alpha(H(t_1)) + 2\epsilon$. 由此知, $\alpha(H(t))$ 连续.

对任意 n, 取 $t_i = a + i\dfrac{b-a}{n}$. 对 $\mu > \int_a^b \alpha(H(t))dt$ 以及 $x \in H$, 则存在 N 使当 $n \geqslant N$ 时, 有

$$\mu > \sum_{i=1}^{n} \alpha(H(t_i))\frac{b-a}{n}, \qquad \left\|\int_a^b x(t)dt - \sum_{i=1}^{n} x(t_i)\frac{b-a}{n}\right\| < \epsilon.$$

取定 $n > N$, 对每一 i, 取 $\eta_i > \alpha(H(t_i))$ 且 $\mu > \sum_{i=1}^{n} \eta_i \frac{b-a}{n}$. 于是,

$$H(t_i) \subset \bigcup_{j=1}^{p_i} M_j^{(i)}, \quad \mathrm{diam}\,(M_j^{(i)}) \leqslant \eta_i.$$

由此知, 对任意 $x \in H$, $\sum_{i=1}^{n} x(t_i)\frac{b-a}{n}$ 位于

$$\frac{b-a}{n}\bigcup_{j=1}^{p_1} M_j^{(1)} + \cdots + \frac{b-a}{n}\bigcup_{j=1}^{p_n} M_j^{(n)}$$

之中. 所以, 对任意 $x \in H$, $\int_a^b x(t)dt$ 位于

$$\frac{b-a}{n}\bigcup_{j=1}^{p_1} M_j^{(1)} + \cdots + \frac{b-a}{n}\bigcup_{j=1}^{p_n} M_j^{(n)} + B_\epsilon(0)$$

之中. 利用性质, 得到

$$\alpha\left(\left\{\int_a^b x(t)dt : x \in H\right\}\right) \leqslant \sum_{i=1}^{n} \eta_i \frac{b-a}{n} + 2\epsilon < \mu + 2\epsilon.$$

最后再利用 ϵ 的任意性. 证毕.

§2.8.2 严格集压缩场和凝聚场的拓扑度

本节是简单的介绍, 详细的请参见 [1, 17].

定义 2.8.2 设 $D \subset X$, $F : D \to X$ 是连续算子. 若存在常数 $k \geqslant 0$, 使得对任何有界集 $S \subset D$, 都有

$$\alpha(F(S)) \leqslant k\alpha(S),$$

则称 F 是 D 上的 k-**集压缩算子**. 如果 $k < 1$ 时, 称为**严格集压缩算子**. 如果当 $\alpha(S) > 0$ 时就有 $\alpha(F(S)) < \alpha(S)$, 则称 F 是 D 上的**凝聚算子**.

显然, 全连续算子和压缩映射都是严格集压缩算子, 严格集压缩算子是凝聚算子.

定义 2.8.3　设 U 是 Banach 空间 X 中的收缩核, $V \subset U$ 是 U 中的有界相对开集, $F : \overline{V} \to U$ 全连续, 且在 ∂V 上没有不动点. 令 $r : X \to U$ 是一个保核收缩. 取 R 充分大, 使得 $\overline{V} \subset B_R = \{x \in X : \|x\| < R\}$. 定义 F 在 V 上关于 U 的**不动点指数**为

$$i(F, V, U) = \deg(id - F \circ r, B_R \cap r^{-1}(V), 0), \qquad (2.28)$$

其中右端为 Leray-Schauder 度.

容易知道, $F \circ r : r^{-1}(\overline{V}) \to X$ 全连续, 且 $F \circ r$ 在 $\partial(B_R \cap r^{-1}(V))$ 上没有不动点. 于是, (2.28) 式右端的 Leray-Schauder 度有意义. 可以证明: 定义中的 $i(F, V, U)$ 不随 R 和保核收缩 r 的选取而改变.

定义 2.8.4　设 $\Omega \subset X$ 是有界开集, $F : \overline{\Omega} \to X$ 是严格集压缩算子, $f = id - F$, 且 $0 \notin f(\partial\Omega)$. 记

$$D_1 = \overline{co}F(\overline{\Omega}), \ D_n = \overline{co}F(D_{n-1} \cap \overline{\Omega}), \quad n = 2, 3, \cdots.$$

如果对某个 $n = n_0$, $D_{n_0} \cap \overline{\Omega} = \varnothing$, 则定义拓扑度

$$\deg(f, \Omega, 0) = 0.$$

如果对任意的 n, 都有 $D_n \cap \overline{\Omega} \neq \varnothing$, $n = 1, 2, \cdots$. 令 $D = \bigcap_{n=1}^{\infty} D_n$, 由引理 2.15 知, D 是 X 中的非空紧凸集. 显然, $F(D \cap \overline{\Omega}) \subset D$, 故 F 作为映 $D \cap \overline{\Omega}$ 入 D 的算子是全连续的, 且在 $D \cap \partial\Omega$ 上没有不动点. 这时定义拓扑度为

$$\deg(f, \Omega, 0) = i(F, D \cap \Omega, D),$$

若 $p \in X \backslash f(\partial\Omega)$, 则定义拓扑度为

$$\deg(f, \Omega, p) = \deg(f - p, \Omega, 0).$$

定义 2.8.5　设 $\Omega \subset X$ 是有界开集, $F : \overline{\Omega} \to X$ 是凝聚算子, $f = id - F$, $p \in X \backslash f(\partial\Omega)$. 可以证明 $\rho = \inf_{x \in \partial\Omega} \|f(x) - p\| > 0$. 取严格

集压缩算子 $G : \overline{\Omega} \to X$, 使得 $\|Fx - Gx\| < \rho$, $\forall x \in \overline{\Omega}$. 令 $g = id - G$, 显然 $p \notin g(\partial\Omega)$, 则定义拓扑度为

$$\deg(f, \Omega, p) = \deg(g, \Omega, p).$$

首先, 定义中严格集压缩算子是容易取到的, 例如取 $G = kF$ 使 $k < 1$ 且 $1 - k$ 充分小. 其次, 要证明上述方法定义的 $\deg(f, \Omega, p)$ 与 G 的选取无关. 对严格集压缩场和凝聚场定义的度, 我们也能证明: 正规性, 区域可加性, 同伦不变性, 可解性, 切除性, 边界值性质, 连通区性质, 缺方向性质, 等. 我们也可以将重合度定义中的 L-紧性推广到 L-凝聚. 读者可以参看其他著作 [18]. 为了说明, 我们讨论 Leray-Schauder 不动点一个推广形式.

定理 2.44 (Sadovskii 不动点定理)   设 D 是 X 中有界凸闭集, $T : D \to D$ 是凝聚映射, 则 T 在 D 中必有不动点.

证明   任取 $x_0 \in D$, 令

$$Z = \{S : x_0 \in S \subset D, S \text{ 是凸闭集}, T(S) \subset S\}.$$

显然, $D \in Z$. 记 $S_0 = \bigcap_{S \in Z} S$. 容易知道, $x_0 \in S_0 \subset D$, S_0 也是凸闭集, 且 $T(S_0) \subset S_0$. 由于 $\overline{co}\{T(S_0), x_0\} \subset S_0$, 故

$$T(\overline{co}\{T(S_0), x_0\}) \subset T(S_0) \subset \overline{co}\{T(S_0), x_0\}.$$

因此, $\overline{co}\{T(S_0), x_0\} \in Z$. 由此可知 $\overline{co}\{T(S_0), x_0\} = S_0$. 于是,

$$\alpha(S_0) = \alpha(\overline{co}\{T(S_0), x_0\}) = \alpha(\{T(S_0), x_0\}) = \alpha(T(S_0)).$$

因为 T 是凝聚映射, 得到 $\alpha(S_0) = 0$, 所以 S_0 是凸紧集. 利用 Leray-Schauder 不动点定理知, T 在 S_0 中有不动点. 证毕.

§2.9   全局分歧定理

设 X 为实 Banach 空间, $\Lambda = \mathbb{R}$ 为参数空间, $U \subset X \times \Lambda$ 为开集.

本节考虑方程

$$f(x, \lambda) = x - \lambda A x + g(x, \lambda) = 0, \tag{2.29}$$

其中 $A : X \to X$ 是全连续线性算子, $g : U \to X$ 是全连续的非线性算子, 且极限

$$\lim_{\|x\| \to 0} \frac{g(x, \lambda)}{\|x\|} = 0$$

对 λ 在 $\mathbb{R}$ 中的有界集上一致地成立.

显然, $f(0, \lambda) = 0, \forall \lambda$. 由隐函数定理, $(0, \lambda_0)$ 是 (2.29) 的歧点的必要条件是 λ_0^{-1} 是 A 的特征值.

定理 2.45 (Krasnoselskii)　　在上述条件下, 如果 λ_0^{-1} 是 A 的奇代数重数特征根时, 那么 $(0, \lambda_0)$ 必是方程 (2.29) 的歧点.

证明　　由于 A 是全连续算子, 它的非零特征值是孤立的, 故存在 $\epsilon_0 > 0$, 使得 A 在 $\left[\dfrac{1}{\lambda_0 + \epsilon_0}, \dfrac{1}{\lambda_0 - \epsilon_0} \right]$ 上只有唯一的特征值 λ_0^{-1}.

反证法, 设 $(0, \lambda_0)$ 不是 (2.29) 的歧点, 则存在 ρ, ϵ_1 使得当 $|\lambda - \lambda_0| \leqslant \epsilon_1$ 时, 方程 (2.29) 在 $B_X(\rho)$ 上只有零解. 由 L-S 度的紧同伦不变性, 当 $0 < \epsilon_2 < \min\{\epsilon_0, \epsilon_1\}$ 时, 有

$$\deg (f(\cdot, \lambda_0 - \epsilon_2), B_X(\rho), 0) = \deg (f(\cdot, \lambda_0 + \epsilon_2), B_X(\rho), 0). \tag{2.30}$$

由定理 2.24, 得

$$\deg (f(\cdot, \lambda_0 - \epsilon_2), B_X(\rho), 0) = \text{index} (f(\cdot, \lambda_0 - \epsilon_2), 0)$$
$$= \text{index} (id - (\lambda_0 - \epsilon_2)A, 0) = (-1)^{\beta},$$

其中 β 为 A 在 $\left(\dfrac{1}{\lambda_0 - \epsilon_2}, \infty \right)$ 内所有特征值的代数重数之和; 同样, 也有

$$\deg (f(\cdot, \lambda_0 + \epsilon_2), B_X(\rho), 0) = \text{index} (f(\cdot, \lambda_0 + \epsilon_2), 0)$$
$$= \text{index} (id - (\lambda_0 + \epsilon_2)A, 0)$$
$$= (-1)^{\beta + \beta_1},$$

其中 β_1 为 A 的特征值 λ_0^{-1} 的代数重数. 再由 (2.30) 得

$$(-1)^{\beta+\beta_1} = (-1)^\beta,$$

这与 β_1 是奇数相矛盾. 证毕.

下面将介绍 Rabinowitz 大范围分歧定理, 它的证明将用到下面的引理 [12, 15].

引理 2.16 设 M 是一个紧的度量空间, A, B 是它的两个不相交的闭子集, 则下面的两条之一成立:

(1) M 有一个连通分支与 A 和 B 相交;

(2) 存在 M 的两个不相交的紧子集 M_1, M_2, 使得 $M = M_1 \cup M_2$, 且

$$A \subset M_1, \ B \subset M_2.$$

定理 2.46 (P. H. Rabinowitz) 在上述条件下, 设 λ_0^{-1} 是 A 的奇代数重数特征值, $U \subset X \times \mathbb{R}$ 是包含 $(0, \lambda_0)$ 的开集, 记

$$S = \{(x, \lambda) \in U : f(x, \lambda) = 0, \ x \neq 0\},$$

则 $\overline{S}$ 中包含 $(0, \lambda_0)$ 的连通分支 C 必满足下列性质之一:

(1) $C \cap \partial U \neq \varnothing$;

(2) C 在 U 中无界;

(3) C 包含奇数多个平凡点 $(0, \lambda_i) \neq (0, \lambda_0)$, 其中 λ_i^{-1} 是 A 的奇代数重数特征值.

证明 假设 C 不具有性质 (1) 和 (2), 则 C 是有界闭. 由 A 和 g 是紧的, 得 C 是 U 中的紧子集. 因为 A 是紧线性算子, C 中最多含有限多个点 $(0, \lambda)$, 其中 λ^{-1} 是 A 的特征值, 记其全部为 $(0, \lambda_j)$, $j = 0, 1, 2, \cdots, k$. 记

$$N_\delta(C) = \{(x, \lambda) \in U : \operatorname{dist}((x, \lambda), C) < \delta\},$$

可取 δ 充分小, 使当 λ^{-1} 是 A 的特征值, $(0,\lambda) \neq (0,\lambda_j), j = 0, 1, \cdots, k$ 时, 有 $(0,\lambda) \notin \overline{N_\delta(C)}$.

若 $(\partial N_\delta(C)) \cap \overline{S} = \varnothing$, 则取 $\Omega = N_\delta(C)$.

若 $(\partial N_\delta(C)) \cap \overline{S} \neq \varnothing$, 记 $C_0 = (\partial N_\delta(C)) \cap \overline{S}$, 则 C_0 是闭的, 且 $C_0 \cap C = \varnothing$. 利用引理 2.16 得, 存在紧子集 C_1, C_2 使得 $C_1 \supset C, C_2 \supset C_0, \overline{N_\delta(C)} \cap \overline{S} = C_1 \cup C_2$, 且 $\mathrm{dist}\,(C_1, C_2) = \rho > 0$. 这时, 取 $\Omega = N_\delta(C) \cap N_{\frac{\rho}{2}}(C_1)$, 则 $\overline{\Omega} \cap \overline{S} = C_1$, 且 $\partial\Omega \cap \overline{S} = \varnothing$.

这样, 就找到了 U 的有界开子集 Ω, 使得

(i) $C \subset \Omega$;

(ii) 对任何 $(x,\lambda) \in \partial\Omega$, 若 $f(x,\lambda) = 0$, 则 $x = 0$;

(iii) 除 $(0,\lambda_j), j = 0, 1, \cdots, k$ 之外, 对 A 的任何特征值 λ^{-1}, 都有 $(0,\lambda) \notin \Omega$.

考虑辅助映射 $f_\rho : \overline{\Omega} \to X \times \mathbb{R}$

$$f_\rho(x,\lambda) = (f(x,\lambda), \|x\|^2 - \rho^2),$$

其中 ρ 是参数.

易见, f_ρ 是全连续场, 且 $(\overline{x}, \overline{\lambda}) \in \Omega$ 是 f_ρ 的零点的充要条件是 $(\overline{x}, \overline{\lambda})$ 是 f 的零点, 且 $\|\overline{x}\| = \rho$.

由 (ii) 知, 对任何 $\rho > 0$, f_ρ 在 $\partial\Omega$ 上无零点. 所以, f_ρ 是紧同伦, 且 $\deg\,(f_\rho, \Omega, 0)$ 与 ρ 无关.

当 ρ 充分大时, 由 Ω 有界可得 f_ρ 在 Ω 上没有零点. 所以 $\deg\,(f_\rho, \Omega, 0) = 0$.

下面考察当 ρ 充分小时, $\deg\,(f_\rho, \Omega, 0)$ 的表达式.

取 ϵ 充分小使得当 $|\lambda - \lambda_j| \leqslant \epsilon, \lambda \neq \lambda_j (j = 0, 1, \cdots, k)$ 时, λ^{-1} 不是 A 的特征值. 记

$$\Omega_j = \{(x,\lambda) \in \Omega : \|x\|^2 + (\lambda - \lambda_j)^2 \leqslant \rho^2 + \epsilon^2\},$$

则当 ρ 充分小且不为零时, f_ρ 在 $\Omega \setminus \left(\bigcup_{j=0}^{k} \Omega_j \right)$ 上无零点.

事实上, 由 Ω 的性质 (iii) 知, 存在常数 $r > 0$, 使得当 $(0,\lambda) \in \Omega$, 且 $|\lambda - \lambda_j| \geqslant \epsilon$ 时, $j = 0, 1, \cdots, k$, 恒有

$$\|(id - \lambda A)^{-1}\| \leqslant r. \tag{2.31}$$

再由 g 的假设, 当 $\|x\| \leqslant \rho$, ρ 充分小时, 有

$$\|g(x,\lambda)\| \leqslant \frac{1}{2r}\|x\|. \tag{2.32}$$

当 $(x,\lambda) \in \Omega \setminus \left(\bigcup_{j=0}^{k} \Omega_j\right)$ 时, 如果 $f_\rho(x,\lambda) = 0$, 则有 $(id - \lambda A)x + g(x,\lambda) = 0$, $\|x\| = \rho$ 且 $|\lambda - \lambda_j| \geqslant \epsilon, j = 0, 1, \cdots, k$, 再结合 (2.31) 和 (2.32), 得到

$$\rho = \|x\| = \|(id - \lambda A)^{-1} g(x,\lambda)\| \leqslant \frac{1}{2}\|x\|,$$

矛盾. 所以, f_ρ 在 $\Omega \setminus \left(\bigcup_{j=0}^{k} \Omega_j\right)$ 上无零点.

由度的切除性质得

$$\deg(f_\rho, \Omega, 0) = \sum_{j=0}^{k} \deg(f_\rho, \Omega_j, 0).$$

余下计算 $\deg(f_\rho, \Omega_j, 0)$. 为此, 作同伦

$$h_t(x,\lambda) = ((id - \lambda A)x + tg(x,\lambda), t(\|x\|^2 - \rho^2) + (1-t)(\epsilon^2 - (\lambda - \lambda_j)^2)),$$

则当 $(x,\lambda) \in \partial\Omega_j, t \in [0,1]$ 时, $h_t(x,\lambda) \neq 0$.

事实上, 若有某个 $t \in [0,1]$ 及某个 $(x,\lambda) \in \partial\Omega_j$, 使得 $h_t(x,\lambda) = 0$, 则

$$\begin{cases} (id - \lambda A)x + tg(x,\lambda) = 0, \\ t(\|x\|^2 - \rho^2) + (1-t)(\epsilon^2 - (\lambda - \lambda_j)^2) = 0. \end{cases} \tag{2.33}$$

因为 $(x,\lambda) \in \partial\Omega_j$, 所以 $\|x\|^2 + |\lambda - \lambda_j|^2 = \rho^2 + \epsilon^2$. 于是, 从 (2.33) 的第二式可得 $\lambda = \lambda_j \pm \epsilon$. 此时, 利用 (2.31) 和 (2.32) 可得

$$(id - \lambda A)x + tg(x,\lambda) \neq 0,$$

与 (2.33) 的第一式矛盾.

从而, 由 Leray-Schauder 度的紧同伦不变性, 得

$$\deg(f_\rho, \Omega_j, 0) = \deg(h_1, \Omega_j, 0) = \deg(h_0, \Omega_j, 0).$$

容易看出, $h_0(x, \lambda) = ((id - \lambda A)x, \epsilon^2 - (\lambda - \lambda_j)^2)$ 在 Ω_j 内仅有两个孤立的正则零点 $(x, \lambda) = (0, \lambda_j \pm \epsilon)$, 且

$$h_0'(0, \lambda_j \pm \epsilon)(h, \mu) = ((id - (\lambda_j \pm \epsilon)A)h, -2(\pm\epsilon)\mu).$$

由正则零点的指标公式可得

$$\text{index}\,(h_0, (0, \lambda_j + \epsilon)) = -\text{index}\,(id - (\lambda_j + \epsilon)A, 0) =: -i_j^+;$$
$$\text{index}\,(h_0, (0, \lambda_j - \epsilon)) = \text{index}\,(id - (\lambda_j - \epsilon)A, 0) =: i_j^-.$$

于是,

$$\deg(h_0, \Omega_j, 0) = i_j^- - i_j^+.$$

所以, 我们有

$$0 = \deg(f_\rho, \Omega, 0) = \sum_{j=0}^k \deg(f_\rho, \Omega_j, 0) = \sum_{j=0}^k (i_j^- - i_j^+).$$

当 λ_j^{-1} 是 A 的偶代数重数特征值时, $i_j^- = i_j^+$; 当 λ_j^{-1} 是 A 的奇代数重数特征值时, $i_j^- = -i_j^+$. 所以, 在 $\lambda_0^{-1}, \cdots, \lambda_k^{-1}$ 中, A 的奇代数重数特征值一定有偶数个, 且 $i_j^- = 1, i_j^- = -1$ 的那些奇代数重数特征值的个数各占一半. 证毕.

习题

1. (a) 设 $\Omega \subset \mathbb{R}$ 是开区间, $0 \in \Omega$, $f(x) = \alpha x^k$, $\alpha \neq 0$. 证明: 如果 k 是偶数, 则 $\deg(f, \Omega, 0) = 0$; 如果 k 是奇数, 则 $\deg(f, \Omega, 0) = \text{sign}\,\alpha$.

(b) 设 $g(x) = f(x) + \sum_{i=0}^{k-1} \alpha_i x^i$, $x \in \mathbb{R}$, 其中 f 如 (a) 中. 证明对充分大的 r, 有 $\deg(g, (-r, r), 0) = \deg(f, (-r, r), 0)$.

2. 设 $\mathbb{R}^2$ 上的子集 $\Omega = \{(x, y) : x^2 + y^2 < 1\}$, 映射 f, g 定义为

$$f(x, y) = (e^x - 1, y^2), \quad g(x, y) = (y - x^3, y).$$

计算 $\deg(f, \Omega, (0, 0))$, $\deg(g, \Omega, (0, 0))$.

3. 设 $\Omega \subset \mathbb{R}^n$ 是有界开集, $f \in C(\overline{\Omega})$, $g \in C(\overline{\Omega})$, 且 $|g(x)| < |f(x)|$ 在 $\partial\Omega$ 上成立. 证明 $\deg(f + g, \Omega, 0) = \deg(f, \Omega, 0)$.

4. 证明: 方程组 $2x + y + \sin(x + y) = 0$, $x - 2y + \cos(x + y) = 0$ 在 $B_r(0) \subset \mathbb{R}^2$ 中有解, 其中 $r > 1/\sqrt{5}$.

5. 设 $\Omega = B_1(0) \subset \mathbb{R}^n$, $f \in C(\overline{\Omega})$, 及 $0 \notin f(\overline{\Omega})$, 则存在 $x, y \in \partial\Omega$ 及 $\lambda > 0, \mu < 0$ 使得 $f(x) = \lambda x$ 和 $f(y) = \mu y$, 即 f 有正的和负的特征根, 且特征向量属于 $\partial\Omega$.

6. 证明: 有限维空间中, 球面 ∂B 不是球 B 的收缩核, 即不可能存在连续映射 $f : B \to \partial B$, 使 $f(x) = x$, $\forall x \in \partial B$.

7. 设 $\Omega = B_1(0) \subset \mathbb{R}^{2m+1}$, $f : \partial\Omega \to \partial\Omega$ 连续, 则存在 $x \in \partial\Omega$ 使得或 $x = f(x)$ 或 $x = -f(x)$ 成立.

8. 设 $f \in C(\mathbb{R}^n)$ 满足 $\langle f(x), x \rangle / |x| \to \infty$ (当 $|x| \to \infty$), 则 $f(\mathbb{R}^n) = \mathbb{R}^n$.

9. 设 A 是实的 $n \times n$ 矩阵, $\det A \neq 0$, $f \in C(\mathbb{R}^n)$ 在 $\mathbb{R}^n$ 上满足 $|x - Af(x)| \leqslant \alpha|x| + \beta$, 其中 $\alpha \in [0, 1)$ 及 $\beta \geqslant 0$. 证明 $f(\mathbb{R}^n) = \mathbb{R}^n$.

10. 设 $f \in C(\mathbb{R}^n)$ 满足 f 是映 $\partial B_r(0)$ 到自身的满映射, 其中 $r > 0$. 证明 $\deg(f^m, B_r(0), 0) = [\deg(f, B_r(0), 0)]^m$.

11. 设 $\Omega \subset \mathbb{R}^n$ 是有界开集, $f \in C(\overline{\Omega})$, $f(\overline{\Omega}) \subset \overline{\Omega}$ 及 $f(x) = x$ 在 $\partial\Omega$ 上. 证明 $f(\overline{\Omega}) = \overline{\Omega}$.

12. 设 $\Omega \subset \mathbb{R}^n$ 是有界开集, $0 \in \Omega$, $f \in C(\overline{\Omega})$, 且在 $\partial\Omega$ 上 $\langle f(x), x \rangle \geqslant 0$. 证明 f 有一零点.

13. 设 Ω_m, Ω_n 分别是 $\mathbb{R}^m, \mathbb{R}^n$ 中的有界开集, $f \in C(\overline{\Omega}_m, \mathbb{R}^m)$, $g \in C(\overline{\Omega}_n, \mathbb{R}^n)$, $y \in \mathbb{R}^m \setminus f(\partial\Omega_m)$, $z \in \mathbb{R}^n \setminus f(\partial\Omega_n)$. 证明

$$\deg((f, g), \Omega_m \times \Omega_n, (y, z)) = \deg(f, \Omega_m, y) \deg(g, \Omega_n, z).$$

14. 考虑 $u' = f(t, u)$, 其中 $f \in C^1(\mathbb{R} \times \mathbb{R}^n)$ 及 f 关于 t 是 ω-周期的. 假设对所有 $t \in [0, \omega]$ 及 $|x| \geqslant \rho$, $\langle \operatorname{grad} \phi(x), f(t, x) \rangle \geqslant 0$, 其中 $\phi : \mathbb{R}^n \to \mathbb{R}^n$ 是连续可微的且当 $|x| \to \infty$ 时有 $\phi(x) \to -\infty$. 证明 $u' = f(t, u)$ 有 ω-周期解.

15. 设 $f : \mathbb{R} \times \mathbb{R}^n \to \mathbb{R}^n$ 连续, 关于第一个变量是 ω-周期的, 且满足 $\langle f(t, x) - f(t, y), x - y \rangle \geqslant c|x - y|^2$, 对某个 $c > 0$. 证明 $x'' = f(t, x)$ 有唯一的 ω-周期解.

16. (Lusternik-Schnirelmann-Borsuk) 设 $\Omega \subset \mathbb{R}^n$ 是关于原点对称的有界开集, $\{A_1, A_2, \cdots, A_p\}$ 是 $\partial\Omega$ 的覆盖, 这里 $A_i \subset \partial\Omega$ 是闭集, 且 $A_i \cap (-A_i) = \varnothing$, $i = 1, 2, \cdots, p$. 证明 $p \geqslant n + 1$.

17. 设 $J = [0, \pi]$, $X = C(J)$, $F : X \to X$ 定义为

$$(Fx)(t) = \frac{2}{\pi} \int_0^\pi [a \sin t \sin s + b \sin 2t \sin 2s][x(s) + x^3(s)] ds.$$

试计算 $F'(x)$, $F'(0)$ 的特征值以及它的代数重数.

18. 设 Ω 是 Banach 空间 X 中包含原点的有界开集, $F : \overline{\Omega} \to X$ 全连续且满足

$$\|x - F(x)\|^2 \geqslant \|F(x)\|^2 - \|x\|^2, \quad \forall x \in \partial\Omega.$$

证明 F 在 $\overline{\Omega}$ 上必有不动点.

19. 设 Ω 是 Banach 空间 X 的有界开集, K 为 X 中的闭锥, $0 \in \Omega$, $F : K \cap \overline{\Omega} \to K$ 全连续, $F(0) = 0$, 且

$$\inf_{x \in K \cap \partial\Omega} \|F(x)\| > 0,$$

证明存在 $x_0 \in K \cap \partial\Omega$ 及 $\mu_0 > 0$, 使得 $F(x_0) = \mu_0 x_0$. 此时, 也称 μ_0 为特征值, x_0 为特征向量.

20. 设 X 是 Banach 空间, $f = id - F : X \to X$ 是全连续场, 并且满足 $\|f(x) - f(y)\| \geqslant \phi(\|x - y\|)$, 其中 $\phi : (0, +\infty) \to (0, +\infty)$ 连续, 并且 $\phi(r) \to 0$ 可推得 $r \to 0$. 证明 f 是到 X 上的同胚.

21. 考虑积分方程

$$\phi(x) = \int_G k(x, y, \phi(y)) dy,$$

其中 G 是 $\mathbb{R}^n$ 中某有界闭集. 设 $k(x, y, u)$ 在 $x \in G, y \in G, -\infty < u < +\infty$ 上连续, 且满足不等式

$$|k(x, y, u)| \leqslant a + b|u|, \quad \forall x, y \in G, \ -\infty < u < +\infty,$$

其中 $a > 0, b > 0, b \operatorname{mes} G < 1$. 证明此积分方程必有连续解.

22. 设 X 是无穷维实 Banach 空间, B_1 与 S_1 分别表示 X 的单位球和单位球面, 即 $B_1 = \{x : \|x\| < 1\}$, $S_1 = \{x : \|x\| = 1\}$. 证明 $\alpha(B_1) = \alpha(S_1) = 2$.

第三章　变分方法

变分学几乎和微积分同时诞生, 至今已有三百多年的历史, 它是数学分析的一个重要组成部分, 是一门与其他数学分支密切联系, 并有广泛应用的数学学科. 变分学最初的主要内容是把变分问题的求解化归为微分方程. 自 20 世纪 70 年代以来, 学者们开始寻求极小 (大) 点以外的其他类型临界点的理论, 临界点理论有了很大的发展, 在有变分结构的偏微分方程和动力系统中取得了重要的应用.

§3.1　极值原理

§3.1.1　极值的必要条件

定理 3.1　设 f 为 Banach 空间 X 上的可微泛函, 则 f 在 $x_0 \in X$ 处达到局部极小的必要条件是 $f'(x_0) = 0$.

证明　因为 f 在 x_0 处达到局部极小, 即存在 $\delta > 0$, 使得当 $\|x - x_0\| < \delta$ 时, 有 $f(x) \geqslant f(x_0)$, 所以, 对任意 $h \in X$, $\|h\| = 1$ 及 $|t| < \delta$,

有

$$f(x_0 + th) - f(x_0) = f'(x_0)(th) + o(|t|) \geqslant 0.$$

因为 t 可正可负, 所以 $f'(x_0)h = 0$, $\forall h \in X$. 证毕.

§3.1.2 Euler-Lagrange 方程

先介绍一个引理, 它的证明和一些较弱的形式可以在 [11] 中发现.

引理 3.1 (du Bois-Reymond) (1) 若 $\psi \in C([t_0, t_1])$, 且

$$\int_J \psi(t)\dot{\phi}(t)dt = 0, \quad \forall \phi \in C_0^1(J),$$

其中 $C_0^1(J) = \{u \in C^1(J) : u(t_0) = u(t_1) = 0\}$, $J = [t_0, t_1]$, 则 ψ 为常数;

(2) 设 $f \in L^1([t_0, t_1])$ 满足

$$\int_J f(t)\dot{\phi}(t)dt = 0, \quad \forall \phi \in C_0^\infty([t_0, t_1]),$$

则 $f(t) = c$, a.e. $t \in [t_0, t_1]$.

下面先讨论泛函依赖于单变量函数的情形. 给定一个区间 $J = [t_0, t_1] \subset \mathbb{R}$ 和一个连续可微函数 $L = L(t, u, p)$, $L \in C^1(J \times \mathbb{R}^N \times \mathbb{R}^N, \mathbb{R})$, 再给定两个点 $P_0, P_1 \in \mathbb{R}^N$. 令

$$M = \{u \in C^1(J, \mathbb{R}^N) : u(t_i) = P_i, i = 0, 1\},$$

以及 M 上的泛函

$$I(u) = \int_J L(t, u(t), \dot{u}(t))dt.$$

如果 u^* 是 I 在 M 上的局部极小点, 下面寻求使泛函 I 在函数 u^* 达到极小值应满足的必要条件.

类似于上面极值必要条件的证明, 对任意 $\phi \in C_0^1(J, \mathbb{R}^N)$, 存在 $\epsilon(\phi) > 0$ 使得当 $0 < |\epsilon| < \epsilon(\phi)$ 时, 有

$$I(u^* + \epsilon\phi) - I(u^*) \geqslant 0.$$

得到

$$
\begin{aligned}
\delta I(u^*, \phi) &= \lim_{\epsilon \to 0+} \frac{1}{\epsilon} (I(u^* + \epsilon\phi) - I(u^*)) \\
&= \int_J \sum_{k=1}^N [L_{u^k}(t, u^*(t), \dot{u}^*(t))\phi^k(t) + L_{p^k}(t, u^*(t), \dot{u}^*(t))\dot{\phi}^k(t)]dt \\
&= -\int_J \sum_{k=1}^N \left(\int_{t_0}^t L_{u^k}(s, u^*(s), \dot{u}^*(s))ds \right. \\
&\quad \left. - L_{p^k}(t, u^*(t), \dot{u}^*(t)) \right) \dot{\phi}^k(t)dt \\
&\geqslant 0,
\end{aligned}
$$

$\forall \phi \in C_0^1([t_0, t_1])$. 把 $\delta I(u^*, \phi)$ 称为 I 对 ϕ 的**一阶变分**. 将 ϕ 换成 $-\phi$, 得到

$$
\int_J \sum_{k=1}^N \left(\int_{t_0}^t L_{u^k}(s, u^*(s), \dot{u}^*(s))ds - L_{p^k}(t, u^*(t), \dot{u}^*(t)) \right) \dot{\phi}^k(t)dt = 0.
$$

由 du Bois-Reymond 定理, 得 $u^*(t)$ 满足下列的关系 (称作**积分形式的 Euler-Lagrange 方程**, 简称 **E-L 方程**):

$$
\int_{t_0}^t L_{u^k}(s, u^*(s), \dot{u}^*(s))ds - L_{p^k}(t, u^*(t), \dot{u}^*(t)) = \text{const.}, \quad 1 \leqslant k \leqslant N, \; \forall t.
$$

积分形式的 E-L 方程又可以改写成**微分形式的 E-L 方程**:

$$
-DL_p(t, u^*(t), \dot{u}^*(t)) + L_u(t, u^*(t), \dot{u}^*(t)) = 0,
$$

其中 D 是广义导数. 特别地, 如果 $L \in C^2$ 及 $u \in C^2$, 那么可以把 D 换成普通导数 $\dfrac{d}{dt}$. E-L 方程是泛函极小值的必要条件, 它不是充分的.

为了考虑充分条件, 考虑 I 在 u^* 沿 ϕ 的**二阶变分** (此时假设

$$L \in C^2(J \times \mathbb{R}^N \times \mathbb{R}^N))$$

$$
\begin{aligned}
\delta^2 I(u^*, \phi) &= \frac{d^2}{ds^2} I(u^* + s\phi)\big|_{s=0} \\
&= \sum_{i,j} \int_J [L_{u^i u^j}(t, u^*(t), \dot{u}^*(t))\phi^i(t)\phi^j(t) \\
&\quad + 2L_{u^i p^j}(t, u^*(t), \dot{u}^*(t))\phi^i(t)\dot{\phi}^j(t) \\
&\quad + L_{p^i p^j}(t, u^*(t), \dot{u}^*(t))\dot{\phi}^i(t)\dot{\phi}^j(t)]dt.
\end{aligned}
$$

在 [11] 中已经证明:

定理 3.2　设 $L \in C^2(J \times \Omega \times \mathbb{R}^N)$. 若 $u^* \in M$ 满足 E-L 方程, 而且存在一个 $\lambda > 0$ 使得

$$\delta^2 I(u^*, \phi) \geqslant \lambda \int_J |\dot{\phi}|^2 dt, \quad \forall \phi \in C_0^1(J, \mathbb{R}^N),$$

则 u^* 是 I 的一个严格极小值.

前面我们讨论的未知量是一元函数情形, 当未知量是多元函数时也有类似的结论. 给定 $\Omega \subset \mathbb{R}^n$ 为一有界区域, 其中边界 $\partial\Omega \in C^1$. 给定一个 Lagrange 函数 $L = L(x, u, p) \in C^2(\overline{\Omega} \times \mathbb{R}^N \times \mathbb{R}^{nN})$, 以及在边界上的函数 $\Phi \in C^1(\partial\Omega, \mathbb{R}^N)$. 泛函

$$I(u) = \int_\Omega L(x, u(x), \nabla u(x))dx$$

在 $M := \{v \in C^1(\overline{\Omega}, \mathbb{R}^N) : v|_{\partial\Omega} = \Phi|_{\partial\Omega}\}$ 上的极小值 $u^*(x)$ 满足下列 Euler-Lagrange 方程 (简称 E-L 方程):

$$\sum_{\alpha=1}^n \frac{\partial L_{p_\alpha^i}(x, u^*(x), \nabla u^*(x))}{\partial x_\alpha} - L_{u^i}(x, u^*(x), \nabla u^*(x)) = 0, \quad 1 \leqslant i \leqslant N.$$

容易看到, 若 $N = 1, L(p) = \frac{1}{2}|p|^2$, 在 $M := \{v \in C^1(\overline{\Omega}, \mathbb{R}^N) : v|_{\partial\Omega} = \Phi|_{\partial\Omega}\}$ 上, 泛函

$$D(u) = \frac{1}{2} \int_\Omega |\nabla u(x)|^2 dx \tag{3.1}$$

的极小值满足的 E-L 方程是

$$\Delta u = \sum_{\alpha=1}^{n} \frac{\partial^2 u}{\partial x_\alpha^2} = 0, \quad \forall x \in \Omega \tag{3.2}$$

以及边界条件

$$u\big|_{\partial\Omega} = \Phi. \tag{3.3}$$

方程 (3.2) 称为**调和方程**, 而边界条件 (3.3) 称为 **Dirichlet 边值条件**.

这个思路开辟了求解微分方程的一条新途径. 如果一个微分方程是某个泛函的 E-L 方程, 那么我们可以反过来, 把求解微分方程的问题化归为求相应泛函的极值问题. 对于上面的例子就是, 为了证明调和方程边值问题 (3.2)+(3.3) 有解, 只要证明 Dirichlet 积分泛函 (3.1) 在 M 上存在极小值.

20 世纪之前的变分理论是以 E-L 方程为基础的, 求解泛函极值可以化归为求解对应的 E-L 方程. E-L 方程是微分方程. 当 $n = 1$ 时, 它是常微分方程 (或常微分方程组), 只在一些特殊情形下, 才有可能求出它们的解析解; 当 $n > 1$ 时, E-L 方程是偏微分方程, 能把一个偏微分方程的解析解写出来的情形更是少之又少. 因而, 我们需要对泛函直接研究极值的存在性问题 (称作**直接方法**).

§3.1.3 极值存在的条件

证明泛函存在极值的一种方法是证明极小化序列都有子列收敛到极小值点. 为此, 我们需要如下概念.

定义 3.1.1 称 $f: X \to \mathbb{R} \cup \{\infty\}$ 是**强制的**, 如果 $\lim\limits_{\|x\|\to\infty} f(x) = +\infty$. 如果当 $x_n \rightharpoonup x_0$ (弱) 时, 有 $\liminf\limits_{n\to\infty} f(x_n) \geqslant f(x_0)$, 则称 $f: X \to \mathbb{R} \cup \{\infty\}$ 是**弱下半连续的**. 称集合 $M \subset X$ 是**弱闭的**, 如果 $x_n \in M, x_n \rightharpoonup x_0$, 那么 $x_0 \in M$.

定理 3.3 设 M 是自反 Banach 空间 X 中的一个弱闭非空子集, 又设 $f: M \to \mathbb{R} \cup \{+\infty\}$, $f \not\equiv +\infty$ 是弱下半连续的强制函数, 则 f 在 M 上达到极小值点.

证明　取 f 的一串极小化序列 $\{x_n\} \subset M$, 使得

$$\lim_{n\to\infty} f(x_n) = \inf_{x\in M} f(x).$$

由于 f 是强制的, 得 $\{x_n\}$ 是有界的. 所以, $\{x_n\}$ 有弱收敛的子列 $x_{n_k} \rightharpoonup x_0$. 因为 M 是弱闭的, 所以 $x_0 \in M$. 再利用 f 的弱下半连续性

$$f(x_0) \leqslant \liminf_{k\to\infty} f(x_{n_k}).$$

所以,

$$f(x_0) = \inf_{x\in M} f(x).$$

证毕.

注 1　我们回到 Dirichlet 积分 (3.1). 一方面, 从 Dirichlet 积分 $D(u)$ 有界不能导出 C^1-模有界, 即使点列 C^1 有界, 也未必存在 C^1 收敛的子列; 另一方面, 我们不知道 $C^1(\overline{\Omega})$ 是不是某个线性赋范空间的共轭空间.

与 Dirichlet 积分 $D(u)$ 紧密联系的是如下 (半) 模:

$$\|u\| = \left(\int_{\Omega} |\nabla u|^2 dx\right)^{\frac{1}{2}},$$

以及模

$$\|u\|_1 = \left[\int_{\Omega} (|\nabla u|^2 + |u|^2) dx\right]^{\frac{1}{2}},$$

但线性空间 $C^1(\overline{\Omega})$ 按这个模不是完备的, 我们把它的完备化空间记作 $H^1(\Omega) := W^{1,2}(\Omega)$. 这是一个 Hilbert 空间. 由 Poincaré 不等式知, $D(u)$ 是 $C_0^1(\Omega)$ 上的模, 我们把 $C_0^1(\Omega)$ 在 $H^1(\Omega)$ 中的闭包记作 $H_0^1(\Omega)$. 它是 Hilbert 空间 $H^1(\Omega)$ 中的一个闭子空间.

在用直接方法求解变分问题时这种情况有普遍性, 因为泛函是含导数的变分积分, 而同阶导数的 C 类空间的 C 型模是由逐点的模量的极大值决定的, 而 C 型模是不可能被这个变分积分所控制. 此外, 为了具备序列弱列紧性, 空间必须取成线性赋范空间的共轭空间, 这样的

空间至少应该是完备的. Sobolev 空间 $W^{1,q}(\Omega)$ 是满足这些要求的函数空间.

注 2 考虑水平集 $f_c = \{x \in X : f(x) \leqslant c\}$, $\forall c \in \mathbb{R}$, 能够证明: f 弱下半连续 $\Longleftrightarrow f_c (\forall c \in \mathbb{R})$ 是弱闭的. 集合的闭与弱闭是不同的概念, 弱闭集必是闭集, 反过来未必成立. 由 Banach 空间中的 Mazur 定理, 可以证明: 设 $C \subset X$ 是 Banach 空间 X 的一个凸子集, 则闭 $\Longleftrightarrow$ 弱闭. 关于泛函 f 的弱下半连续性也有一些定理, 我们给出一个定理, 详细或更多的可以参见其他书籍 [11].

定理 3.4 (Tonolli-Morrey) 设 $L : \overline{\Omega} \times \mathbb{R}^N \times \mathbb{R}^{nN} \to \mathbb{R}$, 满足

(1) $L \in C^1(\overline{\Omega} \times \mathbb{R}^N \times \mathbb{R}^{nN})$;

(2) $L \geqslant 0$;

(3) $\forall (x, u) \in \Omega \times \mathbb{R}^N$, $p \to L(x, u, p)$ 是凸的,

则 $I(u) = \displaystyle\int_{\Omega} L(x, u(x), \nabla u(x))dx$ 在 $W^{1,q}(\Omega, \mathbb{R}^N)(1 \leqslant q < \infty)$ 上是序列弱下半连续的.

上面的定理的一个应用就是把一个 E-L 方程解的存在性化归为寻求泛函的极值. 极小点 u 是在某个 Sobolev 空间 $W^{1,q}(\Omega)$ 中通过极小化序列方法得到的, 这个极小点是对应的 E-L 方程的广义解. 从微分方程角度看, 还需要回答这个广义解有没有足够的可微性来满足对应的 E-L 微分方程? 也就是说, 能否从所得的广义解 u 导出 $u \in C^2$? 这样的问题称作正则性问题. 我们给出下面的定理, 其证明可以参见其他书籍 [11].

定理 3.5 当 $1 < r < \infty$ 时, 设 L 满足如下增长条件:

$$|L(t, u, p)| + |L_u(t, u, p)| + |L_p(t, u, p)| \leqslant C(1 + |p|^r),$$

而当 $r = \infty$ 时, 对 L 不加增长条件.

又设矩阵 $(L_{p_i p_j}(t, u, p))$, $\forall (t, u, p) \in \overline{J} \times \mathbb{R}^N \times \mathbb{R}^N$ 都是正定的, 其中 $J \subset \mathbb{R}$ 是开区间. 若 $u^* \in W^{1,r}(J, \mathbb{R}^N)$ 是泛函 $I(u) = \displaystyle\int_J L(t, u(t),$

$\dot u(t))dt$ 的一个极小点, 则改变 u^* 在一个零测集上的值以后, $u^* \in C^2$.

在变分学中, 对于空间 $W^{1,r}(\Omega, \mathbb{R}^N)$ 上的一个泛函 I 来说, 变分 $\delta I(u^*, \phi)$ 与 Gâteaux 导数 $DI(u^*, \phi)$ 的区别在于: 在变分中, $\phi \in C_0^1(\Omega, \mathbb{R}^N)$ 或 $C_0^\infty(\Omega, \mathbb{R}^N)$, 在 Gâteaux 导数中, $\phi \in W_0^{1,r}(\Omega, \mathbb{R}^N)$.

例 3.1　设 $e \in C[0,T]$ 是一个平均值为 0 的 T-周期函数:

$$\int_0^T e(t)dt = 0,$$

a 是一个常数. 证明方程

$$\ddot u(t) + a\sin u(t) = e(t) \tag{3.4}$$

有周期为 T 的周期解.

解　定义 $H^1_{\mathrm{per}}(0,T)$ 为周期为 $T > 0$ 的 Sobolev 空间 $H^1(0,T)$, 即周期为 T 的 C^∞ 函数在 $H^1(0,T)$ 下的闭包. 定义泛函

$$I(u) = \int_0^T \left(\frac{1}{2}|u'(t)|^2 + a\cos u(t) - E(t)u'(t)\right)dt,$$

其中

$$E(t) = \int_0^t e(s)ds.$$

E 也是周期为 $T > 0$ 的函数. I 的 E-L 方程就是方程 (3.4).

对任何 $u \in H^1_{\mathrm{per}}(0,T)$, 作分解

$$u = \widetilde u + \overline u,$$

其中 $\overline u = \dfrac{1}{T}\displaystyle\int_0^T u(t)dt$ 是一个实数. 从 Wirtinger 不等式可见, $\overline u$ 不为泛函 I 的值所控制. 换句话说, 如直接在空间 $H^1_{\mathrm{per}}(0,T)$ 上用 H^1 模的话, 那么 I 不是强制的.

注意到泛函 I 中的非线性项 $\cos u$ 是 2π 周期的, 所以有

$$I(u + 2\pi) = I(u).$$

这表明, 实际上不必在整个 $H_{\text{per}}^1(0,T)$ 上来考虑 I, 而是取集合

$$M = \{u = \xi + \eta : \xi \in H_{\text{per}}^1(0,T), \overline{\xi} = 0, \eta \in [0,2\pi]\},$$

并把 I 限制在 M 上, 这样的好处是 $\overline{u}$ 只在有界区间 $[0,2\pi]$ 上变化.

现在, 集合 M 是序列弱闭的. 注意到

$$I(u) \geqslant \frac{1}{2}\|\dot{\xi}\|_2^2 - \sqrt{T}\|E\|_\infty\|\dot{\xi}\|_2 - T|a|,$$

由 Wirtinger 不等式, $\|\dot{\xi}\|_2$ 是 M 上 H^1 模的等价模. I 在 M 上是强制的, 且它也是弱下半连续的. 于是, 存在极小点 $u \in M \subset H_{\text{per}}^1$. 正则性定理的条件也满足, 所以 $u \in C^2$.

引理 3.2 (Wirtinger 不等式) 设 $u \in H_{\text{per}}^1(0,T)$ 且

$$\overline{u} = \frac{1}{T}\int_0^T u(t)dt = 0,$$

则

$$\int_0^T |u'(t)|^2 dt \geqslant \frac{4\pi^2}{T^2}\int_0^T |u(t)|^2 dt.$$

证明 在 $[0,T]$ 上对周期函数 u 用 Fourier 级数展开. 因为 $\overline{u} = 0$, 所以

$$u(t) = \sum_{k=1}^\infty \left(a_k \cos\frac{2\pi kt}{T} + b_k \sin\frac{2\pi kt}{T}\right),$$

于是

$$u'(t) = \frac{2\pi}{T}\sum_{k=1}^\infty \left(-ka_k \sin\frac{2\pi kt}{T} + kb_k \cos\frac{2\pi kt}{T}\right).$$

由 Parseval 等式

$$\begin{aligned}
\int_0^T |u'(t)|^2 dt &= \frac{(2\pi)^2}{T^2}\sum_{k=1}^\infty k^2(|a_k|^2 + |b_k|^2) \\
&\geqslant \frac{(2\pi)^2}{T^2}\sum_{k=1}^\infty (|a_k|^2 + |b_k|^2) \\
&= \frac{(2\pi)^2}{T^2}\int_0^T |u(t)|^2 dt.
\end{aligned}$$

证毕.

§3.1.4　条件极值

定义 3.1.2　设 X 是 Banach 空间, $g_i \in C^1(X, \mathbb{R}), i = 1, 2, \cdots, n$. 称约束条件 $M = \{x \in X : g_i(x) = 0, i = 1, 2, \cdots, n\}$ 为**正则的**, 如果 $M \neq \varnothing$, 且对任何 $x \in M, g_1'(x), \cdots, g_n'(x)$ 是线性无关的.

设 $M = \{x \in X : g_i(x) = 0, i = 1, 2, \cdots, n\}$ 为正则约束, 记 $G(x) = (g_1(x), \cdots, g_n(x))$, 则 $G \in C^1(X, \mathbb{R}^n)$, 对任何固定的 $x_0 \in M$, $G'(x_0) : X \to \mathbb{R}^n$ 满值, 且 X 有直和分解

$$X = X_1 \oplus X_2, \quad X_1 = \operatorname{Ker} G'(x_0).$$

对任意 $x - x_0 \in X$, 有唯一的 $x_1 \in X_1, x_2 \in X_2$, 使得

$$x - x_0 = x_1 + x_2.$$

利用隐函数定理, 存在 $\delta, r > 0$, 使当 $\|x_1\| \leqslant \delta$ 时, 有唯一的 $x_2(x_1)$, $\|x_2(x_1)\| < r$, 使得

$$G(x_0 + x_1 + x_2(x_1)) = 0,$$

且 $x_2(x_1)$ 关于 x_1 是连续可微的.

如取 $h \in X_1, \|h\| = 1$, 则当 $|t| < \delta$ 时, 有

$$G(x_0 + th + x_2(th)) = 0.$$

对 t 微分, 且令 $t = 0$, 得

$$G'(x_0)(h + x_2'(0)h) = 0.$$

由于 $G'(x_0)h = 0, G'(x_0) : X_2 \to \mathbb{R}^n$ 是同构, 故

$$x_2'(0)h = 0.$$

上述讨论表明, 如果 M 是正则约束, 则对任何 $x_0 \in M$, 以及任何

$h \in \bigcap\limits_{i=1}^{n} \operatorname{Ker} g_i'(x_0)$, 都有 M 上的 C^1 曲线 $\phi : [0,1] \to M$, 使得

$$\phi(0) = x_0, \quad \phi'(0) = h.$$

如从微分流形的角度来看, 这一事实是显然的. 因为 M 是 C^1 流形, h 是 M 在 x_0 处的切空间的元素. 因此, 有 C^1 曲线 ϕ, 使得 $\phi(0) = x_0, \phi'(0) = h$.

定理 3.6 设 X 是 Banach 空间, $f, g_i \in C^1(X, \mathbb{R}), i = 1, 2, \cdots, n$. 再设 $M = \{x \in X : g_i(x) = 0, i = 1, 2, \cdots, n\}$ 为正则约束. 如果 f 看成 M 上的实函数在 $x_0 \in M$ 处达到局部极小, 则一定存在 n 个常数 $\lambda_1, \cdots, \lambda_n$, 使得

$$f'(x_0) = \sum_{i=1}^{n} \lambda_i g_i'(x_0).$$

实数 $\lambda_1, \cdots, \lambda_n$ 称为 **Lagrange 乘子**.

证明 由于 f 限制到 M 上在 x_0 处达到局部极小, 故存在 $\delta > 0$, 使得当 $x \in M, \|x - x_0\| \leqslant \delta$ 时,

$$f(x) - f(x_0) \geqslant 0. \tag{3.5}$$

首先断言: 对任何 $h \in \bigcap\limits_{i=1}^{n} \operatorname{Ker} g_i'(x_0)$, 都有 $f'(x_0)h = 0$. 事实上, 对 $h \in \bigcap\limits_{i=1}^{n} \operatorname{Ker} g_i'(x_0)$, 让 $\phi : [0,1] \to M$ 是一条 C^1 曲线, 使得 $\phi(0) = x_0, \phi'(0) = h$, 结合 (3.5), 有

$$0 \leqslant \lim_{t \to 0^+} \frac{f(\phi(t)) - f(x_0)}{t} = f'(x_0)\phi'(0) = f'(x_0)h,$$

以 $-h$ 代替 h, 同样也有 $-f'(x_0)h \geqslant 0$, 故 $f'(x_0)h = 0$.

取 $e_1, \cdots, e_n \in X$, 使得

$$g_i'(x_0)e_j = \delta_{ij} = \begin{cases} 1, & \text{当 } i = j, \\ 0, & \text{当 } i \neq j. \end{cases}$$

对任意 $x \in X$, 再让

$$h = x - \sum_{i=1}^{n} \langle g_i'(x_0), x \rangle e_i,$$

则 $g_i'(x_0)h = 0$, $i = 1, 2, \cdots, n$. 于是,

$$0 = \langle f'(x_0), h \rangle = \langle f'(x_0), x \rangle - \sum_{i=1}^{n} \langle f'(x_0), e_i \rangle \langle g_i'(x_0), x \rangle,$$

取 $\lambda_i = \langle f'(x_0), e_i \rangle$, 则

$$\langle f'(x_0) - \sum_{i=1}^{n} \lambda_i g_i'(x_0), x \rangle = 0.$$

由 x 的任意性得

$$f'(x_0) = \sum_{i=1}^{n} \lambda_i g_i'(x_0).$$

证毕.

对带有不等号的约束, 可作类似的讨论.

定义 3.1.3　设 X 是 Banach 空间, $g_i, h_j \in C^1(X, \mathbb{R})$, $i = 1, 2, \cdots,$ $n, j = 1, \cdots, m$. 称约束条件 $M = \{x \in X : g_i(x) = 0, h_j(x) \geqslant 0, i = 1, 2, \cdots, n, j = 1, \cdots, m\}$ 为**正则的**, 如果 $M \neq \varnothing$, 且对任何 $x_0 \in M$, $g_1'(x_0), \cdots, g_n'(x_0), h_{j_1}'(x_0), \cdots, h_{j_k}'(x_0)$ 是线性无关的, 其中 $h_{j_1}, \cdots, h_{j_k}$ 是 $h_1, \cdots, h_m$ 中那些在 x_0 处等于零的全体.

定理 3.7　设 X 是 Banach 空间, $f, g_i, h_j \in C^1(X, \mathbb{R})$, $i = 1, 2, \cdots,$ $n, j = 1, \cdots, m$. 再设 $M = \{x \in X : g_i(x) = 0, h_j(x) \geqslant 0, i = 1, 2, \cdots, n, j = 1, \cdots, m\}$ 为正则约束. 如果 f 看成 M 上的实函数在 $x_0 \in M$ 处达到局部极小, 则一定存在 n 个常数 $\lambda_1, \cdots, \lambda_n$ 及 m 个非负实数 $\alpha_1, \cdots, \alpha_m$, 使得

$$f'(x_0) = \sum_{i=1}^{n} \lambda_i g_i'(x_0) + \sum_{j=1}^{m} \alpha_j h_j'(x_0),$$

其中当 $h_j(x_0) > 0$ 时, $\alpha_j = 0$.

§3.1.5 Ekeland 变分原理

Ekeland 变分原理于 1970 年提出, 是一个很一般、应用很普遍的极小化原理, 它提供了一种选取极小化序列的方法, 这串极小化序列结合其他条件有广泛的应用.

定理 3.8 (Ekeland)   设 (M, d) 是完备的度量空间, $f : M \to \mathbb{R} \cup \{+\infty\}$ 是下方有界的下半连续泛函, 且不恒等于 $+\infty$, 对任何 $\epsilon > 0$ 及任何 $x_\epsilon \in M$ 使得

$$f(x_\epsilon) < \inf_{x \in M} f(x) + \epsilon,$$

则存在 $y_\epsilon \in M$, 使得

$$f(y_\epsilon) \leqslant f(x_\epsilon), \tag{3.6}$$

$$d(x_\epsilon, y_\epsilon) \leqslant 1, \tag{3.7}$$

$$f(x) > f(y_\epsilon) - \epsilon d(y_\epsilon, x), \ \forall x \in M, x \neq y_\epsilon. \tag{3.8}$$

证明   (1) 定义点列 $\{y_n\}$ 如下: 取 $y_0 = x_\epsilon$. 若 y_0 满足 (3.8), 则取 $y_\epsilon = y_0$ 即可.

若 y_0 不满足 (3.8), 则

$$S_0 = \{y \in M : f(y) \leqslant f(y_0) - \epsilon d(y_0, y)\}$$

除 y_0 之外还含有其他点, 取 $y_1 \in S_0$ 使得

$$f(y_1) \leqslant \frac{1}{2}\left(f(y_0) + \inf_{y \in S_0} f(y)\right) < f(y_0).$$

一般地, 若 y_n 已经取出, 则当 y_n 满足 (3.8) 时, 取 $y_\epsilon = y_n$ 即可. 事实上, 由 $y_k, 0 \leqslant k \leqslant n$ 的定义, 有

$$\epsilon d(y_n, y_0) \leqslant \epsilon \sum_{k=0}^{n-1} d(y_{k+1}, y_k) \leqslant f(y_0) - f(y_n) < \epsilon.$$

故 y_n 满足 (3.7), 而 (3.6) 是显然满足的.

若 y_n 不满足 (3.8) 时, 则

$$S_n = \{y \in M : f(y) \leqslant f(y_n) - \epsilon d(y_n, y)\}$$

除 y_n 之外还含有另外的点, 取 $y_{n+1} \in S_n$ 使得

$$f(y_{n+1}) \leqslant \frac{1}{2}\left(f(y_n) + \inf_{y \in S_n} f(y)\right) < f(y_n). \tag{3.9}$$

不失一般性, 假定这个过程一直进行下去, 则得到一列点 $\{y_n\}$.

(2) 由于

$$
\begin{aligned}
\epsilon d(y_n, y_{n+p}) &\leqslant \sum_{k=0}^{p-1} \epsilon d(y_{n+k}, y_{n+k+1}) \\
&\leqslant \sum_{k=0}^{p-1} (f(y_{n+k}) - f(y_{n+k+1})) \\
&= f(y_n) - f(y_{n+p}),
\end{aligned} \tag{3.10}
$$

以及 $f(y_n)$ 递减, 下方有界, 故 $\{y_n\}$ 是 Cauchy 列.

(3) 记 $y_\epsilon = \lim\limits_{n \to \infty} y_n$. 下面只需证明 y_ϵ 满足 (3.6), (3.7), (3.8).

首先, 由 f 的下半连续性可得

$$f(y_\epsilon) \leqslant \lim_{n \to \infty} f(y_n) \leqslant f(y_0) = f(x_\epsilon).$$

故 (3.6) 满足.

(3.7) 是由下面的不等式推得

$$
\begin{aligned}
\epsilon d(x_\epsilon, y_\epsilon) &= \epsilon \lim_{n \to \infty} d(x_\epsilon, y_n) \\
&\leqslant \lim_{n \to \infty} (f(x_\epsilon) - f(y_n)) \\
&\leqslant f(x_\epsilon) - \inf_{y \in M} f(y) \leqslant \epsilon.
\end{aligned}
$$

最后验证 (3.8). 反证, 假设存在某个 $x \neq y_\epsilon$ 使得

$$f(x) \leqslant f(y_\epsilon) - \epsilon d(y_\epsilon, x). \tag{3.11}$$

在 (3.10) 中令 $p \to \infty$ 得

$$\epsilon d(y_n, y_\epsilon) \leqslant f(y_n) - f(y_\epsilon).$$

结合 (3.11) 有

$$f(x) \leqslant f(y_n) - \epsilon(d(y_\epsilon, x) + d(y_n, y_\epsilon)) \leqslant f(y_n) - \epsilon d(x, y_n).$$

这表明 $x \in S_n$ 对任何 n 都成立. 另一方面由 (3.9) 可得,

$$2f(y_{n+1}) - f(y_n) \leqslant \inf_{y \in S_n} f(y) \leqslant f(x).$$

令 $n \to \infty$ 可得

$$f(y_\epsilon) \leqslant \lim_{n \to \infty} f(y_n) \leqslant f(x),$$

与 (3.11) 相矛盾. 证毕.

Ekeland 变分原理中并没有得到泛函 f 的极小值, 它的意义在于, 这串特殊选择的极小化序列提供了一串特殊的近似极小点.

推论 3.1 (近似极值点) 设 X 是 Banach 空间, $f \in C^1(X, \mathbb{R})$, 且下方有界, 则对任何 $\epsilon > 0$, 存在 $y_\epsilon \in X$ 使得

$$f(y_\epsilon) \leqslant \inf_{x \in X} f(x) + \epsilon, \tag{3.12}$$

且

$$\|f'(y_\epsilon)\| \leqslant \epsilon. \tag{3.13}$$

证明 由定理 3.8, 对任意 $\epsilon > 0$, 存在 $y_\epsilon \in X$ 使得 (3.12) 成立, 且对任意 $x \in X$, 有

$$f(x) - f(y_\epsilon) \geqslant -\epsilon \|x - y_\epsilon\|.$$

特别, 对 $h \in X$, $\|h\| = 1$, 取 $x = y_\epsilon + th, t > 0$, 则

$$\frac{f(y_\epsilon + th) - f(y_\epsilon)}{t} \geqslant -\epsilon.$$

令 $t \to 0$ 得

$$\langle f'(y_\epsilon), h \rangle \geqslant -\epsilon. \tag{3.14}$$

以 $-h$ 代替 h, 也有

$$\langle f'(y_\epsilon), -h \rangle \geqslant -\epsilon.$$

从而,

$$\langle f'(y_\epsilon), h \rangle \leqslant \epsilon.$$

结合 (3.14), 得

$$|\langle f'(y_\epsilon), h \rangle| \leqslant \epsilon.$$

由 h 的任意性可推得

$$\|f'(y_\epsilon)\| \leqslant \epsilon.$$

证毕.

定义 3.1.4 (Palais-Smale 条件)　　设 X 是 Banach 空间, 称 $f \in C^1(X, \mathbb{R})$ 满足 **P.S. 条件**是指对任意点列 $\{x_n\} \subset X$, 由 $\{f(x_n)\}$ 有界, $f'(x_n) \to 0$, 可推得 $\{x_n\}$ 有收敛子列.

称 $f \in C^1(X, \mathbb{R})$ 在 $f^{-1}((a,b))$ 上满足 **P.S. 条件**是指对任意点列 $\{x_n\} \subset X$, 由 $\{f(x_n)\} \subset (a,b)$ 有界, $f'(x_n) \to 0$, 可推得 $\{x_n\}$ 有收敛子列.

还有一些变化形式的 P.S. 条件, 在具体问题中应用有时是便利的. H. Brezis, J.M. Coron, L. Nirenberg 称满足下列条件的函数 f 为 $(\text{P.S.})_c$ 函数: 对任意点列 $\{x_n\} \subset X$, 由 $f(x_n) \to c$, $f'(x_n) \to 0$, 可推得 $\{x_n\}$ 有收敛子列. 更多的可参看 [8].

推论 3.2　　设 X 是 Banach 空间, $f \in C^1(X, \mathbb{R})$ 下方有界且满足 P.S. 条件, 则 f 达到极小, 即存在 $x_0 \in X$, 使得 $f(x_0) = \inf\limits_{x \in X} f(x)$.

证明　　取 $\epsilon_n \to 0$, 则由推论 3.1 知, 存在 $\{x_n\} \subset X$, 使得 $f(x_n) \to \inf\limits_{x \in X} f(x)$, $f'(x_n) \to 0$. 利用 P.S. 条件得 $\{x_n\}$ 有收敛子列 $\{x_{n_k}\}$. 记 $x_0 = \lim\limits_{k \to \infty} x_{n_k}$, 则 $f(x_0) = \inf\limits_{x \in X} f(x)$, 且 $f'(x_0) = 0$. 证毕.

结合 Ekeland 变分原理与 Palais-Smale 条件, 推论 3.2 给出存在极小值的另一个判据.

§3.1.6 Nehari 技巧

有许多泛函既无上界又无下界, 表面上看求极值的方法不能用来寻求临界点. 但对于一些特殊的问题, Nehari 使用了一种特殊的技巧, 把求临界点转化为求极值问题.

设 H 是一个 Hilbert 空间, 有内积 $\langle \cdot, \cdot \rangle$, 给定一个泛函 $I \in C^2(H, \mathbb{R})$. 我们要求 I 的临界点, 即 $I'(u) = 0$ 的点.

定义 $G(u) = \langle I'(u), u \rangle$. I 的所有的临界点 u 都满足

$$G(u) = 0.$$

如果集合 $M = \{u \in H : G(u) = 0\}$ 是一个流形, 例如, $G'(u) \neq 0, \forall u \in M$, 那么把 I 限制在 M 上得到一个新的泛函 $\widetilde{I}$. 如果 $\widetilde{I}$ 有极值的话, 那么我们就来对 $\widetilde{I}$ 求极值, 也就是, 求 I 的条件极值.

自然会问, 约束 $G(u) = 0$ 产生的 Lagrange 乘子怎么办? 事实上, 因为

$$\widetilde{I}'(u) = I'(u) - \frac{\langle I'(u), u \rangle}{\|G'(u)\|^2} G'(u),$$

所以在 M 上 $\langle I'(u), u \rangle = G(u) = 0$, 只要 $G'(u) \neq 0$, 就有

$$\widetilde{I}'(u) = 0 \Longleftrightarrow I'(u) = 0.$$

§3.2 极小极大原理

这一节我们介绍寻找极小 (大) 点以外的其他类型临界点. 这个理论的基本出发点是通过泛函水平集合拓扑结构的变化来判定临界点的存在性.

§3.2.1 伪梯度向量场与形变引理

设 X 是 Banach 空间, $f : X \to \mathbb{R}$ 为 C^1 泛函, 称 $x_0 \in X$ 为 f 的**临界点**, 如果 $f'(x_0) = 0$. f 的临界点的全体称为**临界集**, 记为

$K = \{x \in X : f'(x) = 0\}.$ $\widetilde{X} = X \setminus K$ 中的点称为 f 的**正则点**.

$c \in \mathbb{R}$ 称为 f 的**临界值**是指存在 $x \in K$, 使 $f(x) = c$. 不是临界值的实数称为**正则值**.

记集合

$$K_c = \{x \in K : f(x) = c\},$$
$$f_c = \{x \in X : f(x) \leqslant c\}.$$

f_c 称作**水平集**.

引理 3.3 若 f 满足 P.S. 条件, 则对任意 $a, b \in \mathbb{R}, a < b$, 只要 $f^{-1}([a, b]) \cap K = \varnothing$, 就有 $\epsilon_0, \delta_0 > 0$ 使得

$$\|f'(x)\| \geqslant \epsilon_0, \quad \forall x \in f^{-1}([a - \delta_0, b + \delta_0]).$$

证明 反证法, 假设存在 $x_n \in f^{-1}\left(\left[a - \frac{1}{n}, b + \frac{1}{n}\right]\right)$, $n = 1, 2, \cdots$, 使得 $f'(x_n) \to 0$ (当 $n \to \infty$). 由 P.S. 条件, 存在收敛的子列 $x_{n_k} \to x^*$, 则必有 $f'(x^*) = 0$ 以及 $x^* \in f^{-1}([a, b])$, 矛盾. 证毕.

引理 3.4 若 f 满足 P.S. 条件, 则对任意 $c \in \mathbb{R}, K_c$ 是紧集.

证明 任取 $\{x_n\} \subset K_c$, 则 $f(x_n) = c, f'(x_n) = 0$. 由 P.S. 条件, 有收敛子列 $x_{n_k} \to x^*$. 显然 $x^* \in K_c$. 于是 K_c 是紧集. 证毕.

本节的目的是考察 f_c, $c \in \mathbb{R}$, 随 c 的变化. 特别是证明: 当 $f^{-1}([a, b]) \cap K = \varnothing$ 时, 即当在 a, b 之间没有 f 的临界值时, f_a 是 f_b 的一个形变收缩核. 想法是通过伪梯度向量场产生流线 $\eta(t)$, 使得 $f(\eta(t))$ 是下降的.

定义 3.2.1 称向量场 $V : \widetilde{X} \to X$ 为 f 的**伪梯度向量场**, 如果 V 是局部 Lipschitz, 且满足

(1) $\|V(x)\| \leqslant 2\|f'(x)\|$;

(2) $\langle f'(x), V(x) \rangle \geqslant \|f'(x)\|^2$,

其中 $\langle \cdot, \cdot \rangle$ 表示 X^* 与 X 的对偶作用.

f 的伪梯度向量场可能不止一个. 如果 X 是 Hilbert 空间, f' 是局部 Lipschitz 的, 可取 $V(x) = f'(x)$. 这时, 伪梯度向量场就是梯度向量场.

定理 3.9 (Palais) 设 $f \in C^1(X, \mathbb{R})$, 则存在 f 的伪梯度向量场.

证明 任取 $x_0 \in \widetilde{X}$, 由 $f'(x_0) \neq 0$, 存在 $w \in X, \|w\| = 1$, 使得

$$\langle f'(x_0), w \rangle > \frac{2}{3} \|f'(x_0)\|.$$

令

$$v = \frac{3}{2} \|f'(x_0)\| w,$$

则

$$\begin{cases} \|v\| < 2\|f'(x_0)\|, \\ \langle f'(x_0), v \rangle > \|f'(x_0)\|^2. \end{cases}$$

由于 f' 连续, 存在 x_0 的邻域 N_{x_0}, 使得当 $x \in N_{x_0}$ 时, 有

$$\begin{cases} \|v\| < 2\|f'(x)\|, \\ \langle f'(x), v \rangle > \|f'(x)\|^2. \end{cases} \tag{3.15}$$

因为 $\widetilde{X}$ 是仿紧空间 (参见 [2]), 而 $\{N_{x_0} \mid x_0 \in \widetilde{X}\}$ 是 $\widetilde{X}$ 的一个开覆盖, 所以存在局部有限的加细覆盖 $\{N_\alpha \mid \alpha \in \Lambda\}$, Λ 是一个指标集. 令

$$\rho_\alpha(x) = \operatorname{dist}(x, X \backslash N_\alpha), \quad \alpha \in \Lambda,$$

则 ρ_α 是局部 Lipschitz 的. 再令

$$\beta_\alpha(x) = \frac{\rho_\alpha(x)}{\displaystyle\sum_{\alpha' \in \Lambda} \rho_{\alpha'}(x)}, \quad \alpha \in \Lambda.$$

因为 $\{N_\alpha \mid \alpha \in \Lambda\}$ 是 $\widetilde{X}$ 的一个局部有限覆盖, 所以分母中的级数 $\displaystyle\sum_{\alpha \in \Lambda} \rho_\alpha(x) > 0$ 是有穷和. 令

$$V(x) = \sum_{\alpha \in \Lambda} \beta_\alpha(x) v_{x_\alpha},$$

则

$$\|V(x)\| \leqslant \sum_{\alpha \in \Lambda} \beta_\alpha(x)\|v_{x_\alpha}\| \leqslant 2\|f'(x)\|,$$

$$\langle f'(x), V(x)\rangle = \sum_{\alpha \in \Lambda} \beta_\alpha(x)\langle f'(x), v_{x_\alpha}\rangle \geqslant \|f'(x)\|^2,$$

其中 v_{x_α} 是 X 中的向量, 使得当 $x \in N_{x_\alpha}$ 时, 以 v_{x_α} 代替 v, (3.15) 式成立. 所以, V 是 f 的伪梯度向量场. 证毕.

定理 3.10 (形变引理)   设 X 是 Banach 空间, $f \in C^1(X, \mathbb{R})$, 在 $f^{-1}((a,b))$ 上满足 P.S. 条件, 则对任何 $c \in (a,b)$, 任何正数 $\epsilon_0 > 0$, $[c - \epsilon_0, c + \epsilon_0] \subset (a,b)$ 以及 K_c 的任何邻域 N, 存在 $\bar\epsilon > \epsilon > 0, \bar\epsilon \leqslant \epsilon_0$, 以及同胚映射 $\eta : X \to X$ 满足

(1) $\eta(f_{c+\epsilon} \setminus N) \subset f_{c-\epsilon}$;

(2) 当 $K_c = \varnothing$ 时, $\eta(f_{c+\epsilon}) \subset f_{c-\epsilon}$;

(3) 当 $x \notin f^{-1}([c - \bar\epsilon, c + \bar\epsilon])$ 时, $\eta(x) = x$.

证明   因为 K_c 是紧集, N 是 K_c 的邻域, 所以存在 $\delta > 0$, 使得 $N_\delta = \{x \in X : \mathrm{dist}\,(x, K_c) < \delta\} \subset N$. 由 P.S. 条件, 存在 $b_0, \bar\epsilon > 0$ 使得

$$\|f'(x)\| \geqslant b_0, \quad \forall x \in f^{-1}([c - \bar\epsilon, c + \bar\epsilon]) \setminus N_{\frac{\delta}{8}}.$$

选取局部 Lipschitz 函数

$$\widetilde{\chi}(x) = \begin{cases} 1, & \text{当 } x \notin \overline{N}_{\frac{\delta}{4}}, \\ 0, & \text{当 } x \in \overline{N}_{\frac{\delta}{8}}, \end{cases} \quad 0 \leqslant \widetilde{\chi}(x) \leqslant 1.$$

这样的函数总可以构成, 因为对于 X 上任意两个不相交的闭集 A, B, 令

$$g(x) = \frac{\mathrm{dist}\,(x, A)}{\mathrm{dist}\,(x, A) + \mathrm{dist}\,(x, B)},$$

就有 $g(x) = 0$ 当 $x \in A$, $g(x) = 1$ 当 $x \in B$; 且 $0 \leqslant g(x) \leqslant 1$.

取 $0 < \epsilon < \min\left\{\bar\epsilon, \dfrac{b_0\delta}{8}, \dfrac{b_0}{8}\right\}$, 以及局部 Lipschitz 函数

$$\chi(x) = \begin{cases} 0, & \text{当 } x \notin f^{-1}([c - \bar\epsilon, c + \bar\epsilon]), \\ 1, & \text{当 } x \in f^{-1}([c - \epsilon, c + \epsilon]), \end{cases} \quad 0 \leqslant \chi(x) \leqslant 1.$$

再令

$$\Phi(x) = \begin{cases} -\chi(x)\widetilde{\chi}(x)\dfrac{V(x)}{\|V(x)\|}, & \text{当 } x \in \widetilde{X}, \\ 0, & \text{当 } x \in X \setminus \widetilde{X}, \end{cases}$$

其中 V 是 f 的伪梯度向量场. 因为 $f^{-1}([c-\bar{\epsilon}, c+\bar{\epsilon}]) \setminus N_{\frac{\delta}{8}} \subset \widetilde{X}$, 所以 Φ 在整个 X 上都有定义, 满足 $\|\Phi(x)\| \leqslant 1$, 并且是局部 Lipschitz 的.

由微分方程基本理论, 微分方程初值问题

$$\begin{cases} \dfrac{d\eta}{dt} = \Phi(\eta), \\ \eta(0) = x \end{cases}$$

的解是存在唯一的, 记为 $\eta(t,x)$, 且解的向右最大存在区间为 $[0,\infty)$.

由 Φ 的构造, 得到

$$\eta(t,\cdot) = id, \quad x \notin f^{-1}([c-\bar{\epsilon}, c+\bar{\epsilon}]).$$

由解的存在唯一性定理, 得 $\eta(0,\cdot) = id$, 及 $\eta(t,\cdot) : X \to X$ 是同胚. 剩下来验证:

$$\eta(1, f_{c+\epsilon} \setminus N_\delta) \subset f_{c-\epsilon}.$$

首先断言: (a) $\|\eta(t,x) - x\| \leqslant t$; (b) 若 $\eta(s,x) \in f^{-1}([c-\epsilon, c+\epsilon]) \setminus \overline{N_{\frac{\delta}{4}}}, \forall s \in [0,t)$, 则 $f(x) - f(\eta(t,x)) \geqslant \dfrac{b_0}{2}t$.

事实上, (a) 由下列不等式推出:

$$\|\eta(t,x) - x\| \leqslant \int_0^t \|\eta'(s,x)\| ds \leqslant t.$$

而 (b) 是由于

$$\begin{aligned}
f(x) - f(\eta(t,x)) &= -\int_0^t \frac{d}{ds} f(\eta(s,x)) ds \\
&= -\int_0^t \langle f'(\eta(s,x)), \eta'(s,x) \rangle ds \\
&= \int_0^t \chi(q)\widetilde{\chi}(q) \left\langle f'(q), \frac{V(q)}{\|V(q)\|} \right\rangle \bigg|_{q=\eta(s,x)} ds \\
&\geqslant \frac{b_0}{2}t.
\end{aligned}$$

下面分两步来完成.

(1) 证明: 对每一个 $x \in f^{-1}([c-\epsilon, c+\epsilon]) \setminus N_\delta$, 存在 $t_x \leqslant \dfrac{4}{b_0}\epsilon$, 使得 $\eta(t_x, x) \in f_{c-\epsilon} \cup \overline{N}_{\frac{\delta}{4}}$.

反证法, 若有某个 $x \in f^{-1}([c-\epsilon, c+\epsilon]) \setminus N_\delta$, 使对任何 $t \in \left[0, \dfrac{4}{b_0}\epsilon\right]$, 都有 $\eta(t, x) \notin f_{c-\epsilon} \cup \overline{N}_{\frac{\delta}{4}}$. 因而, $\eta(t, x) \in f^{-1}([c-\epsilon, c+\epsilon]) \setminus N_{\frac{\delta}{4}}, t \in \left[0, \dfrac{4}{b_0}\epsilon\right]$. 由 (b), 得

$$2\epsilon > f(x) - f\left(\eta\left(\dfrac{4}{b_0}\epsilon, x\right)\right) \geqslant \dfrac{b_0}{2} \times \dfrac{4}{b_0}\epsilon = 2\epsilon,$$

矛盾.

(2) 证明: 对每一个 $x \in f^{-1}([c-\epsilon, c+\epsilon]) \setminus N_\delta$, 若有 $t_x \leqslant \dfrac{4}{b_0}\epsilon$ 使 $\eta(t_x, x) \in \overline{N}_{\frac{\delta}{4}}$, 则 $\eta(t_x, x) \in f_{c-\epsilon}$.

事实上, 令

$$t_1 = \sup\{t \geqslant 0 : \eta(\tau, x) \notin N_{\frac{\delta}{4}}, \ \forall \tau \in [0, t)\},$$

则 $t_1 \leqslant t_x$, 且当 $\tau \in [0, t_1)$ 时, $\eta(\tau, x) \notin N_{\frac{\delta}{4}}$, 而 $\eta(t_1, x) \in \overline{N}_{\frac{\delta}{4}}$. 因为流使函数值下降:

$$f(x) - f(\eta(t, x)) = \int_0^t \chi(q)\widetilde{\chi}(q)\left\langle f'(q), \dfrac{V(q)}{\|V(q)\|}\right\rangle\bigg|_{q=\eta(s,x)} ds \geqslant 0,$$

只需证明 $\eta(t_1, x) \in f_{c-\epsilon}$. 用反证法, 若 $\eta(t_1, x) \notin f_{c-\epsilon}$, 则 $\eta(t, x) \in f^{-1}([c-\epsilon, c+\epsilon])$, $\forall t \in [0, t_1]$. 由断言 (a) 和 (b), 得

$$\|\eta(t_1, x) - x\| \leqslant t_1 < \dfrac{2}{b_0}(f(x) - f(\eta(t_1, x)))$$

$$\leqslant \dfrac{4}{b_0}\epsilon < \dfrac{\delta}{2}.$$

因为 $x \notin N_\delta$, 所以 $\eta(t_1, x) \notin \overline{N}_{\frac{\delta}{2}}$, 得矛盾.

由上面两步, 以及 $t_1 < 1$, 而流使函数下降, 只要取 $\eta(\cdot) = \eta(1, \cdot)$, 所以结论成立. 证毕.

§3.2.2 极小极大原理

定理 3.11 (极小极大原理) 设 X 是 Banach 空间, $\mathfrak{F}$ 是 X 的子集族, $f \in C^1(X, \mathbb{R})$. 令

$$c = \inf_{F \in \mathfrak{F}} \sup_{x \in F} f(x).$$

如果

(1) c 是一个有穷数;

(2) 存在 $\epsilon_0 > 0$, 使得对任何连续映射 $\eta: X \to X$ 满足 $\eta\big|_{f_{c-\epsilon_0}} = id\big|_{f_{c-\epsilon_0}}$, 以及任何 $F \in \mathfrak{F}$, 都有 $\eta(F) \in \mathfrak{F}$;

(3) f 在 $f^{-1}((c-\epsilon_0, c+\epsilon_0))$ 上满足 P.S. 条件,

则 c 是 f 的临界值.

证明 反证法. 若 c 不是 f 的临界值, 即 $K_c = \varnothing$, 利用形变引理可得, 存在 $\bar{\epsilon} > \epsilon > 0$, $\bar{\epsilon} < \epsilon_0$ 以及连续映射 $\eta: X \to X$ 使得 $\eta\big|_{f_{c-\bar{\epsilon}}} = id\big|_{f_{c-\bar{\epsilon}}}$, 且 $\eta(f_{c+\epsilon}) \subset f_{c-\epsilon}$. 根据 c 的定义, 存在 $F_0 \in \mathfrak{F}$ 使得

$$c \leqslant \sup_{x \in F_0} f(x) < c + \epsilon,$$

所以

$$\sup_{x \in \eta(F_0)} f(x) \leqslant c - \epsilon.$$

由条件 (2) 得, $\eta(F_0) \in \mathfrak{F}$, 所以

$$c = \inf_{F \in \mathfrak{F}} \sup_{x \in F} f(x) \leqslant \sup_{x \in \eta(F_0)} f(x) \leqslant c - \epsilon.$$

矛盾. 证毕.

关于子集族 $\mathfrak{F}$ 的选择主要有两种方式: 借助于拓扑学中环绕的概念来构造子集族; 利用畴数, 指标以及伪指标来构造子集族.

定义 3.2.2 设 X 是 Banach 空间, Q, Q_0, S 是 X 的闭子集, $Q_0 \subset Q$, 称 (Q, Q_0) 与 S **环绕** (link) 是指:

(1) $Q_0 \cap S = \varnothing$;

(2) 对任何连续映射 $\phi : Q \to X$ 满足 $\phi\big|_{Q_0} = id\big|_{Q_0}$, 都有

$$\phi(Q) \cap S \neq \varnothing.$$

定理 3.12　设 X 是 Banach 空间, Q, Q_0, S 是 X 的闭子集, $Q_0 \subset Q$, 且 (Q, Q_0) 与 S 环绕. 再设 $f \in C^1(X, \mathbb{R})$ 满足:

(1) $\sup\limits_{x \in Q} f(x) < r < +\infty$;

(2) 存在实数 $\beta > \alpha$, 使得

$$\sup\limits_{x \in Q_0} f(x) \leqslant \alpha, \quad \inf\limits_{x \in S} f(x) \geqslant \beta; \tag{3.16}$$

(3) f 在 $f^{-1}((\alpha, r))$ 上满足 P.S. 条件.

定义 X 的子集族

$$\mathfrak{F} = \{\phi(Q) : \phi \in C(Q, X), \phi\big|_{Q_0} = id\big|_{Q_0}\}.$$

令

$$c = \inf\limits_{\phi(Q) \in \mathfrak{F}} \sup\limits_{x \in \phi(Q)} f(x),$$

则 $c \geqslant \beta$, 且 c 是 f 的临界值.

证明　应用极小极大原理, 只需验证定理 3.11 中的条件 (1) 和 (2) 满足.

取 $\phi = id$, 则 $Q \in \mathfrak{F}$, 结合条件 (1) 可得

$$c \leqslant \sup\limits_{x \in Q} f(x) < r.$$

再由环绕的定义, 对任何 $\phi(Q) \in \mathfrak{F}$, 都有 $\phi(Q) \cap S \neq \varnothing$. 结合 (3.16), 有

$$\sup\limits_{x \in \phi(Q)} f(x) \geqslant \inf\limits_{x \in S} f(x) \geqslant \beta.$$

从而

$$c = \inf\limits_{\phi(Q) \in \mathfrak{F}} \sup\limits_{x \in \phi(Q)} f(x) \geqslant \beta.$$

所以, $\beta \leqslant c < r$, 即定理 3.11 中的条件 (1) 满足.

只要取 $\epsilon_0 = \min\{\beta - \alpha, r - c\}$, 就有 $Q_0 \subset f_{c-\epsilon_0}$. 由此易见, 定理 3.11 中的条件 (2) 满足. 证毕.

定理 3.13 (山路定理)　设 X 是 Banach 空间, $f \in C^1(X, \mathbb{R})$, 又设存在 X 中原点的邻域 U, $x_0 \notin U$, 以及常数 β, 使得

$$f(0), \quad f(x_0) < \beta, \quad f|_{\partial U} \geqslant \beta.$$

令

$$c = \inf_{\phi \in \Gamma} \max_{t \in [0,1]} f(\phi(t)),$$

其中 $\Gamma = \{\phi \in C([0,1], X) : \phi(0) = 0, \phi(1) = x_0\}$. 如果 f 在 $f^{-1}((c - \epsilon_0, c + \epsilon_0))$ 上满足 P.S. 条件, 则 c 是 f 的临界值.

证明　记 $Q = \{tx_0 : t \in [0,1]\}$, $Q_0 = \{0, x_0\}$, 以及 $S = \partial U$, 则 (Q, Q_0) 与 S 环绕. 定理 3.12 直接推得结论. 证毕.

山路定理是由 A. Ambrosetti 和 P. H. Rabinowitz 在 1974 年提出的. 山路定理中 P.S. 条件起关键的作用. 若其不成立, 则有下述 Brezis-Nirenberg 反例.

在 $\mathbb{R}^2$ 上考察函数 $f(x, y) = x^2 + (1-x)^3 y^2$, 令 $c = \inf\limits_{x^2 + y^2 = \frac{1}{4}} f(x, y) > 0$, 它确有一个盆地: $\Omega = \{(x, y) \in \mathbb{R}^2 : f(x, y) \leqslant c\}$, 而且 $f(0, 0) = 0, f(4, 1) = -11$, 但直接验证 f 只有一个临界点 $(0, 0)$.

下面给出集合环绕的二种情形, 与定理 3.12 相结合, 可以得到具体的极小极大定理.

例 3.2　设 X 是 Banach 空间, X_1 是它的有限维子空间, X_2 是 X_1 的补空间, 即 $X = X_1 \oplus X_2$. 令 $S = X_2$, $Q = B_R \cap X_1$, $Q_0 = S_R \cap X_1$, 其中 $B_R = \{x \in X : \|x\| \leqslant R\}$, $S_R = \partial B_R = \{x \in X : \|x\| = R\}$, 则 (Q, Q_0) 与 S 环绕.

证明　显然, $S \cap Q_0 = \varnothing$. 只要再证明对任意连续映射 $\phi : Q \to X$,

满足 $\phi|_{Q_0} = id|_{Q_0}$, 都有

$$\phi(Q) \cap S \neq \varnothing,$$

这等价于证明存在 $x_0 \in Q$ 使得

$$P\phi(x_0) = 0,$$

其中 $P : X \to X_1$ 是一个投影算子. 为此我们定义

$$H : Q \times [0,1] \to X_1,$$
$$H(x,t) = tP\phi(x) + (1-t)x.$$

当 $t \in [0,1], x \in \partial Q = Q_0$ 时, 有

$$H(x,t) = x \neq 0.$$

由同伦不变性和规范性可得

$$\deg(P\phi, Q, 0) = \deg(id, Q, 0) = 1.$$

再利用 Kronecker 存在性定理得, 存在 $x_0 \in Q$, 使得 $P\phi(x_0) = 0$. 证毕.

例 3.3 设 X 是 Banach 空间, X_1 是它的有限维子空间, X_2 是 X_1 的补空间, $e \in X_2, \|e\| = 1$. 又设 r_1, r_2, ρ 是正实数, 且 $r_1 > \rho$. 令

$$S = X_2 \cap \partial B_\rho,$$
$$Q = \{u + te : u \in X_1 \cap B_{r_2}, t \in [0, r_1]\},$$
$$Q_0 = \partial Q,$$

其中 B_r 是 X 中以原点为中心以 r 为半径的球, 则 (Q, Q_0) 与 S 环绕.

证明 显然, $S \cap Q_0 = \varnothing$. 下面要证: 对任何连续映射 $\phi : Q \to X$, $\phi|_{Q_0} = id|_{Q_0}$, 都有 $\phi(Q) \cap S \neq \varnothing$. 即要证存在 $x_0 + s_0 e \in Q$, 使得

$$\begin{cases} P\phi(x_0 + s_0 e) = 0, \\ \|\phi(x_0 + s_0 e)\| = \rho, \end{cases}$$

其中 $P : X \to X_1$ 是投影.

作同伦

$$H : Q \times [0,1] \to X_1 \times \operatorname{span}\{e\},$$
$$H(x + se, t) = [(1-t)x + tP\phi(x+se)]$$
$$+[(1-t)s + t\|(I-P)\phi(x+se)\| - \rho]e,$$

则当 $t \in [0,1], x + se \in \partial Q = Q_0$ 时,

$$H(x + se, t) = x + (s - \rho)e \neq 0.$$

由 Brouwer 度的性质, 有

$$\deg(H(\cdot, 1), Q, 0) = \deg(H(\cdot, 0), Q, 0).$$

这时, $H(x + se, 0) = x + (s - \rho)e$. 由 Brouwer 度的简化定理, 得

$$\deg(H(\cdot, 0), Q, 0) = \deg(s - \rho, (0, r_1), 0) = 1.$$

从而,

$$\deg(H(\cdot, 1), Q, 0) = 1.$$

所以, 存在 $x_0 + s_0 e \in Q$, 使得 $H(x_0 + s_0 e, 1) = 0$. 由于

$$H(x_0 + s_0 e, 1) = P\phi(x_0 + s_0 e) + (\|(I - P)\phi(x_0 + s_0 e)\| - \rho)e,$$

所以,

$$\begin{cases} P\phi(x_0 + s_0 e) = 0, \\ \|(I - P)\phi(x_0 + s_0 e)\| - \rho = \|\phi(x_0 + s_0 e)\| - \rho = 0. \end{cases}$$

证毕.

§3.3 $\mathbb{Z}_2$ 指标和畴数

$\mathbb{Z}_2$ 指标是由 Krasnosel'skii 以及 Coffman 等人在 20 世纪 50 年代到 70 年代给出的. 它的思想是来源于 20 世纪 30 年代建立的 Ljusternik-Schnirelman 理论.

§3.3.1　$\mathbb{Z}_2$ 指标

设 X 为 Banach 空间, 集合 $A \subset X$ 称为关于**原点对称**的, 是指由 $x \in A$ 推得 $-x \in A$. 记 $\mathcal{A}$ 为 X 中关于原点对称的闭子集的全体.

定义 3.3.1　非负整值函数 $i : \mathcal{A} \to \mathbb{Z}_+ \cup \{+\infty\}$ 称为 $\mathcal{A}$ 上的 $\mathbb{Z}_2$ **指标**, 或说 $\mathcal{A}$ 上**亏格** (genus), 是指 $i(A)$ 按如下方式取值:

当 $A = \varnothing$ 时, 则让 $i(A) = 0$;

当 $A \neq \varnothing$ 时, 若存在自然数 m, 以及连续的奇映射 $\phi : A \to \mathbb{R}^m \setminus \{0\}$, 则让 $i(A)$ 为如此自然数 m 的最小值, 即

$$i(A) = \min\{m \in \mathbb{Z}_+ : \text{存在连续的奇映射 } \phi : A \to \mathbb{R}^m \setminus \{0\}\};$$

如果对任何自然数 m, 都不存在上面的连续奇映射, 则规定 $i(A) = +\infty$.

定理 3.14　$\mathcal{A}$ 上的 $\mathbb{Z}_2$ 指标 i 具有如下性质:

(I_1) $i(A) = 0 \Longleftrightarrow A = \varnothing$;

(I_2) (规范性) 若 $A \in \mathcal{A}$ 仅含有一对对称点, 则 $i(A) = 1$;

(I_3) (单调性) 对任何 $A, B \in \mathcal{A}$, 如果 $A \subset B$, 则 $i(A) \leqslant i(B)$;

(I_4) (次可加性) $i(A \cup B) \leqslant i(A) + i(B)$, $\forall A, B \in \mathcal{A}$;

(I_5) (超变性) 对任何连续的奇映射 $\phi : X \to X$, 以及任何 $A \in \mathcal{A}$, 都有 $i(A) \leqslant i(\overline{\phi(A)})$;

(I_6) (连续性) 对任何 $A \in \mathcal{A}$, 若 A 紧, 则存在 A 的对称邻域 N, 使得 $i(\overline{N}) = i(A)$. 进一步, 如果 A 紧且 $0 \notin A$, 则 $i(A) < +\infty$;

(I_7) 设 X_1 是 X 的 m 维子空间, S 是 X 的单位球面, 则 $i(X_1 \cap S) = m$;

(I_8) 设 $X = X_1 \oplus X_2$, $\dim X_1 = m$. 如果 $A \in \mathcal{A}$ 且 $i(A) > m$, 则 $A \cap X_2 \neq \varnothing$.

注　指标的一般定义是用定理 3.14 中的 (I_1)—(I_6) 来定义的.

证明　$(\mathrm{I}_1), (\mathrm{I}_2), (\mathrm{I}_3)$ 可以从定义直接推得. 下面证明 (I_4)—(I_8).

(I_4) 设 $i(A) = m, i(B) = n$, 不妨设 $m, n < \infty$. 按定义, 存在连续奇映射 $\phi : A \to \mathbb{R}^m \setminus \{0\}, \psi : B \to \mathbb{R}^n \setminus \{0\}$. 由 Tietze 延拓定理, 存在连续映射 $\widetilde{\phi} : X \to \mathbb{R}^m, \widetilde{\psi} : X \to \mathbb{R}^n$, 使得 $\widetilde{\phi}\big|_A = \phi, \widetilde{\psi}\big|_B = \psi$. 记

$$\phi^*(x) = \frac{1}{2}(\widetilde{\phi}(x) - \widetilde{\phi}(-x)), \quad \psi^*(x) = \frac{1}{2}(\widetilde{\psi}(x) - \widetilde{\psi}(-x)),$$

则 ϕ^*, ψ^* 都是奇的, 并且 $\phi^*\big|_A = \phi, \psi^*\big|_B = \psi$. 再记

$$\eta(x) = (\phi^*(x), \psi^*(x)),$$

则 $\eta : A \cup B \to \mathbb{R}^{m+n} \setminus \{0\}$ 连续并且满足 $\eta(-x) = -\eta(x)$. 由 $i(A \cup B)$ 的定义得

$$i(A \cup B) \leqslant m + n = i(A) + i(B).$$

(I_5) 设 $A \in \mathcal{A}, \phi : X \to X$ 连续且是奇的. 不妨设 $i(\overline{\phi(A)}) = n < \infty$, 则存在连续的奇映射 $\psi : \overline{\phi(A)} \to \mathbb{R}^n \setminus \{0\}$. 记 $\eta = \psi \circ \phi$, 则 $\eta : A \to \mathbb{R}^n \setminus \{0\}$ 是连续奇的. 于是, $i(A) \leqslant n = i(\overline{\phi(A)})$.

(I_6) 设 $A \in \mathcal{A}$ 是紧集, 不妨设 $i(A) = n < +\infty$, 于是, 存在连续的奇映射 $\phi : A \to \mathbb{R}^n \setminus \{0\}$. 由 Tietze 延拓定理, 存在连续映射 $\widetilde{\phi} : X \to \mathbb{R}^n$ 满足 $\widetilde{\phi}\big|_A = \phi$. 记

$$\phi^*(x) = \frac{1}{2}(\widetilde{\phi}(x) - \widetilde{\phi}(-x)),$$

则 $\phi^* : X \to \mathbb{R}^n$ 是连续奇的, 并且 $\phi^*\big|_A = \phi$. 因为 A 紧, $0 \notin \phi^*(A)$, 故存在正数 ϵ, 以及 $\phi^*(A)$ 在 $\mathbb{R}^n$ 中的 ϵ 邻域 U_ϵ, 使得 $\overline{U}_\epsilon$ 不含有零点. 记 $N = \phi^{*-1}(U_\epsilon)$, 则 N 是 A 的关于原点对称的邻域, 并且 $\phi^* : \overline{N} \to \mathbb{R}^n \setminus \{0\}$ 是连续奇的, 故 $i(\overline{N}) \leqslant n = i(A)$. 再由单调性, 可得 $i(\overline{N}) = i(A)$.

进一步, 如果 A 紧, 且不含有原点, 则对 A 中的每一个点 x, 由规范性可知, $i(\{x, -x\}) = 1$. 利用上面的证明, 存在 $\{x, -x\}$ 的关于原点的对称邻域 N_ϵ, 使得 $i(\overline{N}_x) = 1$. 这样, $\{N_x : x \in A\}$ 形成了 A 的一个开覆盖, 由 A 紧可知, 存在有限个点 $x_1, \cdots, x_n \in A$, 使得

$$A \subset \bigcup_{k=1}^n N_{x_k}.$$

再由单调性和次可加性, 可得

$$i(A) \leqslant i\left(\bigcup_{k=1}^{n} \overline{N}_{x_k}\right) \leqslant \sum_{k=1}^{n} i(\overline{N}_{x_k}) = n.$$

(I$_7$) 由于 $X_1 \cap S$ 是 X_1 的单位球面, $\dim X_1 = m$, 故对任何自然数 $n < m$, 以及任何连续奇映射 $\phi : X_1 \cap S \to \mathbb{R}^n$, 由 Borsuk 定理可推得 ϕ 必有零点. 因此, $i(X_1 \cap S) \geqslant m$. 而 $i(X_1 \cap S) \leqslant m$ 是显然的.

(I$_8$) 反证法. 若 $A \cap X_2 = \varnothing$. 记 $P : X \to X_1$ 表示自然的投影, 则 P 是连续的奇映射, 并且对任何 $x \in A$, $Px \neq 0$. 按定义, $i(A) \leqslant \dim X_1 = m$. 矛盾. 证毕.

定理 3.15　设 X 是 Banach 空间, $\mathcal{A}$ 是 X 中关于原点对称的闭子集全体, i 是 $\mathcal{A}$ 上的 $\mathbb{Z}_2$ 指标, 再设 $f \in C^1(X, \mathbb{R})$ 是偶泛函, 且满足 P.S. 条件, 令

$$c_m = \inf_{A \in \mathcal{A}_m} \sup_{x \in A} f(x), \quad m = 1, 2, \cdots,$$

其中 $\mathcal{A}_m = \{A \in \mathcal{A} : i(A) \geqslant m\}$, 那么

(1) $c_m \leqslant c_{m+1} \leqslant f(0), \quad m = 1, 2, \cdots$;

(2) 若 $c_m > -\infty$, 则 c_m 是 f 的临界值;

(3) 若 $-\infty < c = c_m = c_{m+1} = \cdots = c_{m+k}$, 则 $i(K_c) \geqslant k+1$.

证明　由于仅包含原点的单点集的指标为无穷大, 以及 $\mathcal{A}_{m+1} \subset \mathcal{A}_m$, 故 (1) 成立.

因为 (2) 是 (3) 的特殊情况, 故下面仅证明 (3).

反证法. 假设 $i(K_c) = r < k+1$, 由于 K_c 是紧集, 由指标性质 (I$_6$) 知, 存在 K_c 的邻域 N 使得 $i(K_c) = i(\overline{N}) = r$. 再由形变引理得, 存在 $\epsilon > 0$ 以及同胚映射 $\eta : X \to X$, 使得 $\eta(f_{c+\epsilon} \setminus N) \subset f_{c-\epsilon}$ (此时还可要求 η 是奇的). 对于上述 $\epsilon > 0$, 由 c_{m+k} 的定义得, 存在 $A \in \mathcal{A}_{m+k}$ 使得

$$c \leqslant \sup_{x \in A} f(x) < c + \epsilon.$$

因此,

$$\sup_{x \in \eta(A \setminus N)} f(x) < c - \epsilon. \tag{3.17}$$

利用指标的次可加性和超变性, 并注意到 $A \in \mathcal{A}_{m+k}$, 我们有

$$m + k \leqslant i(A) \leqslant i(A \setminus N) + i(\overline{N}) \leqslant i(\eta(A \setminus N)) + r.$$

于是, $i(\eta(A \setminus N)) \geqslant m$. 所以, $\eta(A \setminus N) \in \mathcal{A}_m$. 由 c_m 的定义得

$$\sup_{x \in \eta(A \setminus N)} f(x) \geqslant c_m = c.$$

与 (3.17) 相矛盾. 证毕.

当 $c < f(0)$ 时, 若 $i(K_c) \geqslant k+1$, 则 K_c 至少包含 $k+1$ 对不同的点.

定理 3.16 设 X 是 Banach 空间, $f \in C^1(X, \mathbb{R})$ 是偶泛函, 满足 P.S. 条件, 且还满足如下条件:

(1) 存在 X 的 r 维子空间 V, 以及 $\rho > 0$, 使得

$$\sup_{x \in V \cap S_\rho} f(x) < f(0),$$

其中 $S_\rho = \{x \in X : \|x\| = \rho\}$;

(2) 存在 X 的闭子空间 X_2, 使得 X_2 的补空间是 s 维的, 且

$$\inf_{x \in X_2} f(x) > -\infty,$$

则当 $r > s$ 时, f 至少有 $r - s$ 对不同的临界点.

证明 设 $\mathcal{A}$ 是 X 中关于原点对称的闭子集全体, i 是 $\mathcal{A}$ 上的 $\mathbb{Z}_2$ 指标. 利用 $\mathbb{Z}_2$ 指标的性质 (I_8) 知, 对任何 $A \in \mathcal{A}$, $i(A) > s$, 都有 $A \cap X_2 \neq \varnothing$. 利用条件 (2), 得

$$\sup_{x \in A} f(x) \geqslant \inf_{x \in X_2} f(x) > -\infty.$$

定义

$$c_m = \inf_{A \in \mathcal{A}_m} \sup_{x \in A} f(x), \quad m = 1, 2, \cdots,$$

其中 $\mathcal{A}_m = \{A \in \mathcal{A} : i(A) \geqslant m\}$, 则当 $m > s$ 时, c_m 是有限数. 另一方面, 由 $\mathbb{Z}_2$ 指标的性质 (I_7) 可得, $i(V \cap S_\rho) = r$. 结合条件 (1) 可得

$$-\infty < c_{s+1} \leqslant c_{s+2} \leqslant \cdots \leqslant c_r < f(0).$$

利用定理 3.15, 易得 f 至少有 $r - s$ 对不同的临界点. 证毕.

§3.3.2　$\mathbb{Z}_2$ 伪指标

对一些上、下方无界的泛函, 利用 $\mathbb{Z}_2$ 指标构造出来的极小极大值很有可能不是有限数. 为此, 人们将 $\mathbb{Z}_2$ 指标发展成 $\mathbb{Z}_2$ 伪指标, 利用 $\mathbb{Z}_2$ 伪指标构造出来的极小极大值往往是有限的.

定义 3.3.2　设 X 是 Banach 空间, $\mathcal{A}$ 是 X 中关于原点对称的闭子集全体, i 是 $\mathcal{A}$ 上的 $\mathbb{Z}_2$ 指标. 设 H^* 是一个由 X 上的连续奇映射构成的集族, $\mathcal{A}^* \subset \mathcal{A}$, $i^* : \mathcal{A}^* \to \mathbb{Z}_+ \cup \{+\infty\}$ 是非负整值函数, 称 $(\mathcal{A}^*, i^*)$ 是 i 的相对于 H^* 的**伪指标**, 如果下面的条件满足:

(I_1^*) 当 $A \in \mathcal{A}^*, B \in \mathcal{A}, \eta \in H^*$ 时, $\overline{A \backslash B}, \overline{\eta(A)} \in \mathcal{A}^*$;

(I_2^*) 当 $A, B \in \mathcal{A}^*, A \subset B$ 时, $i^*(A) \leqslant i^*(B)$;

(I_3^*) 对任何 $A \in \mathcal{A}^*, B \in \mathcal{A}$, 若 $i(B) < +\infty$, 则 $i^*(\overline{A \backslash B}) \geqslant i^*(A) - i(B)$;

(I_4^*) $i^*(\overline{\eta(A)}) \geqslant i^*(A), \quad \forall A \in \mathcal{A}^*, \eta \in H^*$.

$\mathbb{Z}_2$ 伪指标的具体定义有很大的灵活性. 这主要体现在 H^* 和 $\mathcal{A}^*$ 的选择上. 通常, $H^*, \mathcal{A}^*$ 的选择要与所研究的泛函 f 结合起来.

定理 3.17　设 i 是 $\mathcal{A}$ 上的 $\mathbb{Z}_2$ 指标, $f \in C^1(X, \mathbb{R})$ 是偶泛函, 且在 $f^{-1}((a, b))$ 上满足 P.S. 条件. 设 H^* 是 X 中的一些奇同胚映射构成的集合, 且对任何同胚映射 η, 如果 $\eta\big|_{f^{-1}(\mathbb{R} \backslash (a,b))} = id\big|_{f^{-1}(\mathbb{R} \backslash (a,b))}$, $f(\eta(x)) \leqslant f(x)$, 都有 $\eta \in H^*$. 再设 $(\mathcal{A}^*, i^*)$ 是 i 的相对于 H^* 的 $\mathbb{Z}_2$ 伪

指标, 令

$$c_m^* = \inf_{A \in \mathcal{A}_m^*} \sup_{x \in A} f(x), \quad m = 1, 2, \cdots,$$

其中 $\mathcal{A}_m^* = \{A \in \mathcal{A} : i^*(A) \geqslant m\}$, 则当

$$c = c_m^* = c_{m+1}^* = \cdots = c_{m+k}^* \in (a, b)$$

时, c 是 f 的临界值, 且 $i(K_c) \geqslant k+1$.

证明 反证法. 设 $i(K_c) = r < k+1$. 由于 K_c 是紧集, 由指标性质 (I_6) 知, 存在 K_c 的邻域 N 使得 $i(K_c) = i(\overline{N}) = r$. 再由形变引理得, 存在 $\epsilon > 0$ 以及同胚映射 $\eta : X \to X$, 使得 $\eta(f_{c+\epsilon} \setminus N) \subset f_{c-\epsilon}$ (此时还可要求 η 是奇的). 对于上述 $\epsilon > 0$, 由 c_{m+k}^* 的定义得, 存在 $A \in \mathcal{A}_{m+k}^*$ 使得

$$c \leqslant \sup_{x \in A} f(x) < c + \epsilon.$$

因此,

$$\sup_{x \in \eta(A \setminus N)} f(x) < c - \epsilon. \tag{3.18}$$

利用伪指标的性质, 有

$$m + k \leqslant i^*(A) \leqslant i^*(\overline{A \setminus N}) + i(\overline{N}) \leqslant i^*(\overline{\eta(A \setminus N)}) + r.$$

于是, $i^*(\overline{\eta(A \setminus N)}) \geqslant m$. 所以, $\overline{\eta(A \setminus N)} \in \mathcal{A}_m^*$. 根据 c_m^* 的定义, 得

$$\sup_{x \in \overline{\eta(A \setminus N)}} f(x) \geqslant c_m^* = c,$$

这与 (3.18) 矛盾. 证毕.

下面介绍伪指标的选取.

定理 3.18 设 i 是 $\mathcal{A}$ 上的指标, H^* 是 X 上的一些奇同胚映射构成的群, $S \in \mathcal{A}$ 是给定的集合. 令

$$i^*(A) = \inf_{h \in H^*} i(h(A) \cap S),$$

则 $(\mathcal{A}, i^*)$ 是 i 的相对于 H^* 的伪指标.

证明　$(I_1^*), (I_2^*)$ 是显然的. 下面考虑 (I_3^*) 和 (I_4^*).

对任何 $A, B \in \mathcal{A}$, 且 $i(B) < +\infty$, 有

$$
\begin{aligned}
i^*(\overline{A \backslash B}) &= \inf_{h \in H^*} i(h(\overline{A \backslash B}) \cap S) \\
&\geqslant \inf_{h \in H^*} i(\overline{h(A) \cap S \backslash h(B)}) \quad (\text{单调性}) \\
&\geqslant \inf_{h \in H^*} [i(h(A) \cap S) - i(h(B))] \quad (\text{次可加性}) \\
&\geqslant \inf_{h \in H^*} i(h(A) \cap S) - i(B) \quad (h \text{ 是同胚}) \\
&= i^*(A) - i(B).
\end{aligned}
$$

所以, (I_3^*) 成立. 对任何 $\eta \in H^*, A \in \mathcal{A}$, 有

$$
\begin{aligned}
i^*(\eta(A)) &= \inf_{h \in H^*} i(h \circ \eta(A) \cap S) \\
&\geqslant \inf_{h' \in H^*} i(h'(A) \cap S) \quad (H^* \text{ 是群}) \\
&= i^*(A).
\end{aligned}
$$

所以, (I_4^*) 成立. 证毕.

S 的选择通常依赖于所考虑的泛函. 一般情况下, 选择的 S 应当使得 $\inf_{x \in S} f(x) = \alpha > -\infty$. 下面选择两个具体的 S, 并计算一些对称闭子集的伪指标.

定理 3.19　设 i 是 $\mathcal{A}$ 上的 $\mathbb{Z}_2$ 指标, H^* 是 X 上的一些奇同胚映射构成的群, X_1 是 X 的闭线性子空间, X_1 的补空间 X_2 是有限维的. 令

$$
i_1^*(A) = \inf_{h \in H^*} i(h(A) \cap X_1),
$$

则对 X 的任何有限维子空间 V, 及任何正数 ρ, 有

$$
i_1^*(V \cap S_\rho) \geqslant \dim V - \dim X_2,
$$

其中 $S_\rho = \{x \in X : \|x\| = \rho\}$.

证明   不妨设 $\dim V - \dim X_2 > 0$. 对任何奇同胚映射 $h \in H^*$, 记 $i(h(V \cap S_\rho) \cap X_1) = k$, 由于 $h(V \cap S_\rho) \cap X_1$ 是紧子集, 根据 $\mathbb{Z}_2$ 指标的连续性, 存在 $h(V \cap S_\rho) \cap X_1$ 的 δ 邻域 N_δ, 使得

$$i(\overline{N}_\delta) = i(h(V \cap S_\rho) \cap X_1) = k.$$

设 $P : X \to X_2$ 表示自然的投影, 则 $P(h(V \cap S_\rho) \backslash N_\delta) \subset X_2 \setminus \{0\}$. 因此, $i(h(V \cap S_\rho) \setminus N_\delta) \leqslant \dim X_2$. 利用 $\mathbb{Z}_2$ 指标的次可加性和 (I_7) 得

$$\begin{aligned}
\dim V = i(V \cap S_\rho) &= i(h(V \cap S_\rho)) \\
&\leqslant i(h(V \cap S_\rho) \setminus N_\delta) + i(\overline{N}_\delta) \leqslant \dim X_2 + k.
\end{aligned}$$

因此, $k \geqslant \dim V - \dim X_2$. 证毕.

定理 3.20   设 i 是 $\mathcal{A}$ 上的 $\mathbb{Z}_2$ 指标, H^* 是 X 上的一些奇有界同胚映射构成的群, X_1 是 X 的闭线性子空间, X_1 的补空间 X_2 是有限维的. $A \in \mathcal{A}$, 令

$$i_2^*(A) = \inf_{h \in H^*} i(h(A) \cap S_\rho \cap X_1), \tag{3.19}$$

其中 $\rho > 0$, $S_\rho = \{x \in X : \|x\| = \rho\}$, 则对 X 的任何有限维子空间 V, 有

$$i_2^*(V) \geqslant \dim V - \dim X_2.$$

证明   不妨设 $\dim V - \dim X_2 > 0$. 对任何 $h \in H^*$, 记 $i(h(V) \cap S_\rho \cap X_1) = k$, 由于 $h(V) \cap S_\rho \cap X_1$ 是紧子集, 根据 $\mathbb{Z}_2$ 指标的连续性, 存在 $h(V) \cap S_\rho \cap X_1$ 的 δ 邻域 N_δ, 使得

$$i(\overline{N}_\delta) = i(h(V) \cap S_\rho \cap X_1) = k.$$

设 $P : X \to X_2$ 表示自然的投影, 则 $P((h(V) \cap S_\rho) \backslash N_\delta) \subset X_2 \setminus \{0\}$. 因此, $i((h(V) \cap S_\rho) \setminus N_\delta) \leqslant \dim X_2$. 利用 $\mathbb{Z}_2$ 指标的次可加性得

$$i(h(V) \cap S_\rho) \leqslant i((h(V) \cap S_\rho) \setminus N_\delta) + i(\overline{N}_\delta) \leqslant \dim X_2 + k. \tag{3.20}$$

另一方面, 因为 h, h^{-1} 是奇的有界同胚映射, 故 $h(0) = 0$. 记 $B_\rho = \{x \in X : \|x\| < \rho\}$, 则 $h^{-1}(B_\rho) \cap V$ 是 V 中包含原点且关于零点对称的有界开集, 记其边界为 Γ, 则 $\Gamma \subset V \cap h^{-1}(S_\rho)$. 由 Borsuk 定理及 $\mathbb{Z}_2$ 指标的单调性得

$$\dim V \leqslant i(\Gamma) \leqslant i(h^{-1}(S_\rho) \cap V) = i(h(V) \cap S_\rho).$$

结合 (3.20), 得 $k \geqslant \dim V - \dim X_2$. 证毕.

定理 3.21　设 $f \in C^1(X, \mathbb{R})$ 是偶泛函, 满足下面的条件:

(1) $f(0) = 0$;

(2) 存在 $\rho, \alpha > 0$ 以及 X 的闭线性子空间 X_1, 使得 X_1 的补空间 X_2 是 k 维的, 且 $f|_{X_1 \cap S_\rho} \geqslant \alpha$;

(3) 存在 X 的 m 维子空间 V, 以及 $R > 0$, 使得 $m > k$, 且当 $x \in V \backslash B_R$ 时, $f(x) \leqslant 0$;

(4) f 在 $f^{-1}((0, \infty))$ 上满足 P.S. 条件,

则 f 至少有 $m - k$ 对不同的临界点.

证明　设 H^* 表示 X 上奇的有界同胚映射的全体, $(\mathcal{A}, i_2^*)$ 是 $\mathbb{Z}_2$ 指标 i 的相对于 H^* 的伪指标, 其中 i_2^* 由 (3.19) 给定. 由定理 3.20 知, $i_2^*(V) \geqslant m - k$. 令

$$c_n^* = \inf_{i_2^*(A) \geqslant n} \sup_{x \in A} f(x), \quad n = 1, 2, \cdots,$$

则当 $1 \leqslant n \leqslant m - k$ 时, $\alpha \leqslant c_n^* < +\infty$. 利用定理 3.17 得, f 至少有 $m - k$ 对不同的临界点. 证毕.

推论 3.3　假设定理 3.21 中的条件 (3) 用以下条件替代:

(3′) X 是无限维的, 且对 X 的每一个有限维子空间 V, 都存在 $R_V > 0$, 使得当 $x \in V, \|x\| \geqslant R_V$ 时, $f(x) \leqslant 0$,

则 f 有无穷多对不同的临界点.

推论 3.4 (对称性山路定理)　假设定理 3.21 中的条件 (3) 和 (2) 分别由推论 3.3 中的 (3′) 和下面的条件替代

$(2')$ 存在 $\rho, \alpha > 0$, 使得 $f|_{X \cap S_\rho} \geqslant \alpha$,

则 f 有无穷多对不同的临界点.

§3.3.3   畴数

为了估计临界点的个数, Ljusternik 和 Schnirelman 引进了畴数的概念. 本节仅作粗略的介绍. 详细的请参看 [8].

定义 3.3.3   设 M 是拓扑空间, 子集 $F \subset M$ 称为是**可收缩的**, 如果内映射 $i : F \to M$ 同伦于常值映射, 即存在 $p \in M$ 和 $H \in C(F \times [0,1], M)$, 使得 $H(\cdot, 0) = i$ 和 $H(\cdot, 1) = p$.

定理 3.22 n 维球面 S^n 在自身内是不可收缩的.

证明   不妨设 S^n 是单位球面. 反设存在同伦映射 $\phi : S^n \times [0,1] \to S^n$, 使得 $\phi(u, 0) = u, \phi(u, 1) = u_0$, 这里 u 是 S^n 上任意一点, u_0 是 S^n 上某固定点. 令

$$F(u) = \begin{cases} -u_0, & \text{当 } u = 0, \\ -\phi\left(\dfrac{u}{\|u\|}, 1 - \|u\|\right), & \text{当 } 0 \neq u \in \overline{B}_{n+1}, \end{cases}$$

其中 $\overline{B}_{n+1}$ 是 $\mathbb{R}^{n+1}$ 的中心在 O 点的闭单位球. 由于 ϕ 一致连续, 所以 $F : \overline{B}_{n+1} \to S^n$ 连续, 再由 Brouwer 不动点定理, 存在 $u^* \in S^n, F(u^*) = u^*$. 再按 F 的定义知 $F(u^*) = -u^*$, 矛盾. 证毕.

显然, S^n 在 $\mathbb{R}^{n+1}$ 内是可收缩的. 可以证明 [7, 8], 无穷维空间的单位球面在自身内是可缩的.

定义 3.3.4   设 M 是拓扑空间, A 是 M 的闭子集. 令

$$\operatorname{cat}(A) = \inf\Big\{ m \in \mathbb{Z}_+ \cup \{+\infty\} :$$

$$\text{存在 } m \text{ 个可收缩的闭集 } F_1, \cdots, F_m \text{ 使得 } A \subset \bigcup_{i=1}^{m} F_i \Big\},$$

其中 $\mathbb{Z}_+$ 是非负整数集, 我们称 $\operatorname{cat}(A)$ 为 A 的**畴数**.

为了强调出畴数的定义也依赖于拓扑空间 M 本身, 所以有时也记作 $\operatorname{cat}(A, M)$. 容易知道, 设 X 是一个 Banach 空间, 则 $\operatorname{cat}(X, X) = 1$. 进一步地可以证明: 设 $S^n \subset \mathbb{R}^{n+1}$ 是 n 维球面, 则 $\operatorname{cat}(S^n, S^n) = 2$.

畴数具有下列性质.

定理 3.23　(1) $\operatorname{cat}(A, M) = 0 \Longleftrightarrow A = \varnothing$;

(2) 单调性: 若 $A \subset B \subset M$, 则 $\operatorname{cat}(A, M) \leqslant \operatorname{cat}(B, M)$;

(3) 次可加性: $\operatorname{cat}(A \cup B, M) \leqslant \operatorname{cat}(A, M) + \operatorname{cat}(B, M)$;

(4) 规范性: $\operatorname{cat}(\{p\}, M) = 1, \forall p \in M$;

(5) 形变不减性: 设 h 同伦于恒等映射, 即存在连续映射 $\phi : M \times [0, 1] \to M$, 使得 $\phi(\cdot, 0) = id, \phi(\cdot, 1) = h$, 则

$$\operatorname{cat}(A, M) \leqslant \operatorname{cat}(h(A), M);$$

(6) 连续性: 设 A 是 M 的一个紧子集, 则 $\operatorname{cat}(A, M) < +\infty$, 且存在 A 的一个闭邻域 N, 即 $A \subset \overset{\circ}{N} \subset N$, 使得 $\operatorname{cat}(A, M) = \operatorname{cat}(N, M)$;

(7) 若 $\operatorname{cat}(A, M) = m$, 则 A 至少有 m 个点.

证明　(1)—(4) 是显然的.

(5) 设 $\operatorname{cat}(h(A), M) = m < +\infty$, 则存在闭的可收缩子集 $F_1, \cdots, F_m$, 使得

$$h(A) \subset F_1 \cup F_2 \cup \cdots \cup F_m.$$

取 $G_i = h^{-1}(F_i), i = 1, 2, \cdots, m$, 则 G_i 是闭的, 且 $A \subset G_1 \cup G_2 \cup \cdots \cup G_m$. 因为 F_i 是可收缩的, 所以存在 $\psi_i \in C(F_i \times [0, 1], M), \psi_i(\cdot, 0) = id, \psi_i(\cdot, 1) = p_i$ 是常值. 取 $H_i(x, t) = t\psi_i(h(x), t) + (1 - t)\phi(x, t)$, 得 G_i 是可收缩的. 所以, $\operatorname{cat}(A, M) \leqslant m$.

(6) 我们先说明一个事实: Banach 流形 M 的每个点都有可收缩的邻域. 它的证明可以参见 [7, 8].

下面我们证明 (6). 因为 A 紧, 所以存在有限个点 $p_1, \cdots, p_k$, 使得

$$A \subset U(p_1) \cup \cdots \cup U(p_k),$$

其中 $U(p_i)$ 是点 p_i 的可收缩的邻域. 于是 $\mathrm{cat}\,(A, M) < +\infty$.

不妨设 $\mathrm{cat}\,(A, M) = m$. 于是有可收缩的闭集 $F_1, \cdots, F_m$ 使得 $A \subset \bigcup\limits_{k=1}^{m} F_k$. 对每一个 F_k, 存在 $\psi_k \in C(F_k \times [0,1], M)$ 满足 $\psi_k(\cdot, 0) = i, \psi_k(\cdot, 1) = p_k \in M$, 其中 $i : F_i \to M$ 是内映射. 由连续函数的扩张定理, 有扩张 $\widetilde{\psi}_k : M \times [0,1] \to M$, 满足 $\widetilde{\psi}_k\big|_{F_k \times [0,1]} = \psi_k\big|_{F_k \times [0,1]}$, $k = 1, \cdots, m$. 取 V_k 为 p_k 的一个可收缩的闭邻域, 则 $U_k := \widetilde{\psi}_k^{-1}(V_k, 1)$ 是闭的, 而且是可收缩的, 从而 $U := \bigcup\limits_{k=1}^{m} U_k$ 是 A 的一个闭邻域, 即得 $m = \mathrm{cat}\,(A, M) \leqslant \mathrm{cat}\,(U, M) \leqslant m$.

(7) 由规范性、次可加性与反证法立得. 证毕.

下面的定理要用到 Banach 流形的一些知识, 由于篇幅和学时的考虑, 我们不去展开了, 建议参看 [8, 11]. 设 $\mathfrak{B}$ 是 M 上的闭集全体.

定理 3.24 (Ljusternik-Schnirelman 重数定理)   设 M 是一个 C^{2-0} Finsler 流形, $f \in C^1(X, \mathbb{R})$ 满足 P.S. 条件. 定义

$$c_k = \inf_{A \in \mathcal{F}_k} \sup_{x \in A} f(x), \quad k = 1, 2, \cdots,$$

其中

$$\mathcal{F}_k = \{A \in \mathfrak{B} : \mathrm{cat}\,(A, M) \geqslant k\}, \quad k = 1, 2, \cdots.$$

如果

$$-\infty < c = c_{m+1} = c_{m+2} = \cdots = c_{m+k} < +\infty,$$

那么 f 至少有 k 个不同的临界点属于 K_c.

证明   按定义, $c_k \leqslant c_{k+1}, k = 1, 2, \cdots$. 只要证明:

$$\mathrm{cat}\,(K_c) \geqslant k.$$

用反证法, 假设 $\mathrm{cat}\,(K_c) = r \leqslant k-1$. 由 P.S. 条件, K_c 是紧的, 由畴数的连续性, 有 K_c 的一个闭邻域 N 使得

$$\mathrm{cat}\,(K_c) = \mathrm{cat}\,(N).$$

由 c 的定义, 对任意 $\epsilon > 0$, 存在 $F_\epsilon \in \mathcal{F}_{k+m}$, 使得

$$\sup_{x \in F_\epsilon} f(x) < c + \epsilon.$$

由形变定理 (Finsler 流形上形变定理的结论与前面的形变定理相同), 存在 $\eta = \eta(1, \cdot)$ 使得

$$\eta(F_\epsilon \backslash \overset{\circ}{N}) \subset \eta(f_{c+\epsilon} \backslash \overset{\circ}{N}) \subset f_{c-\epsilon}.$$

得到

$$\sup_{x \in \eta(F_\epsilon \backslash \overset{\circ}{N})} f(x) \leqslant c - \epsilon.$$

又由

$$k + m \leqslant \mathrm{cat}\,(F_\epsilon) \leqslant \mathrm{cat}\,(F_\epsilon \backslash \overset{\circ}{N}) + \mathrm{cat}\,(N)$$
$$\leqslant \mathrm{cat}\,(\eta(F_\epsilon \backslash \overset{\circ}{N})) + \mathrm{cat}\,(K_c)$$
$$\leqslant \mathrm{cat}\,(\eta(F_\epsilon \backslash \overset{\circ}{N})) + k - 1,$$

有

$$\mathrm{cat}\,(\eta(F_\epsilon \backslash \overset{\circ}{N})) \geqslant m + 1.$$

又得到

$$\sup_{x \in \eta(F_\epsilon \backslash \overset{\circ}{N})} f(x) \geqslant c_{m+1}.$$

由此得到矛盾. 证毕.

推论 3.5　设 f 满足定理 3.24 中的条件, 并且是下方有界的, 则 f 至少有 $\mathrm{cat}\,(M)$ 个不同的临界点.

证明　由假设, $c_k \leqslant c_{k+1}$. 如果 $m = \mathrm{cat}\,(M)$ 且 $c_m < +\infty$, 那么由上面定理的证明, 直接得到至少 m 个不同的临界点.

倘若有 $m \leqslant \mathrm{cat}\,(M)$, 使 $c_m = +\infty$ 并且 f 只有有穷多个临界值 (否则已有无穷多个临界点). 于是必有实数 c, 使得 $K \cap f^{-1}([c, +\infty]) =$

$\varnothing$. 由形变引理, M 可以形变收缩到 f_c, 由畴数的形变不减性, $m \leqslant$ cat(f_c). 这显然蕴含了:

$$c_m = \inf_{\text{cat}(A) \geqslant m} \sup_{x \in A} f(x) \leqslant c,$$

与 $c_m = +\infty$ 矛盾. 证毕.

剩下来的问题是如何估计 cat(M)? 这不是一件容易的事, 它涉及一些其他的拓扑不变量, 有兴趣的读者可以参考 [8].

习题

1. 设 $M = \{u \in C^1([1,2]) : u(1) = 0, u(2) = 0\}$,

$$I(u) = \int_1^2 \sqrt{1 + \dot{u}^2} \frac{dt}{t}.$$

求使泛函 I 达到极小的函数 u.

2. 求泛函

$$I(u) = \int_0^1 (t\dot{u} + \dot{u}^2)dt, \quad M = C_0^1(0,1)$$

的极小值点.

3. 求

$$\min\{I(u) : u \in C^1[0,1], u(0) = 0, u(1) = 2, N(u) = L\},$$

其中

$$I(u) = \int_0^1 \dot{u}(t)^2 dt, \quad N(u) = \int_0^1 u(t)dt.$$

4. 设 X 为实 Banach 空间, $f(x) = \|x\|$. 试证 $f(x)$ 在 X 上弱下半连续, 即若 $x_n \rightharpoonup x_0$ (弱), 则有 $\|x_0\| \leqslant \liminf_{n\to\infty} \|x_n\|$.

5. 设 $\Omega \subset \mathbb{R}^n$ 是一个边界光滑的有界区域, 又设 $f \in C(\overline{\Omega})$. 在 $W_0^{1,4}(\Omega)$ 上考察泛函

$$I(u) = \int_\Omega \left[\frac{1}{4}|\nabla u|^4 - x^2|u|^2 - f(x)u\right] dx,$$

试证它是弱下半连续的, 强制的, 有极小解.

6. 设 X 是 Banach 空间, $f \in C^2(X,\mathbb{R})$, $g(x) = \langle f'(x), x \rangle$, 再设 $M = \{x \in X : g(x) = 0\}$ 是正则约束, 并且 $x_0 \in M$ 是 f 限制在 M 上的极值点, 则 $f'(x_0) = 0$.

7. 设 M 是 Banach 空间 X 中的闭凸子集, f 是 X 上的 C^1 泛函. 若 x_0 是 f 限制在 M 上的局部极小点, 证明 x_0 是变分不等式

$$\langle f'(x_0), x - x_0 \rangle \geqslant 0, \qquad \forall x \in M$$

的解.

8. 设 $f \in C^1(\mathbb{R}^n, \mathbb{R})$ 满足

$$\|f'(x)\| + |f(x)| \to +\infty, \quad \|x\| \to +\infty.$$

证明: f 满足 P.S. 条件.

9. 设 X 是 Banach 空间, $f \in C^1(X,\mathbb{R})$ 下方有界并且满足 P.S. 条件, 则 f 是强制的, 即当 $\|x\| \to \infty$ 时, $f(x) \to +\infty$.

10. 设 X 是 Banach 空间, $f \in C^1(X,\mathbb{R})$ 满足 P.S. 条件. 如果 x_0 是 f 的局部极小点, 并且存在 $x_1 \neq x_0$, 使得 $f(x_1) \leqslant f(x_0)$, 证明 f 有不同于 x_0 的临界点.

11. 设 X 是自反的 Banach 空间, $f = f_1 + f_2$ 是 X 上的强制泛函, 其中 f_1 弱下半连续, f_2 弱连续, 证明 f 在 X 上达到极小值.

12. 称线性赋范空间 X 上的对称双线性泛函 F 为**非负定的**, 如果对任何 $h \in X$, $F(h,h) \geqslant 0$. 假设 f 是 X 上的二次连续可微泛函, 且 f 在 $x_0 \in X$ 处达到局部极小, 证明 $f''(x_0)$ 是非负定的.

13. 设 X 是 Banach 空间, $f \in C^1(X,\mathbb{R})$ 并且在 $f^{-1}((a,b))$ 上满足 P.S. 条件. 假设 $c \in (a,b)$ 使得 $K_c = \varnothing$, 证明存在 $\bar{\epsilon} > 0$ 使得

$$K \cap f^{-1}([c - \bar{\epsilon}, c + \bar{\epsilon}]) = \varnothing.$$

14. 将形变引理证明中的 $\Phi(x)$ 换成 $\Phi(x) = -\chi(x)\widetilde{\chi}(x)\dfrac{V(x)}{\|f'(x)\|^2}$, 试给出形变引理的证明.

15. 证明当 f 是偶泛函时, 形变引理中的映射可以取成奇映射.

16. 设 $H = W^{1,2}(\mathbb{R})$, $J : H \to \mathbb{R}$, $J(u) = \displaystyle\int_{-\infty}^{+\infty} \left[\frac{1}{2}(\dot{u}^2 + u^2) - \frac{1}{4}u^4 \right] dx$.
证明 P.S. 条件不成立. 提示: 考虑 $c = \dfrac{4}{3}$.

17. 设 $f(x, y) = x^2 + (x+1)^3 y^2$, 证明

(1) $f(0, 0)$ 是严格局部极小值;

(2) 存在 $\rho > 0, \alpha > 0$, 使得当 $x^2 + y^2 = \rho^2$ 时 $f(x, y) \geqslant \alpha$;

(3) 存在一点 $(x_0, y_0) \in \mathbb{R}^2$, $x_0^2 + y_0^2 > \rho^2$, 使得 $f(x_0, y_0) \leqslant 0$;

(4) P.S. 条件不满足;

(5) 山路定理的结论也不成立, 即山路定理中定义的 c 不是临界值.

参考文献

[1] 郭大钧, 非线性泛函分析, 济南: 山东科学技术出版社, 1985.

[2] 何伯和, 廖公夫, 基础拓扑学, 北京: 高等教育出版社, 1991.

[3] 龙以明, 哈密顿系统的指标理论及其应用, 北京: 科学出版社, 1993.

[4] 孙经先, 非线性泛函分析及其应用, 北京: 科学出版社, 2008.

[5] 夏道行, 严绍宗, 舒五昌, 童裕孙, 泛函分析第二教程, 2 版, 北京: 高等教育出版社, 2008.

[6] 杨大春, 袁文, 泛函分析选讲, 北京: 北京师范大学出版社, 2016.

[7] 张福保, 现代分析基础及其应用, 北京: 科学出版社, 2014.

[8] 张恭庆, 临界点理论及其应用, 上海: 上海科学技术出版社, 1986.

[9] 张恭庆, 林源渠, 泛函分析讲义, 上册, 北京: 北京大学出版社, 1987.

[10] 张恭庆, 郭懋正, 泛函分析讲义, 下册, 北京: 北京大学出版社, 1990.

[11] 张恭庆, 变分学讲义, 北京: 高等教育出版社, 2011.

[12] 钟承奎, 范先令, 陈文嵧, 非线性泛函分析引论, 兰州: 兰州大学出版社, 2004.

[13] R. Adams, J. Fournier, Sobolev Spaces (2nd), Elsevier (Singapore) Pte Ltd., 2009.

[14] J. Andres, L. Górniewicz, Topological Fixed Point Principles for Boundary Value Problems, Kluwer Academic Publishers, Dordrecht/Boston/London, 2003.

[15] K. C. Chang, Methods in Nonlinear Analysis, Springer-Verlag, 2005.

[16] S. N. Chow, J. K. Hale, Methods of Bifurcation Theory, Springer-Verlag, 1982.

[17] K. Deimling, Nonlinear Functional Analysis, Springer-Verlag, 1985.

[18] R. Gaines, J. Mawhin, Coincidence Degree and Nonlinear Differential Equations, LNM, Vol. 568, Springer-Verlag, 1977.

[19] A. Granas, J. Dugundji, Fixed Point Theory, Springer-Verlag, New York, 2003.

[20] G. Iooss, D. Joseph, Elementary Stability and Bifurcation Theory, Springer-Verlag, 1980.

[21] W. Krawcewicz, J. Wu, Theory of Degrees with Applications to Bifurcations and Differential Equations, John Wiley & Sons, Inc. New York, 1997.

[22] P. D. Lax, Functional Analysis, John Wiley & Sons, Inc., 2002.

[23] J. Mawhin, M. Willem, Critical Point Theory and Hamiltonian Systems, Springer-Verlag, 1989.

[24] L. Nirenberg, Topics in Nonlinear Functional Analysis, Courant Lecture Notes 6, AMS, 2001.

[25] J. Smoller, Shock Waves and Reaction-Diffusion Equations, Springer-Verlag, 1994.

[26] M. Struwe, Variational Methods, Applications to Nonlinear Partial Differential Equations and Hamiltonian Systems, Second Edition, Springer-Verlag, 1996.

[27] E. Zeidler, Applied Functional Analysis, Springer-Verlag, 1995.

[28] E. Zeidler, Nonlinear Functional Analysis and Its Applications I, II, III, IV, Springer-Verlag, 1986.

现代数学基础图书清单

序号	书号	书名	作者
1	21717-9	代数和编码（第三版）	万哲先 编著
2	22174-9	应用偏微分方程讲义	姜礼尚、孔德兴、陈志浩
3	23597-5	实分析（第二版）	程民德、邓东皋、龙瑞麟 编著
4	22617-1	高等概率论及其应用	胡迪鹤 著
5	24307-9	线性代数与矩阵论（第二版）	许以超 编著
6	24465-6	矩阵论	詹兴致
7	24461-8	可靠性统计	茆诗松、汤银才、王玲玲 编著
8	24750-3	泛函分析第二教程（第二版）	夏道行 等编著
9	25317-7	无限维空间上的测度和积分 —— 抽象调和分析（第二版）	夏道行 著
10	25772-4	奇异摄动问题中的渐近理论	倪明康、林武忠
11	27261-1	整体微分几何初步（第三版）	沈一兵 编著
12	26360-2	数论 I —— Fermat 的梦想和类域论	[日] 加藤和也、黑川信重、斋藤毅 著
13	26361-9	数论 II —— 岩泽理论和自守形式	[日] 黑川信重、栗原将人、斋藤毅 著
14	38040-8	微分方程与数学物理问题（中文校订版）	[瑞典] 纳伊尔·伊布拉基莫夫 著
15	27486-8	有限群表示论（第二版）	曹锡华、时俭益
16	27431-8	实变函数论与泛函分析（上册，第二版修订本）	夏道行 等编著
17	27248-2	实变函数论与泛函分析（下册，第二版修订本）	夏道行 等编著
18	28707-3	现代极限理论及其在随机结构中的应用	苏淳、冯群强、刘杰 著
19	30448-0	偏微分方程	孔德兴
20	31069-6	几何与拓扑的概念导引	古志鸣 编著
21	31611-7	控制论中的矩阵计算	徐树方 著
22	31698-8	多项式代数	王东明 等编著
23	31966-8	矩阵计算六讲	徐树方、钱江 著
24	31958-3	变分学讲义	张恭庆 编著
25	32281-1	现代极小曲面讲义	[巴西] F. Xavier、潮小李 编著
26	32711-3	群表示论	丘维声 编著
27	34675-6	可靠性数学引论（修订版）	曹晋华、程侃 著
28	34311-3	复变函数专题选讲	余家荣、路见可 主编
29	35738-7	次正常算子解析理论	夏道行
30	34834-7	数论 —— 从同余的观点出发	蔡天新
31	36268-8	多复变函数论	萧荫堂、陈志华、钟家庆
32	36168-1	工程数学的新方法	蒋耀林
33	34525-4	现代芬斯勒几何初步	沈一兵、沈忠民
34	36472-9	数论基础	潘承洞 著
35	36950-2	Toeplitz 系统预处理方法	金小庆 著
36	37037-9	索伯列夫空间	王明新

序号	书号	书名	作者
37	37252-6	伽罗瓦理论 —— 天才的激情	章璞 著
38	37266-3	李代数（第二版）	万哲先 编著
39	38651-6	实分析中的反例	汪林
40	38890-9	泛函分析中的反例	汪林
41	37378-3	拓扑线性空间与算子谱理论	刘培德
42	31845-6	旋量代数与李群、李代数	戴建生 著
43	33260-5	格论导引	方捷
44	39503-7	李群讲义	项武义、侯自新、孟道骥
45	39502-0	古典几何学	项武义、王申怀、潘养廉
46	40458-6	黎曼几何初步	伍鸿熙、沈纯理、虞言林
47	41057-0	高等线性代数学	黎景辉、白正简、周国晖
48	41305-2	实分析与泛函分析（续论）（上册）	匡继昌
49	41285-7	实分析与泛函分析（续论）（下册）	匡继昌
50	41223-9	微分动力系统	文兰
51	41350-2	阶的估计基础	潘承洞、于秀源
52	41513-1	非线性泛函分析（第三版）	郭大钧
53	41408-0	代数学（上）（第二版）	莫宗坚、蓝以中、赵春来
54	41420-2	代数学（下）（修订版）	莫宗坚、蓝以中、赵春来
55	41873-6	代数编码与密码	许以超、马松雅 编著
56	43913-7	数学分析中的问题和反例	汪林
57	44048-5	椭圆型偏微分方程	刘宪高
58	46483-2	代数数论	黎景辉
59	45613-4	调和分析	林钦诚
60	46862-5	紧黎曼曲面引论	伍鸿熙、吕以辇、陈志华
61	47674-3	拟线性椭圆型方程的现代变分方法	沈尧天、王友军、李周欣
62	47926-3	非线性泛函分析	袁荣

网上购书： www.hepmall.com.cn, www.gdjycbs.tmall.com, academic.hep.com.cn, www.china-pub.com, www.amazon.cn, www.dangdang.com

其他订购办法：

各使用单位可向高等教育出版社电子商务部汇款订购。书款通过支付宝或银行转账均可，支付成功后请将购买信息发邮件或传真，以便及时发货。购书免邮费，发票随书寄出（大批量订购图书，发票随后寄出）。

单位地址：北京西城区德外大街4号
电　　话：010-58581118
传　　真：010-58581113
电子邮箱：gjdzfwb@pub.hep.cn

通过支付宝汇款：

支 付 宝：gaojiaopress@sohu.com
名　　称：高等教育出版社有限公司

通过银行转账：

户　　名：高等教育出版社有限公司
开 户 行：交通银行北京马甸支行
银行账号：110060437018010037603